U0180502

MODERN LIBRARY
现代图书馆

❖ 在知识更新日益加速的时代，学习将贯穿我们的整个生命，成为持续一生的活动。从学校步入社会，身份的转变并不意味着获取知识的终结。相反，摆脱了获得文凭的功利化学习，脱离了学科与专业的限制，我们对知识有了更深、更广的需求。

❖ “现代图书馆”书系缘起于对人们这种持续需求的关注，旨在通过与时俱进地普及各种知识，为终身学习提供一种新的路径与选择。它尽量保持开放的视野，从国内外纷繁复杂的作品中甄选佳作。它的选材丰富而广泛，涵盖各个学科领域，不仅涉及哲学、心理学、人类学、社会学、考古学、经济学与法律，也涉及数学、天文学、物理学等。与传统教科书枯燥艰涩的面目不同，它的风格活跃且多样，既有权威专家的经典著作，也有新锐作家的独到精品。

❖ 在“现代图书馆”的知识海洋里，读者可以从兴趣与喜好出发去遨游，也可以基于解读现实与社会的需求去探索。顺着知识的关联性，他们可以持续梳理、延展、拓宽，深入追求与钻研，将头脑中干瘪的知识变得丰富，零散的知识变得系统，剔除陈腐的，补全缺失的，最终构建出认知世界的新基点和起点，为提升自己的眼界、素养与思维能力，锻造人生软实力打下坚实的基石，从而更加从容地应对迅速变化的世界中的各种挑战。

❖ “现代图书馆”书系，一个开放的知识世界，等你来自由获取。

MODERN
004
LIBRARY
现代图书馆
构建常识的起点

THE EDIFICE COMPLEX

权力与建筑

[英]
迪耶·萨迪奇 著

吴真贞 译

THE ARCHITECTURE OF POWER

重庆出版集团 重庆出版社

To 致中国读者
Chinese Readers

迪耶·萨迪奇

我的首次中国之行是在1992年。参观完贝聿铭设计的北京西郊的香山饭店，我又参观了新落成的澳大利亚大使馆——这座大使馆或许是中国第一座西式现代建筑。

新兴的中国才刚刚在世界上崭露头角，那时候，机场通往北京市区的道路只有一条双车道柏油路，路上满是运送冬季青菜的车辆。太阳落山后，这座城市似乎很快就暗了下来。这里没有霓虹灯，没有广告牌，也没有多少高楼大厦或高速公路。但正是这样一座城市，让我兴起了写书的念头，显然，这里的建筑承载着的不仅仅是短暂的政治和社会意义。

作为一名建筑评论家，这次旅行让我蓦然发现，我曾经身处那些正在创造未来的地方。建筑设计已经成为一种国际交流方式，全世界都在召唤才华横溢、雄心勃勃、备受瞩目的建筑从业者，他们纷纷涌入所有正在经历着最快速转型和现代化进程的地方。20世纪80年代，日本曾一度成为世上最为成功的工业经济体，引进了许多知名建筑师。而中国也希望借2008年奥运会之机打造一系列令人瞩目的标志性建筑，以提高自己的声望。这些标志性建筑包括赫尔佐格和德梅隆建筑设计事务所（Herzog & de Meuron）设计的奥运新场馆鸟巢、诺曼·福斯特（Norman Foster）设计的首都国际机场新航站楼以及雷姆·库哈斯（Rem Koolhaas）设计的中央电视台新大楼，完全不同于30年前我所看到的简单建筑。

我在伦敦的工作室里紧张奋斗了8个月，才勉力完成此书。我的工作室位于一栋19世纪砖砌房子的顶层，里面到处都是楼梯。书写到一半的时候，我被一袋书绊了一跤，摔断了脚踝（这大概就是作家的工伤事故吧），所以有几章内容是我躺在沙发上完成的。当然，对于像这样的书，最重要的不是写作的过程，而是我在过去30年里的所见所闻，这才是本书的基础。我曾为了编辑杂志而频繁往返于伦敦和米兰，还曾在威尼斯策划建筑双年展，也曾为了研究建筑而不停地旅行。这些经历让我对建筑产生了不太现实的奇异看法，没有人会像我一样，上一周还在西雅图的图书馆里调研，下一周便跑到了东京的普拉达精品店；或是上个月还在香港观赏摩天大楼，下个月就飞到旧金山参观博物馆，到布拉格看修道院，紧接着又前往伦敦看别墅。我就像弹珠一样，在世界各地跳来跳去，快速地“咀嚼”着每一座建筑，这是一种与建筑使用者截然不同的体验。对使用者来说，在建筑里面待上几个星期，他们便不再关注建筑的结构。建筑，不再是建筑，而是人们生活、工作、学习或参观的地方。

正是这一理解促使我写就了本书，建筑很重要，而且是相当重要。但是建筑真正的意义，并不在于建筑师用外观、方案和审美表达他所构筑的封闭世界。我更为感兴趣的也不是建筑物的外观、窗户的形状或者屋顶的形式，而是建筑是如何建成的，又是为什么而建的，建筑的意义何在。

这些问题的答案意义重大。个人通过建筑来主张自己的身份，雄心勃勃的城市通过建筑奠定自己在世界上的地位。建筑，是权力和财富的体现，是定义和记录历史的手段。正因为如此，这个话题才让我如此着迷，撰写这本书才会如此有意义。

目录 CONTENTS

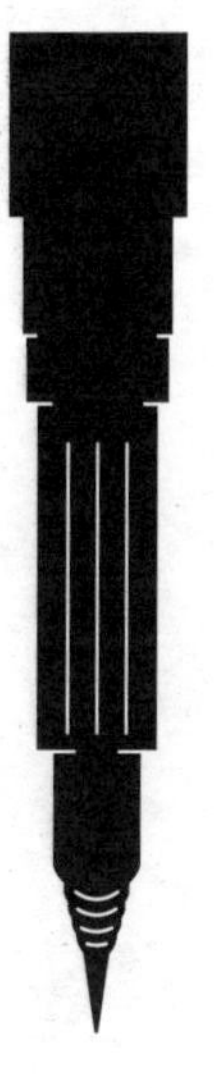

Why We Build 我们为何而建

建筑关乎权力。当权者打造建筑，因为这正是权力的体现。从最基础的层面来看，建筑能够创造就业机会，可以让不安分的劳动力保持稳定。而建筑也很好地反映了当权者的能力、决断力，甚至还有决心。最重要的是，建筑是一种宣传缔造者功业的手段。

我习惯把一张从小报上撕下来的图片钉在书桌上方。透过污迹斑斑的新闻纸，可以辨认出一个模糊的图像，那是一个汽车般大小的清真寺模型。模型被放置在一个与观众视线等高的底座上，平视便能欣赏整个模型。建筑师并没有用常见的灰色给模型上色，而是为其涂上了一抹唇釉般的亮色，这么做，是想在最短的时间内打动客户。

清真寺模型由硬纸板和轻木板条搭就，低矮的圆顶周围环绕着几圈高耸的尖塔。华而不实的造型，以及将繁复的传统装饰简化成夸张的卡通画，似乎是想让模型既富有大胆的现代感，又不失传统的庄严感。像这样现代与传统并重的尝试此前已做过不下百次，但无不以失败告终。而这张照片之所以让人如此不安，并不是因为这些可疑的建筑细节。它所呈现的建筑的黑暗一面，才是真正吸引我的原因所在。在这种画面中，建筑师通常是最显眼的，而在这张图片中，那群身着制服、满脸恭敬地簇拥在模型周围的人看上去并不像建筑师。其中最显眼的是那个被簇拥在中间，蓄着浓密胡子的矮胖男人。这个人身穿老式的卡其衫，头戴贝雷帽，看上去就像是二战中的英国陆军少校，他目不转睛地盯着模型，十分痴迷。

这个人就是萨达姆·侯赛因（Saddam Hussein）。和许多独裁者一样，萨达姆也是狂热的建筑爱好者，但他和拿破仑三世（Napoleon III）、墨索里尼（Mussolini）又有点儿不一样。拿破仑三世挑剔的品位，从巴黎整洁如阅兵场般的林荫大道便可见一斑，墨索里尼则对风格迥然不同的现代主义和奥古斯都（Caesar Augustus）时期的建筑都相当喜欢，而萨达姆并没有明显的偏好。不过他好像生来便知道如何利用建筑来宣传自己，颂扬自己的政权，震慑对手。

“战争之母”清真寺(the Mother of All Battles mosque)在设计之初，便带有明确的目的，那就是把伊拉克宣扬成第一次海湾战争的胜利方。可事实上，这是一场令萨达姆蒙羞的战争。他的军队被驱逐出了科威特，军队溃逃的情景惨不忍睹：毁坏的公路上塞满了扭曲成长龙的汽车，在这些毁坏的汽车里挤满了灰头土脸的伊拉克士兵，路边到处散落着抢来的战利品。萨达姆企图通过构筑一种“真实”来抹去战败者的形象，这和科威特政府的做法如出一辙——科威特曾邀请悉尼歌剧院的设计者约翰·乌特松(Jörn Utzon)打造了一个一无是处的“玩具”议会大厦，想要证明自己不是海湾地区的寡头政府，而是北欧式的民主政权。当时萨达姆政权正遭受联合国的制裁，伊拉克国内物资极度匮乏，在这种时候，不管打造什么建筑，都会被视为蓄意的挑衅。而清真寺本身又具有极强的象征意义，所以这种挑衅便更加昭然若揭。

这张照片所传递的信息非常明确：建筑关乎权力。当权者打造建筑，因为这正是权力的体现。从最基础的层面来看，建筑能够创造就业机会，可以让不安分的劳动力保持稳定，而建筑也很好地反映了当权者的能力、决断力，甚至还有决心。最重要的是，建筑是一种宣传缔造者功业的手段。

建筑常常被当权者用来引诱、打动和震慑他人，这就是萨达姆大肆打造建筑的深层原因。他所打造的宫殿和纪念碑就像文身一样烙印在伊拉克身上，他就是用这种方式告诉国内外的敌人，伊拉克是他的，是他的个人财产，不过这些建筑并没有像他希望的那样永垂不朽。

在伊拉克南部的巴士拉城外，数排3米多高的铜像矗立在海岸线上，直指海湾对面的宿敌伊朗，它们象征着在最惨烈的“绞肉机战争”——两伊战争中阵亡的伊拉克军官。而其宿敌伊朗的沙阿国王也有同样的嗜好，他也喜欢用建筑为巴列维王朝构建谱系，不幸的是，这也是一次失败的尝试。

巴格达有一座巨大的青铜手雕塑，它握着臭名昭著的十字巨剑横跨在通往市区的高速公路入口处。这座雕塑是仿照萨达姆本人的双手打造的，但采用的却是英国贝辛斯托克镇（Basingstoke）特有的风格。萨达姆当政的时候，雕塑的剑柄上还吊着几个渔网，里面装满了缴获的伊朗头盔，这样庸俗的纪念碑在世界各地都很常见。它们最早可以追溯到古希腊时期为庆祝伯罗奔尼撒战争获胜所打造的纪念碑，以及古罗马帝国为纪念爱将凯旋而建造的纪念碑。伦敦和柏林市中心也有许多为庆祝战争胜利而铸造的纪念性雕塑，其原料来自战败的拿破仑军队的大炮。青铜手上的十字剑设计窃自伦敦建筑师迈克·戈尔德（Mike Gold）的创意。十字剑设计本是他为沙特阿拉伯打造的一个稀奇古怪但无伤大雅的城市地标（当然，这个设计中可没有头盔），但到了伊拉克，它的味道就完全变了。范思哲荒诞的设计风格充斥着性欲与金钱的味道，若在米兰这彰显的是讽刺意味，而到了米洛舍维奇（Milosevic）执政时的贝尔格莱德，其表面的亮片装饰和豹皮花纹才是纵欲阶级关注的重点。同样地，具有讽刺意味的后现代主义作品到了巴格达，就变成了最简单粗暴的宣传性建筑。萨达姆修建清真寺不仅仅是为了粉饰胜利或震慑敌人，也是对其世俗本质的政权的过度粉饰，他想以证明自己虽然喜饮酒、好杀戮，却依然是伊斯兰教最虔诚的捍卫者。

解读建筑，并不是打造建筑的统治者的特权。2002年年底，当美国增派两艘航空母舰前往伊拉克时，《纽约时报》(*The New York Time*)在头版刊登了一张“战争之母”清真寺的照片。在设计公开4年后，这座建筑终于完工了。报道毫不掩饰地重复着媒体惯有的思路，它们断定外圈的4座尖塔象征的是AK突击步枪，内圈略矮一些的4座尖塔则代表的是飞毛腿导弹。这种说法在西方媒体界和出租车司机群体中流传甚广，如果尖塔有尾翼，或是用橄榄色的迷彩颜料做装饰，而不是用白色石灰石点缀蓝色马赛克，这种说法可能会更可信一些。但是，外圈的尖塔上并没有配备瞄准器，也没有AK突击步枪独有的弧形弹匣和胡桃木枪托。与伊斯坦布尔那犹如火箭般的奥斯曼式尖塔相比，“战争之母”清真寺的尖塔远没有前者那般威武、优雅。这篇报道的作者在参观过清真寺后失望地写道：“游客曾被告知，内圈尖塔的顶端会逐渐收细，就像弹道导弹因空气动力而在鼻锥处收小一般，但亲眼看过之后你就会知道建筑师从来没有这样想过。”但在当时，美国已经笼罩在浓厚的战争气息中，他们对清真寺如此夸张的诠释，完全是出于赤裸裸的宣传目的。

从表面上看，这座清真寺虽然没有明显的军国主义意味，但它隐含的信息却令人不安。清真寺的外观，与其说是充满挑衅意味，不如说是秉承了传统海湾酒店奢华的传统；与其说这是一座国家纪念碑，不如说它是变装的警察学院，更能说明问题的是清真寺中央的玻璃陈列柜，那里面摆着一本650页的《古兰经》抄本。据《纽约时报》报道，该清真寺的阿訇声称这本《古兰经》是用萨达姆本人的血书写的，萨达姆每两周捐献一品脱的血，历时两年，才帮助书法家完成了这部经书。报纸还刊载了环绕清真寺的倒影池照片，据说其形状很像阿拉伯世界的地图。倒影池的一侧，有一个镶嵌着蓝色马赛克的底座，其露出水面的部分犹如一座小岛。报道称这个小岛不规则的外形形似萨达姆大拇指的指纹，但没有深入解释自己为什么如此肯定它与萨达姆本人的指纹一模一样。如果一切属实，那清真寺的寓意就昭然若揭了。令人失望的是，该清真寺的阿訇不愿向《纽约时报》承认清真寺的军事象征意义，但他很乐意分享一些更为神秘的含义：外圈高达43米的尖塔，象征的是为期43天的第一次海湾战争；内圈的4根尖塔代表4月，37米的高度代表的是1937年，喷泉池里的28根水柱指的是第28天，这些信息加在一起就是1937年4月28日，也就是萨达姆的生日。

事实上，清真寺并不是展示伊拉克挑衅意味的特别有效的方式。因为萨达姆的目的是把自己塑造成一个虔诚的穆斯林，他似乎不太可能按照基督教日历来做这件事。如果这里对数字力量的强调是有意为之的话，那便在世贸大厦的某些重建方案中得到了一种令人不安的回应。就在该报道刊登出来的同一周，纽约发布了7个重建世贸大厦的方案。其中也出现了有趣的数字，理查德·迈耶[1]和彼得·埃森曼[2]提出打造一座高约339米（1111英尺）的新塔，因为278米（911英尺）的高楼不够引人注目，而丹尼尔·里伯斯金[3]则提出了另外一个更加大胆的方案，他想要打造一座约540米（1776英尺）高的大楼，1776象征着美国独立的年份。

对于萨达姆如此热衷建筑的一个解释大概是，他只是在沿袭亚洲和中东地区的一贯做法，即聘请西方正当红的建筑师为自己打造知名建筑，以示自己跟得上时代的潮流。实际上，在20世纪的大部分时间里，巴格达一直有建造大型纪念碑的计划。1957年，费萨尔二世（Faisal II）委托弗兰克·劳埃德·赖特[4]设计一座歌剧院，要求按照莫斯科当年没能建成的苏维埃宫的样子来建造，只需把顶部的列宁雕像换成一座30层楼高的伊拉克最伟大的哈里发哈伦·拉希德（Haroun al-Rashid）的雕像，哈伦·拉希德是巴格达创立者曼苏尔的孙子。对于刚刚摆脱英国殖民统治的伊拉克来说，这座歌剧院若能建成，必将是一座史诗级的国家建筑。其实瓦尔特·格罗皮乌斯[5]受邀设计的一所大学已经建成。1956年，费萨尔二世还委托勒·柯布西耶[6]为巴格达设计一个体育场，但这个体育场在费萨尔二世死后才得以建成，名字也变成了萨达姆·侯赛因体育中心。

萨达姆所追求的不仅仅是现代化的外观，他还试图用更为古老的历史遗产，如5000年前的乌尔城和幼发拉底河沿岸最早的城市文明，为自己打造纪念碑。他发起了对伊拉克古代遗址的一系列破坏性的“修复”，甚至不惮于用郊区常见的建房材料来重建巴比伦空中花园。他模仿古代帝王，在每一块砖上都刻上自己的名字，以此告诉世人自己是那些帝王命定的继承人。他甚至在巴比伦主题公园仿造的“伊什塔之门”前，设置了身着古装、手持长矛的警卫。

萨达姆利用建筑来歌功颂德、巩固统治的企图已昭然若揭，虽然这些建筑并没有产生效果，但考虑到其建造目的，建筑在他残暴的政权中扮演的角色显然是有罪的。但对于那些被委托执行他的想法的建筑师和工程师，我们能说些什么呢？“战争之母”清真寺显然是一件平庸的建筑作品，它的设计者明显缺乏想象力，但能否因为萨达姆将清真寺挪为他用，就严厉谴责它的设计师呢？

建筑独立于赞助者而存在，我们不能像纽伦堡战犯审判法庭判决阿尔伯特·施佩尔[7]有罪那样，仅仅因为这座清真寺的建筑师曾服务于当代的暴君，便认定其也有罪。清真寺本身并没有实施暴力，它的建筑形式本身也不该被视为独裁统治的化身。

尽管有人经常问，建筑物能否投射出内在的意义？但这个问题尚没有答案。极权主义建筑、民主主义建筑或者民族主义建筑是否真的存在？如果确实存在，是什么赋予了建筑这样的意义？是否真如某些人所言，古典柱式代表的是法西斯，而玻璃幕墙则象征着民主？这些寓意是固定不变的呢，还是会随着时间的推移而改变？

如果萨达姆当初能更聪明或更狡猾一点，邀请出生在巴格达的世界最知名的女建筑师扎哈·哈迪德[8]来设计这座清真寺，我们也许会暂时被他迷惑住，用另外一种眼光看待他的政权。要是哈迪德接受了这个委托，我们肯定会对她产生不同的看法：充其量她不过是一个政治无知者，最差也不过是一个天真的妥协者，如此一来，她也会失去大量的美国工作机会。一座哈迪德设计的清真寺会传递出另一种信息，虽然它依然是在歌颂萨达姆的政权，依然是对敌人的挑衅，但也是一种对文化高地的主张。这可能意味着，这是一个比包庇萨达姆两个杀人犯女婿和毒害上千市民的政权更为复杂的政体。但退一步说，如果萨达姆邀请哈迪德设计清真寺，而哈迪德也接受了邀约（当然这两件事都不太可能发生），人们会认为她是在积极主张建设一个更加文明的伊拉克，还是会视她为政治游戏里面的小卒，为了得到设计建筑的机会而放弃一切底线？

为了建筑机会而不顾一切的，并非只有建筑师。萨达姆对建筑这么着迷，让人们不禁疑惑：他这么做到底是出于什么心态？要探究像萨达姆这样的人不惜重金投资建筑，我们需要考虑的是：建筑是一种目的，还是实现目的的手段？

我们打造建筑，不只出于情感和心理目的，也受到了意识形态和现实因素的影响。软件行业的亿万富翁也会利用建筑语言，他们捐赠博物馆，就是为了换取投射权力的冠名权，这与反社会的独裁者的做法如出一辙。人类的自负、对死亡的恐惧以及政治和宗教冲动塑造了建筑，而建筑又反过来赋予了其外在形状和形式。试图在否认建筑对世界的心理影响的情况下理解这个世界，就相当于舍本逐末。这样做，就好比忽视了战争对科技史的影响，反之亦然。

与通常被认为不受意识形态束缚的科学和技术不同，建筑既是一种实用工具，又是一种寓意深刻的语言，可以承载非常具体的信息。但是要修建具有精确政治含义的建筑非常困难，要弄清楚建筑所蕴含的政治意义也比较难，这就导致如今的建筑师都宣称他们的工作是独立自主的、中立的，或者宣称即便有所谓的“政治”建筑存在，那也仅限于某些孤立的区域，并不比购物中心或拉斯维加斯赌场更受上层文化的关注。

这种假设并不完美，也许某种建筑语言并没有特定的政治含义，但是这并不意味着建筑无法表现政治倾向。无论他们是否愿意，成功的建筑师在职业生涯中难免会建造出具有政治含义的建筑，而几乎所有的政治领袖都会为了自己的政治目的而选择建筑师。这种关系几乎在每一种政体中都存在，并吸引着各种各样的利己主义者。正因为如此，我们才能经常在照片中看到英国前首相温斯顿·丘吉尔（Winston Churchill）、托尼·布莱尔（Tony Blair），法国前总统弗朗索瓦·密特朗（François Mitterrand），还有无数的市长、大主教、首席执行官以及坐拥亿万财富的强盗式资本家，也弯着腰、一脸陶醉地盯着精心打造的建筑模型，就像萨达姆志得意满地盯着清真寺模型那般。

这样说，并不是把老乔治·布什(George Bush)的总统图书馆、托尼·布莱尔的千禧巨蛋和温布利大球场以及英国为2012年奥运会而建造的奥运场馆与萨达姆的清真寺相提并论。选举产生的首相操控议会便可以得到建筑机会，而独裁者也许要通过操纵生死才能实现，跟后者相比，前者算是侵略性更小的妥协之举。但民主政权也会如极权主义者一般，将建筑作为治国的工具。

太阳王路易十四(Louis XIV)的凡尔赛宫造型华丽，选址也颇为特殊，意在制衡法国地方贵族的权力。两个世纪后，拿破仑三世命令乔治-欧仁·奥斯曼[9]对巴黎展开规模空前的改造，再一次将建筑当作施展政治权力的工具来使用。这次改造与其说是为了控制巴黎暴徒，不如说是为了将他备受质疑的皇权合法化。后来，弗朗索瓦·密特朗又大肆改造罗浮宫，修建新凯旋门，他认为这是他将这座城市打造成现代欧洲无可争议的中心战略的重要组成部分。对于这三位统治者而言，这些标志性建筑的外观和它们包含的内容同样重要，也是战略的一部分。密特朗用钢铁和玻璃打造简洁的几何形激进建筑，来展示当时法国对现代化的追求，就像路易十四将凡尔赛宫打造成皇家神殿，以彰显国王的神圣权力一般。

当我突然发现自己置身其中时，我便开始以更系统的方式收集权贵俯身观赏建筑模型的图片。矶崎新[10]是日本建筑界的元老，他曾租下米兰缪科雅·普拉达(Miuccia Prada)的一间艺术画廊，为一位重要的客户展示模型。当时，画廊外面的入口两侧停放着两辆坐满保镖的黑色梅赛德斯轿车，旁边还有一辆坐满意大利宪兵的大卡车。画廊里面是一个房间大小的建筑模型，矶崎新称之为别墅。事实上，这个模型是为一位卡塔尔酋长设计的豪宅，这位酋长当时是该国文化部部长。这座豪宅不仅是酋长及其家人的住所，还需要容纳他所收藏的珍稀动物、法拉利汽车、布里奇特・赖利[11]的作品、大卫・霍克尼[12]设计的游泳池以及理查德・塞拉[13]设计的景观。该设计意在为一个几乎没有多少城市传统的沙漠酋长国注入一种文化深度感。建筑的不同部分由不同的建筑师或设计师完成，矶崎新的助手正组织他们一起为酋长展示整个工程。这些人一直在等待酋长的驾临，他们喝着咖啡，品尝着由系着黑色领结的侍者分发的甜点，几乎两个小时之后，酋长才终于到了。这个案例赤裸裸地揭示了权力与建筑的关系，建筑屈从于强权，建筑师就犹如随时等待召唤的理发师或裁缝一般。这个别墅一直没有动工，我最后一次看到这个酋长的消息是在伦敦的报纸上，他因涉嫌滥用文化部拨款而被软禁。

我们常常讨论建筑与艺术史的关系，或认为建筑是技术进步的反映，抑或将之视为社会人类学的体现。我们知道如何通过窗户的形状或柱头上的装饰细节来区分建筑的类型，我们将建筑视作是原材料和技术的产物。知道建筑是怎么建成的很容易，但我们却不太能把握建筑所涉及的更广泛的政治意义，不知道建筑究竟为何存在。考虑到建筑与政治的密切关系，出现这样的疏漏真是令人惊讶。建筑向来依赖于珍贵资源和稀有人力资源的配置，正因如此，掌控建筑的往往是掌权者，而非建筑师。法老时代，埃及没有将多余的财富用于修建道路或废除奴隶制度，而是将之投入到修建金字塔上，这绝不是因为建筑师们有建造金字塔的冲动。

近年来，有些人冠冕堂皇地宣称建筑的目的是服务公众，但不论身处何种文化，建筑师要想获得工作机会，就必须与权贵搭上关系。在这个世界上，掌握建筑资源的，除了权贵别无他人，而不计一切代价获得建筑机会，已经成了建筑师无法逃脱的宿命，他们像迁徙的鲑鱼一样，为了洄流回产卵地而拼命一搏。由此可以看出，建筑行业并不像他们说的那样伟大，他们已经准备好接受浮士德式交易（魔鬼交易）了，除了与当权者虚与委蛇之外，建筑师别无选择。

从本质上看，每一种政治文化在利用建筑时，都有其理性的、现实的目的，即使它被用来表达一种象征意义。但一旦建筑突破了政治考量与精神病理学之间的界线，建筑就不仅仅是一个现实的政治问题，而是一种幻想，甚至是一种折磨受害者的疾病。

打造地标和行使政治权力之间有一种心理上的相似性，都是将个人意愿强加于外物。看着自己的世界观在缩成玩具屋大小的城市模型中得到完美呈现，这对那些无视个体价值的人有无法抗拒的吸引力。而更具诱惑力的是，他们有可能将自己的意志强加给一座城市，就像奥斯曼重塑巴黎一样。对那些易受影响的人而言，建筑满足了他们的自负感。他们对建筑的依赖越来越强，以至建筑本身就成了目的，引诱着沉迷其中的人建造更多、更大的建筑。建筑成为表达自我的最赤裸裸的手段，这就是所谓的“建筑情结”。

总的来说，奥斯曼的巴黎改造计划并不算狂妄，与之相比，前罗马尼亚最高领导人尼古拉·齐奥塞斯库（Nikolae Ceausescu）改造首都布加勒斯特的计划则显得利欲熏心。但在这两个城市的改造过程中，拆迁几乎和新建建筑一样是改造过程中必不可少的一部分，新建和破坏息息相关。不论恐怖分子发动“9·11”袭击是出于何种目的，但在内心仇恨的驱使下攻击世贸中心双子塔这一行为，正说明攻击者承认双子塔的政治象征意义，因此才企图用更为激进的方法抹去该建筑，从而动摇它背后的政治权力。操纵飞机的劫机者之一本身就是建筑学专业的毕业生，这也进一步突显了建筑与权力的关系。

本书旨在探索个人或社会为什么要打造出某种建筑，这种建筑意味着什么，具有什么功能。笔者相信一旦我们明白了某些人为什么会痴迷于建筑，我们就能免于成为他们野心的牺牲品，因此本书对一些建筑物、建筑师、亿万富翁、政治家和独裁者进行了深入分析，这些案例大多来自20世纪。这些建筑可以告诉我们很多，关于我们的恐惧和激情，关于定义社会的符号，关于我们所有人的生活方式。

1 理查德·迈耶（Richard Meier, 1934— ），美国建筑师，现代建筑中白色派的重要代表。

2 彼得·埃森曼（Peter Eisenman, 1932— ），美国建筑师、评论家、教育家，深受法国当代哲学影响，把建筑看作是可读写的文本。他也是建筑界一个有争议的人物，对一些其他建筑师所投身的更务实的问题表现得不感兴趣。其作品具有解构主义特点。其代表作有瓦克斯纳艺术中心、欧洲被害犹太人纪念碑和加利西亚文化城。

3 丹尼尔·里伯斯金（Daniel Libeskind, 1946— ），波兰裔美国建筑师、艺术家、教授和布景设计师。

4 弗兰克·劳埃德·赖特（Frank Lloyd Wright, 1867—1959），举世公认的20世纪伟大的建筑师、艺术家和思想家，现代建筑的创始人，和勒·柯布西耶、密斯·凡德罗、瓦尔特·格罗皮乌斯并列为世界四大建筑师。

5 瓦尔特·格罗皮乌斯（Walter Gropius, 1883—1969），德国现代建筑师和建筑教育家，现代主义建筑学派的倡导人和奠基人之一，公立包豪斯（BAUHAUS）学校的创办人。

6 勒·柯布西耶（Le Corbusier, 1887—1965），法国建筑师，原籍瑞士，现代主义建筑代表人物。

7 阿尔伯特·施佩尔（Albert Speer, 1905—1981），德国建筑师和规划师，希特勒的首席建筑师。

8 扎哈·哈迪德（Zaha Hadid, 1950— 2016），伊拉克裔英籍建筑师，2004年普利兹克建筑奖获得者。她曾先后在哈佛、耶鲁等著名大学任教，设计作品几乎涵盖所有的设计门类，诸如门窗、家具、餐具等，其建筑代表作有美国辛辛那提罗森塔尔现代艺术中心等。

9 乔治–欧仁·奥斯曼（Georges-Eugène Haussmann, 1809—1891），法国城市规划师，拿破仑三世时期的重要官员，因主持了1853年至1870年的巴黎重建而闻名。

10 矶崎新（Arata Isozaki, 1931— ），享誉世界的著名建筑师，日本后现代主义建筑代表人物，2019 年普利兹克建筑奖获得者。

11 布里奇特·赖利（Bridget Rileys, 1931— ），一位有创造性的英国女画家，被誉为“奥普艺术”的领军人物之一。

12 大卫·霍克尼（David Hockney, 1937— ），英国艺术家，被称为“最著名的英国在世画家”。

13 理查德·塞拉（Richard Serra, 1939— ），美国著名的极简主义雕塑大师和录影家。

The Long March to the Leader's Desk 觐见元首的漫漫长路

纪念碑本该是整个时代的象征，但今天的大城市大都缺少能代表城市形象的纪念碑。而古代城市则不然，几乎每座古代城市都有引以为傲的特殊建筑。决定古代城市特色的不是私人建筑，而是有代表性的公共建筑，它们看似是时代的象征，实则会永垂于世，因为这些公共建筑体现的不是个人财富，而是社会的伟大和富足。

终其一生，阿道夫·希特勒（Adolf Hitler）只去过一次巴黎，当时，他创建的第三帝国（从大西洋一直延伸到苏联边境）刚刚击溃法国的军队。作为战胜国的领袖，他第一时间来到巴黎，目的是洗刷1919年德国在凡尔赛宫所受的耻辱。1940年6月28日，天尚未破晓，希特勒的飞机便降落在巴黎布尔歇机场上。在私人专机中，坐在他身边的不是将军或纳粹党的高层，而是建筑师阿尔伯特·施佩尔和赫尔曼·盖斯勒[1]，还有帝国首屈一指的雕塑家阿诺·布雷克[2]。这有些非同寻常，希特勒竟然邀请他们一同分享自己最为辉煌的军事胜利时刻。逗留巴黎期间，希特勒没有去带有明显政治寓意的地方，他没有去爱丽舍宫和国民议会大厦，而是带这些人一起参观了查尔斯·加尼叶[3]设计的巴黎歌剧院。在维也纳那段穷困潦倒的日子里，希特勒曾痴迷地研究过剧院的平面图。现在身临其境，他在里面用一个多小时来验证脑海中建筑的真实性。希特勒对歌剧院了如指掌，在走过奢华的大理石回廊时，他甚至颇为自得地指出回廊中原本有一扇门，如今这扇门已经被封住了，门后的房间也已在改造中被拆除干净。

当天，他们在巴黎荣军院的台阶上拍了张合照，这也是20世纪最令人难忘的照片之一，照片中的希特勒是帮助我们理解希特勒追求权力本质的关键。希特勒对建筑的热爱一生未泯，这名曾经的下士在拿破仑墓前徘徊良久，离开时，他委托盖斯勒以后打造一个更了不起的建筑。当这一行人站在阳光下时，位于人群中间的当然还是身穿长款白风衣的希特勒。其他人从头到脚一身黑色，其风格有点儿像21世纪初建筑师普遍青睐的日本服装设计师川久保玲的设计。这些人大都是军人，有些是希特勒的政治追随者，为首的是马丁·鲍曼[4]。但是镜头前面，站在希特勒右手边的却是身着制服的施佩尔，盖斯勒和戴着纳粹军便帽的雕塑家布雷克则站在希特勒左侧不远处。

建筑师们环绕着元首，希特勒犹如一个散发着光芒的魔幻人物，就像被迷失在黑暗中的平凡小民包围着的太阳王那般。施佩尔惯常筹划纳粹党聚会，这次的场面亦是他精心设计的，这个别有深意的情景让人吃惊不已，就像小布什决定在杰夫·昆斯[5]、菲利普·约翰逊[6]以及弗兰克·盖里[7]的陪同下访问巴格达那般。独裁者希特勒正是通过这个场景宣扬自己的权威和目的：伟大的建筑师希特勒准备重新设计这个世界了。但奇怪的是，我们从未完全明白他的意思：他不希望被视为军事领袖或政治人物，而希望被视为艺术家。对很多领导人而言，建筑仅仅是他们实现某种目的的手段，但至少对希特勒来说，他追求的很可能就是建筑本身。

帝国总理府坐落在威廉大街上，两道对开的铜门拱卫着其入口。捷克斯洛伐克总统伊米尔·哈查(Emil Hacha)走进二道门时，已经是午夜过后了。在希特勒的外交部部长约阿希姆·冯·里宾特洛甫(Joachim von Ribbentro)的陪同下，哈查从自己下榻的阿德隆酒店出发，坐车穿过空荡荡的柏林街道，来到不远处的帝国总理府。天空阴雨绵绵，不到50人的队伍默然矗立在雨中，目送这位总统驶向他生命中最艰难的3个小时。

对于进行国事访问的哈查来说，这是一个残酷的时刻。而1939年3月15日这一天，则是欧洲历史上最绝望的日子之一。在此之前，希特勒不费一枪一弹便重新占领了莱茵兰，并将奥地利收入囊中，如果可以的话，他必定会用同样的方式吞并捷克斯洛伐克。作为捷克斯洛伐克第二共和国的第一任也是唯一一任总统，哈查便是在这种情况下来到柏林的，他孤注一掷地想要拯救自己的国家，但这是一次绝望和徒劳的尝试。因为在慕尼黑会议上惨遭背叛，捷克斯洛伐克已经丢掉了苏台德地区，也失去了用碉堡和防御工事精心构筑的德捷边境防线。而现在，希特勒又打算一口吞掉这个宛如困兽的国家。在德国的怂恿下，匈牙利和苏联也开始瓜分捷克斯洛伐克部分领土，瓜分剩下的部分则被希特勒当成了第三帝国的附属国。与此同时，斯洛伐克人也准备脱离捷克斯洛伐克第二共和国，成立自己的国家。这样一来，希特勒的军队便能自由攻击波兰，这是他寻找“生存空间”的下一个目标。

哈查手里一张底牌都没有，剩下的就只有尊严了。在过去3天里，他手下的官员一直在给柏林打电话，请求面见元首。等到希特勒终于答应会面的时候，20万德军已经集结完毕，准备越过两国边境了。哈查和自己的女儿、外交部部长弗蒂谢克·切瓦洛夫斯基(Frantisek Chvalovsky)以及几名随员乘专列抵达柏林。列车晚点了一个多小时，就是为了给东进和南下的纳粹军队让路。有求于人的哈查一到柏林就收到了一个下马威，来安哈尔特车站迎接他的是一个仪仗队，看起来好像不折不扣地履行了外交礼节，但颇具侮辱意味的是，接待团的成员全部是低级官员，而且德国军乐团也没有演奏捷克斯洛伐克国歌，看到这一幕，恐怕当时的哈查宁愿留在布拉格指挥军队反击吧。在捷方还没有意识到的时候，谈判便已开始了，捷方显然已经输掉了第一个回合。哈查乘车前往阿德隆酒店，与此同时，捷方外交部部长切瓦洛夫斯基给德国外交部的里宾特洛甫打了个电话，后者这才过来，陪着哈查一起去阿德隆酒店。因为德方太不遵守外交礼节，捷方起初是不肯离开酒店的，但里宾特洛甫居然让捷方自己考虑，然后便自个儿去见希特勒了，一个多小时后他才回来接人。据说，为打发这段时间，他跟元首看了场电影。

1938年，英国首相内维尔·张伯伦(Neville Chamberlain)拒绝支持哈查的前任爱德华·贝奈斯(Eduard Bene)反对希特勒的领土要求，坐视捷克斯洛伐克第一共和国解体，贝奈斯被迫流亡国外。哈查是一位备受尊敬的法学家，曾担任捷克斯洛伐克最高法院院长一职，但他缺乏从政经验，对战争更没有兴趣。他愿意向希特勒妥协，到底是为了保全自己，还是为了让自己的国家免遭无谓的杀戮，这个问题仍存在严重争议。在波希米亚和摩拉维亚保护国(1939年纳粹德国在捷克斯洛伐克西部建立的傀儡政权)被盟军解放后，哈查作为通敌者被投入布拉格监狱，于1945年耻辱地死在了监狱的医院里。且不论他来德国的目的是什么，至少6年前的那个柏林之夜，在走进帝国总理府的荣誉广场时，他需要拿出足够的勇气来支撑自己。

荣誉广场出自施佩尔之手，这里是帝国总理府的前院，但又自成一体，没有希特勒的允许，谁也出不去。洁白泛光的墙面将广场隔离成独立于城市的空间，希特勒的卫兵在广场上来回演练，士兵高大的身影被探照灯投射成庞然大物映照在白墙上，空旷的广场上回荡着口令声和整齐的踏步声。这个广场就是一个活生生的例子：建筑可以用于表达政治权力，建筑的象征意义可以用于某些特殊目的。160公里以外，装备精良的捷克军队正带着现代火炮、技术先进的飞机和斯柯达坦克，等待着总统哈查发出保卫国家的命令。然而，在柏林，哈查却被施佩尔“建筑舞台”上精心设计的探照灯惊呆了，他感到恐惧和无助，似乎一切都笼罩在希特勒的阴影之下。

在这里迎接哈查的是另一支仪仗队，伴奏的是另外一个军乐团。他走过广场，拾级而上，来到总理府那狭窄而又高耸的大门前，只见大门两侧矗立着阿诺·布雷克的作品，一对约4.5米高的铜像。这是两座肌肉发达的日耳曼巨人雕像：左手边的那座手执出鞘的利剑，代表的是德国国防军；右手边那座手握熊熊燃烧的火炬，象征的是纳粹党（德意志民族社会主义工人党）。整座总理府由德国产的大理石打造而成，大门上方的石壁中嵌着一只展翅欲飞的帝国雄鹰铜雕，它双爪抓着纳粹党徽，四根一体式的柱子占据了台阶上大部分的空间。哈查年近七旬，身材矮小，额发略秃，眉毛粗重，心脏也不太好。他在头戴钢盔、手戴白手套、肩扛带刺刀步枪的党卫军的注视下走上台阶，大气都不敢喘一下。这些台阶仿佛是在向来访者宣告：能走上元首台阶，是你的荣幸。也正是因为这些台阶，总理府一楼都没设置窗户，这也是这座大楼强大防御功能的体现，大楼下方和后方配有3层深的地下掩体。走过刚刚竣工8周的入口大厅，哈查的脸上已没有一丝血色，显得十分焦虑，局促不安。帝国总理府正是为震慑哈查这样的来访者设计的，如果有建筑曾被用作战争武器，那便是这座帝国总理府了。

希特勒想要震慑哈查，迫使他屈服，宏伟的总理府功不可没。广场本身便是纳粹国家的缩影，走过广场，总理府内部精心设计的空间依次展开，它们巧妙地组合在一起，恰到好处地让每一位前来觐见希特勒的官员产生恐惧感。这一路走来，虽然只有400多米，但也让来访者再也不敢怀疑德国新政权的力量，这便是为实现某种目的而打造的建筑。1938年初，希特勒对施佩尔说："我有个紧急任务要交给你，过一段时间，我要召开几个非常重要的会议，需要让人印象深刻的大厅和会客室，尤其是要让那些无足轻重的小人物心生敬畏的那种。"换成俾斯麦（Bismarck）这样的领袖，当然不需要这些自我吹嘘的道具便能统一德国。俾斯麦当年的旧总理府非常朴素，如今早已被施佩尔打造的帝国总理府吞噬了，而且俾斯麦也从未想要成为一名建筑师。

在里宾特洛甫的带领下，哈查越过总理府的门卫，避开探照灯的照射，穿过门廊来到一个不带窗户的大厅。大厅墙壁上镶嵌着异教徒的图案：马赛克拼贴的老鹰抓着一支正在熊熊燃烧的火炬，四周缠绕着橡树叶花环，大厅地面铺设着光滑的大理石。厅里没有家具，甚至连块地毯也没有，刚硬的线条透着无比的威严。大厅顶部饰有云纹玻璃，明亮的灯光从中透出，投下一抹无影的光，看上去非常现代，颇有“盖茨比风格”（Art Deco），即使是希特勒也无法完全将当代社会的影响都拒之门外。雕塑家布雷克称这个大厅“燃烧着熊熊的政治权力之火”，它除了给人留下深刻印象之外别无他用。在悬空的玻璃和厚重的大理石墙壁映衬下，大厅尽头的青铜门闪烁着微光，透着一种无声的诱惑感和压迫感。来访者就像是被风洞吸住了一般，不由自主地向前方走去。这么一路走来，哈查明显感觉到自己心跳加快、情绪不稳。

在里宾特洛甫的带领下，哈查又穿过了几扇门，到了一个带穹顶的圆厅。施佩尔设计这个房间，只是徒劳地掩饰一个问题：这条通向希特勒宝座的胜利之路虽然气势磅礴，但至少在当时，它的规划还是要配合柏林街道不规则的形状和国家前期的建筑风格。穿过这个圆厅，哈查便来到了另一个类似的大理石大厅，此厅长达137米，足足是凡尔赛宫镜厅的两倍。希特勒和施佩尔孜孜不倦地追求着同一个目标，那就是用无数个破纪录的建筑数据打造帝国总理府。

哈查看到大厅的另外一头儿还有一个空间，那便是接待大厅。

1月，希特勒曾召集驻柏林的外交使团来此处参加帝国总理府的落成典礼。正如他当时所说："从大门长途跋涉到接待大厅，这一路走来，他们必能领略德意志第三帝国的力量与伟大！"但里宾特洛甫并没有把哈查带到接待大厅里，而是带他穿过9米多高的大理石大厅走向另外一个方向，他们左侧是一排面朝沃斯大街的窗户，右侧是5扇5米多高的对开门。他们在中间的那扇门前停了下来，两个头戴钢盔的党卫军卫兵守卫着这里，门框上方的铜牌上刻"AH"两个字母。这里便是希特勒的书房，他自己称之为"工作室"，但也许称之为"剧院"更合适些。书房门边是一幅18世纪的挂毯，或许身为法律系学生的哈查在维也纳度假时还曾见过这幅挂毯呢。这幅挂毯来自维也纳艺术史博物馆，挂毯描绘的是亚历山大大帝征服整个已知世界的情景。

走进书房，首先映入眼帘的便是高高的拱形天花板，天花板上镶着方格装饰。希特勒站在书房那头的角落里，他的办公桌正对着5扇落地窗中的一扇，这个超过370平方米的巨大空间根本不像一个房间。从门口走到办公桌前花了整整一分钟，这漫长的一分钟让哈查痛苦不堪。他也许没注意到门口赞颂亚历山大挂毯的寓意，但希特勒大理石办公桌前精心镶嵌的长剑出鞘的罗马战神图案的意思，在这样一个夜晚便不言而喻了。血红色的大理石墙面、办公桌旁边靠窗放置的巨型地球仪和绣着纳粹"卐"字符的地毯，让这种意味变得更加强烈。办公桌旁放置着一尊俾斯麦的半身像，哈查并不知道这也是施佩尔的手笔。修建总理府的时候，原件不小心被打碎了，施佩尔觉得这个兆头不好，便没告诉别人，他让布雷克做了一个复制品。施佩尔后来也承认："我们把雕像泡在茶水中，让它染上了几分古铜色。”

房间的另一头有两扇门，两门中间设有一个壁炉，由弗朗茨·冯·伦巴赫(Franz von Lenbach)绘制的俾斯麦的画像就悬挂其上，壁炉前面摆着一张沙发，看起来就像救生艇一般大，约瑟夫·戈培尔(Joseph Goebbels)和赫尔曼·戈林(Hermann Goering)正坐在上面。德国空军总司令戈林开口便说自家的斯图卡俯冲轰炸机不费吹灰之力就能炸掉布拉格。他们首先要炸掉布拉格城堡，然后横扫整座城市，将一个区、一个区夷为平地。在这样紧张的气氛中，哈查因为压力太大突然晕了过去。醒来之后，在签署将捷克斯洛伐克纳入德国保护之下的条约之前，他又晕倒了。哈查到总理府仅45分钟便两度晕倒，希特勒只得叫来了自己的私人医生。他还对施佩尔说："看来我给这个老家伙的打击太大了，把他搞得完全崩溃了，他正准备要签字，却突发心脏病。莫勒尔医生把他挪到隔壁房间，给他打了一针，这一针效果太好了，哈查的精神头恢复得太足，不肯签字了。”

直到凌晨4点，哈查的精神才完全崩溃，最终同意在一份文件上签下自己的名字，宣告捷克斯洛伐克屈辱地投降了，从此他便把捷克斯洛伐克的命运交到了希特勒和第三帝国的手上。捷克斯洛伐克从此不复存在，而哈查也沦为波希米亚和摩拉维亚保护国的傀儡领袖。在穿过那漫长的仿佛看不到尽头的用大理石和马赛克打造的总理府大厅往外走的这一路上，哈查想必在不断回顾这耻辱的一幕。

施佩尔的建筑显然达到了希特勒对建筑的所有期望，给了捷克斯洛伐克总统近乎致命的一击，帮助德国不费一兵一卒占领了该国。施佩尔制造的每一块石头、每一幅装饰挂毯、每一件家具、每一个电灯开关，以及平面图上的每一个迂回曲折，都被用来强化一个信息：

德国天生便高人一等。

施佩尔不喜欢仅把石材当作饰面使用，为了打造出即使成了废墟也有尊严的建筑，他坚持使用真正的石头。尽管他用料力求货真价实，但从深层次看，他的建筑却显得华而不实，更像是在耍花招。德国并非当世最强的国家，希特勒也不是恺撒·奥古斯都，但施佩尔的建筑却把德国和希特勒伪装成了最强者，但或许所有建筑的诞生都源于这样或那样的错觉吧。

帝国总理府是一座狭长的建筑，大多只有一个房间加一条走廊那样宽，但却贯穿了长达四百多米的沃斯大街。施佩尔将长长的临街走廊的外立面设计成了对称的石砌立面，与威尔特海姆百货大楼的背面隔街相望，相互呼应。为了让外立面显得更为宏伟，施佩尔将之分成三部分，中间内凹，分别在两端外凸的侧翼上各设一个立柱状的入口。从表面上看，庞大的外立面往往意味着其背后隐藏着一个巨大的宫殿，而实际上，这座大楼却只有一个房间加一条走廊的宽度，二者实在不般配。帝国总理府豪阔的外立面常常会误导来访官员，让他们找不到真正的大门，其实他们只要拐过街角，走到建筑的另一边，就能发现大门其实镶嵌在了狭窄的石墙里面——虽然按照施佩尔的建筑逻辑，这道门只能算总理府的后门。不如此，访客就看不到施佩尔的把戏了。如果不经过那些宏伟的大门、广场和大厅，来访者跨过走廊就能直奔希特勒的办公桌。

总理府地上部分实际上有四层，但因为特殊的立面设计，使它看起来只有三层。这样的设计可以放大各部分的比例，最低的窗户看起来好像是在一楼，但它的窗台其实要比路面高出了三四米。面对这样庞大的石砌大楼，行人只觉得冷漠的敌意扑面而来。这座建筑十分清晰地传递出一个信息：这是为伟人准备的建筑，即使整座总理府也只是其最为核心的设计——觐见元首之路——令人印象深刻的外包装。哈查就像洞穴探险者一样，从一个巨大的地下洞穴走到另一个，永远不知道自己会身处何方，也不知道接下来要面对什么，因为一个个令人生畏和困惑的空间不断展现在他面前。

总理府的建造过程也被认为是德国在技术水平和管理能力方面优于其他种族的一种表现，施佩尔和希特勒故意误导民众，称总理府仅仅花了一年时间便完工了。而实际上，早在1938年1月重建总理府的计划发布之前，施佩尔便已开始收购沃斯大街上的房产了，并准备拆除这些房屋以清理工地。成千上万的工人被从帝国各地征召而来，元首还慷慨地把他们安排在柏林的酒店里。

希特勒新柏林工程所用的白色花岗岩是由上巴伐利亚福洛森堡集中营的政治犯提供的，当时知道这件事的人并不多，不过施佩尔的建筑和集中营确实有着密切联系。党卫军在1938年成立了德国土石方公司（DEST），为新德国提供建筑材料，党卫军迫使囚犯们拼命工作，为监禁和折磨他们的制度买单。除了柏林的总理府以外，纽伦堡、慕尼黑和林茨等地也有施佩尔的标志性建筑。为了给这些工程供应石料，德方特意把福洛森堡和毛特豪森集中营设在采石场附近。集中营和纪念碑隶属于同一个系统，二者相辅相成。集中营配有石砌的瞭望塔，高高的围墙，围墙四角都配有塔楼，这样的建筑本身也是某种建筑野心的体现。数百名西班牙共和国的囚犯在建造这两座集中营的过程中丢掉了性命。奥拉宁堡还设有两座集中营，用来生产砖块。后来，施佩尔成了希特勒的军备部部长，他常常恫吓那些被他称为“懒鬼”的工人，免得他们称病不干活，他还打算在由党卫军守卫的柏林建筑工地上使用奴隶劳工。

建筑本质上是实现某种目的的手段，施佩尔的建筑便是如此。对施佩尔来说，这个目的不仅仅包括协助打造集中营、定义纳粹帝国，也包括帮助施佩尔实现个人的成就。他的作品越是能取悦帝国元首，他获得的回报越大；他的建筑越是有助于纳粹德国征服世界，他就越有可能从中获得更多的资源。相比于建筑细节，施佩尔更注重打造元首所需要的建筑。施佩尔早年曾在柏林工业大学学习建筑，但是却没在汉斯·珀尔齐格[8]的研究生班获得一席之地。施佩尔曾详细解释自己落选的原因，他说那是因为自己的素描成绩不达标，这个说法实在是谦逊得令人难以置信。因此，他转而投入海因里希·特森诺[9]门下深造。珀尔齐格与特森诺是完全相反的两个人。前者是表现主义的艺术家，追随者皆为左翼学生；后者则是严肃的古典主义者，尽管他本人从未加入纳粹党，却吸引了统治理工大学的右翼民族主义学生。施佩尔放弃之前的风格，刻苦学习新导师的风格，还当上了特森诺的助理。后来在希特勒手下干活的时候，他又"从善如流"地迎合希特勒更为浮夸的品位。毫无疑问，即便希特勒偏爱的是抽象派建筑，施佩尔也会心甘情愿地迎合他，只不过其所学恰好与希特勒想要的古罗马式建筑相合罢了。

1930年12月，施佩尔第一次听完希特勒的演讲，便为纳粹党邪恶的魅力所倾倒。他后来也回忆说，一开始他只是受到自己学生的影响，态度出现动摇，后来又看到魏玛政权的警察镇压纳粹党员，便决定去柏林参加纳粹学生的集会，结果就被征服了。希特勒的演讲更像是精心设计的演出，而不是像施佩尔想象的那般慷慨陈词。1931年1月，施佩尔决定向纳粹党提交入党申请。这一举动立刻对他的职业生涯产生了直接影响，在纳粹党委员会的支持下，他的事业开始腾飞。施佩尔先是帮纳粹党重新装修建了一栋位于格林瓦尔德的别墅，用的是包豪斯风格的壁纸。随后他又负责改造柏林行政中心沃斯大街上的一处建筑，这是纳粹党为迎接1933年选举而展开的筹备工作。该建筑规模宏大、外观惹眼，所处位置也很好，距离后来的帝国总理府不远。纳粹党刻意选择这座建筑，正是因为它看起来让人望而生畏并且油然生出强烈的自豪感。说到底，还是纳粹党宣传部门的卡尔·汉克(Karl Hanke)给了施佩尔一个改变历史进程的机会。当时汉克向施佩尔介绍了他对举办纳粹盛会的一些想法："当我看到摆在汉克办公桌上的草图时，我的革命热情和建筑情怀被激发了出来。"施佩尔马上自告奋勇，提出要设计一个更棒的方案。1933年，纳粹党的5月大会在滕珀尔霍夫机场举办，施佩尔便是该活动的总策划。次年，这个大会换到了纽伦堡的齐柏林机场举行，施佩尔再次超越自己，给会场配上了巨大的旗帜和探照灯，整个场面就像好莱坞最负盛名的歌舞片导演巴斯比·伯克利的音乐剧一般热闹。

希特勒的御用建筑师不止一个，他身边有一大群建筑师，但最受他青睐的只有三位：施佩尔、盖斯勒和巴伐利亚籍的保罗·路德维希·特鲁斯特[10]，其中最受希特勒重用的是擅长装饰远洋客轮的特鲁斯特。20世纪20年代末，特鲁斯特在慕尼黑被介绍给希特勒，自那时起希特勒便十分看重特鲁斯特，纳粹党上台后亦是如此。特鲁斯特打造的建筑充分展现了慕尼黑这座城市在纳粹运动中的中心地位，他先后打造了"褐宫"、希特勒的司令部、纳粹党圣祠以及德国"艺术之家"等重要建筑。希特勒称特鲁斯特为"继申克尔[11]之后德国最伟大的建筑师"，并请他将柏林的一座旧楼改造成总理的官邸。但后来，特鲁斯特的身体不太好，这才让施佩尔成了该工程的执行建筑师，负责完成这个项目。1933年，在一次视察工地时，希特勒与施佩尔交谈许久，并邀请这位优雅的青年建筑师与纳粹党高层共进午餐。据施佩尔回忆录的撰写者约阿希姆·费斯特[12]声称，施佩尔和希特勒存在不为人知的性关系。他曾看过很多材料，里面都提到一个细节：在第一次共进午餐的路上，希特勒看到施佩尔没穿外套，就把自己别着金质党徽的外套送给了施佩尔。

特鲁斯特的早逝给了施佩尔成为纳粹首席建筑师的机会，但他还有赫尔曼·盖斯勒这个竞争者，盖斯勒为希特勒修建的工程遍布魏玛、慕尼黑和林茨。除此之外，以基督教徒保罗·舒尔策－瑙姆伯格(Paul Schultze-Naumberg)为代表的理论家强烈反对现实主义，尤其反对包豪斯风格，他们渴望加强自己的影响力。虽然竞争对手有很多，但凭借着和希特勒的交情，施佩尔拿到了一系列项目，这些项目都反映出新政权对光耀千古的渴望。他重建了德国驻伦敦大使馆，为威廉广场上魏玛时代的总理府加建阳台以供希特勒做公开演讲之用。他还设计了许多会场，也曾负责奥林匹克项目的协调工作，纽伦堡的纳粹党集会场也是由他设计的。

希特勒将纽伦堡工程视为对施佩尔的考验，看到施佩尔设计的检阅台，看到会场上各种点燃信心的元素组合，希特勒很是满意，他任命施佩尔为德国的建筑监察长。施佩尔的主要任务是重建柏林，希特勒把施佩尔安排在了巴黎广场上靠近勃兰登堡门的阿尼姆－博伊岑堡宫，还迁走了普鲁士艺术学院为施佩尔腾地方。那时施佩尔只有31岁，工资却比柏林市长还高，他还可以额外花钱雇佣员工，而且能经常面见德国最高领导人。

阿尼姆–博伊岑堡宫在19世纪被接管后，后面的花园就被改造成了一系列大型展厅，施佩尔把自己的建筑模型全都摆在这里。这里的建筑模型越来越多，施佩尔一生最庞大的工程日耳曼尼亚（Germania，柏林的新名称，希特勒第三帝国的中心）也在此日渐成形。除此之外，希特勒也在贝希特斯加登特意给施佩尔留了一间工作室，以便他受召前往萨尔茨山度假山庄觐见元首时能继续工作。仅仅5年时间，施佩尔便从籍籍无名的助教变成建筑监察长，担负起将柏林改造成世界之都的重任。

施佩尔在回忆录中将希特勒描绘成最重要的“客户”，大多数的建筑师都很熟悉“客户”这个称呼的含义。施佩尔说，仅仅因为元首有段时间没看见他，他便被人叫来开会。他还抱怨说，有一回他正在法国度假呢，却不得不中途飞回来开会，结果他刚到，却发现会议取消了。

施佩尔深知宣传和展示的重要性，他在个人形象上花费的心思一点儿也不比在建筑上投入的精力少。他对外宣称自己不喜欢穿纳粹制服，但很多照片都证明根本不是那回事。

1982年，柏林作家马修·史密特（Matthias Schmid）出版了《阿尔伯特·施佩尔传：神话的终结》（*Albert Speer: The End of a Myth*）一书，书中用大量篇幅披露了施佩尔如何想方设法地凸显自己的历史地位。甚至在他刚从施潘道监狱刑满释放时，他就准备贿赂德国联邦档案馆的工作人员，想要“净化”自己担任建筑监察长时所写的日记。当他发现自己的不法行为有可能被揭穿时，又央求自己的朋友兼建筑合作伙伴鲁道夫·沃尔特斯（Rudolph Wolters）放回了一份复印件。

施佩尔一直想要向人们证明当党卫军首领海因里希·希姆莱（Heinrich

Himmler)等人在万湖会议上讨论如何消灭犹太人时，他并不在场。但可以肯定的是，他在“最终解决方案”中是发挥了作用的。施佩尔没收了23765户犹太人的住宅，将住在里边的75000多名犹太人赶出了柏林。在担任建筑监察长期间的档案里，还整整齐齐地摆着一沓加盖官方印章的拆迁许可证，批准拆除数十座犹太教堂。

施佩尔可谓是希特勒的忠仆，但在1945年落入美军手中后，为了打动审讯官乔治·鲍尔（George Ball）和约翰·肯尼思·加尔布雷斯（John Kenneth Galbraith），他却改口说自己会对盟军很有用处，“他一直以杰出的技术人员和组织者自居，大概是觉得敌人会欣赏有头脑、有技术的人吧。”

也许有人会说，只有像施佩尔那样涉足政治的建筑师才能打造出深具政治内涵的建筑，但事实与之相反，与资质平庸的政客型建筑师相比，拥有天赋的无党派人士更擅长设计具有政治内涵的建筑。密斯·凡德罗[13]虽然是激进的现代主义建筑与艺术学院包豪斯学院的院长，但他既不是马克思主义者，也不是纳粹分子。密斯说自己没有政治倾向，虽然在1934年公民投票时，他也曾因为判断错误而呼吁大家给希特勒投票，以使纳粹政权合法化。即便如此，他也曾为斯巴达克同盟的革命分子罗莎·卢森堡（Rosa Luxemburg）和卡尔·李卜克内西（Karl Liebknecht）修建了一座令人难忘的纪念碑，这两人是为了建立苏维埃德国而在1919年献身的，但这座纪念碑最终被希特勒下令拆除了。除此之外，密斯也曾为柏林的帝国银行设计新的总部大楼，这大概是纳粹政权的第一座地标，密斯是怀着同样的信念打造这两座建筑的。

密斯在一次宴会中嘲笑斯巴达克同盟组织的纪念碑方案太过传

统，并暗示自己能做得更好，就像施佩尔一样，他也因此而受邀打造该纪念碑。密斯的纪念碑由数个砖头砌成的立方体构成，它们摞在一起，看上去似乎摇摇欲坠，推搡和拉扯着这些立方体的是镶嵌着斧头和镰刀的铜铸五角星徽章。当时没有一家铸造场肯协助加工这个徽章，密斯只得将它拆开，分别铸造好再自行组装。建造纪念碑的砖头是从被烧毁的废墟中捡回来的伤痕累累、凹凸不平的旧物。谈起这个设计，密斯曾说："只是一面砖墙罢了，当时他们就是被绑在这样的墙上射死的。"

密斯晚年，总想让人们相信他并不太关心卢森堡和李卜克内西的生死。这种态度并不能帮他获得客户的好感，但对于初到美国的密斯而言，要想给联邦政府留下好印象，拿到政府的项目，他也只能如此。密斯和斯巴达克同盟并非盟友，但那座纪念碑却为双方都带来了好处，密斯也为柏林的革命左派提供了利用当代建筑作为文化宣传武器的机会。20世纪60年代，天主教也聘请勒·柯布西耶和阿尔瓦·阿尔托[14]做过极为相似的事情，请他们打造一些新的教堂，以展现天主教信仰与当代生活之间割不断的文化传承。出于同种原因，法国共产党也邀请奥斯卡·尼迈耶[15]来设计巴黎的总部大楼，而密斯也得到了讨好德国进步精英的机会，他希望能得到更多的工作，而不是那种挑衅性的工作。

包豪斯学院的院长汉斯·梅耶[16]，密斯的前任，是社会主义者，而希特勒喜欢的却是古典风格的万神庙，双方把建筑变成了一场政治辩论。社会上一度流行一种颇具误导性的说法，即抽象和自由的设计是激进政治运动的标志，而古典建筑风格则是右翼威权主义的化身。经过一系列荒谬的过度简化，政治理论家将古典建筑描述为法西斯主义或反动政治的代表，以及苏联无产阶级价值观的载体。施佩尔最重要的辩护者莱昂·克里尔[17]曾说："如今的建筑师谈起施佩尔的建筑，仍然像处女谈论性话题一般，觉得万般尴尬。"他说："时至今日还不能理智对待这个问题，并不能帮我们理解纳粹建筑，这只能说明建筑行业存在道德堕落，一方面宣称现代主义建筑比表面看起来要好，另一方面却坚称纳粹建筑非常糟糕，不管它看起来有多好。"作为反传统主义的建筑师，克里尔并没有根据自己的逻辑得出明确的结论，而是完全割裂了建筑形式与建造者价值观之间的联系，在不遗余力地赞美施佩尔作品的同时，他其实也承认了希特勒本人的建筑才能，因为后者对施佩尔的建筑产生了极为深远的影响。

如果像克里尔所说的那样，"纽伦堡法庭对古典建筑含蓄的谴责，比给施佩尔的判决还重"，那平顶、白墙以及机器美学更会被视为民主或进步政权的化身。但是，右翼和左翼中反对这种"建筑语言"的人却说它们代表的是"无根的世界主义者"。有一张拍摄于斯图加特魏森霍夫区的照片就很能说明问题，人们认为照片拍摄的是外来闪族人在德国境内的一个营地，而实际上，那是密斯策划的现代住房的永久性展览。平顶、白墙、机器美学，这种"纳粹德国的建筑语言"在墨索里尼手中却有了截然不同的用处。施佩尔及其美国拥护者、同时代的对手、著名建筑师菲利普·约翰逊，曾极力劝说希特勒及其近臣：抽象建筑也可以为帝国带来荣耀。不过他们失败了，但对密斯·凡德罗而言，这反倒是幸事一件。

密斯和施佩尔都乐意为现代最可恶的国家元首工作，不同的是，施佩尔只是一心帮助客户实现建筑野心，而密斯虽然也会在政治问题上折节妥协，但在建筑问题上却绝不肯让步。密斯有时也愿意让别人利用自己的建筑来实现政治目的，但对他而言，建筑本身才是最终的目的。施佩尔则不一样，他的建筑固然有名，其政治生涯亦不遑多让，他甚至一度觉得自己会成为希特勒的继任者。二战结束后，施佩尔想要抹去作品中的政治意味。他宣称在自己担任纳粹内阁部长时就认为："我准备做的工作和政治没什么关系，我一直对自己的工作挺满意的，希望人们在评价我本人和工作的时候，能够单纯地从专业表现方面进行评价。"他的任务是为第三帝国打造建筑武器，如果连这一点他都能全然否认，那他对自己作品的评价恐怕就更宽容了。

总而言之，施佩尔手中并不掌握创造性资源，他成不了一名建筑开拓者，我们甚至可以说他连自己的风格都没有找到。他更愿意成为珀尔齐格的学生，却轻易地染上了特森诺的风格，而后他又用剩下的大半个职业生涯来阐释希特勒的理念。

对于密斯所推崇的现代主义建筑，希特勒本人到底有多排斥？答案不得而知，但纳粹的宣传作品有两种风格：既有德国农舍理想化的茅草屋顶和半木材架构，如贝希特斯加登守备军的营房便是这种风格；又有完全不同的朴素的钢化玻璃结构，纳粹空军的营房便是这样。希特勒的建筑喜好一直不太明确，20世纪20年代，他曾在慕尼黑的啤酒馆里宣称："强大的德国必须拥有伟大的建筑，因为建筑是国家权力和实力的重要指标。"他还说："凭借新的意识形态和对政治权利的追求，我们必将创造石头史书。"纳粹党中有些人，比如诺伯格·舒尔茨，对包豪斯派建筑师的成功和声望嫉恨不已，想借希特勒之手打击对手。他们自称是马克思主义者，认为布尔什维克和犹太风格才是那个时代标准美学的组成部分。《安哈尔特尔日报》(*Anhalter Tage Zeitung*)曾在1932年呼吁：拆除包豪斯风格的东方玻璃宫殿！其实在纳粹占领包豪斯学院之后，这里便成了纳粹党校，纳粹给校舍加盖了一个斜屋顶，大概是为了让它更具德国风格吧。

《人民观察家报》(*Volkisher Beobachter*)曾在1932年奋笔疾书道："包豪斯本该是马克思主义的教堂，但它却和犹太教会堂一个模样。"那时，包豪斯学院已经由德绍搬到了柏林，密斯·凡德罗并不关心政治，却也得努力洗刷掉学院"左翼激进主义温床"的名声，因此还招致共产党学生党员的激烈反对。希特勒当时说了一句很有密斯风格的话："德国风范就是有逻辑，尤其是要真实。德国式的就意味着清清楚楚。"密斯对此从善如流。1934年密斯只能尽量和希特勒和解，以免被流放。他为布鲁塞尔世博会德国馆设计的竞标方案跟他著名的现代主义作品巴塞罗那馆非常像，只不过德国馆的屋顶增加了个纳粹的"卐"字符。但是这一设计和其他人的方案一样，都被希特勒否决了。

德国的建筑语言之争变得异常暴力，"反对用公款建造和工人宿舍一样的集中营！这些罪人破坏了民族文化，自己却发了财，叫他们赔钱！"贝蒂娜·菲丝特－罗梅德尔(Bettina Feistl-Rohmeder)在《第三帝国的艺术家》(*Im Terror des Kunstbolschewismus*，1938年出版于德国卡尔斯鲁厄)中写道。虽然犹太建筑师埃瑞许·孟德尔松[18]没受到邀请，但帝国银行大厦的招标邀请了密斯、珀尔齐格以及格罗皮乌斯等人，这说明纳粹政权当时并没排斥现代主义建筑，这大概要归功于菲利普·约翰逊和《德国汇报》(*Deutsche Allgemeine Zeitung*)的艺术评论家布鲁诺·沃纳(Bruno Werner)。前者称密斯的作品具有德国风范，后者在1933年的文章中称珀尔齐格和密斯并非布尔什维克，他们那么做，只是为了赢得纳粹党中戈培尔一派的好感。希特勒自己也说过："我们可能会重新陷入对过去毫无意义、没有灵魂的模仿中，建筑师要毫不犹豫地使用现代建材。"

密斯也许可以消除人们对他的建筑是否适合民族社会主义国家的质疑，但其他人对他政治可靠性的质疑，他无法反驳。当密斯正在设计德意志帝国银行大楼时，盖世太保突袭了他在柏林为包豪斯学院租赁的校舍，将学生赶走后封锁了学校，人们可能以为这是蓄意的文化恐怖行动。但查封校舍的行为不像是帝国最高层的决定，倒像是德绍基层的争斗殃及了柏林的池鱼，但不管是哪一种，这种发展趋势都很危险。

密斯在对抗盖世太保时表现出了非凡的勇气，他试图让学校重新开放。他甚至找到了文化部部长阿尔伯特·罗森伯格(Albert Rosenberg)，向他抗议封校的行为，却得知纳粹党并没有完全封杀包豪斯学院。密斯的勇气可能更多的是权宜之计，在20世纪60年代，人们常把关闭包豪斯这个小插曲渲染成意识形态派别间的激烈斗争，但也许它并不是那么回事。正如历史学家依伊廉·赫克曼(Elaine Hochma)所说，密斯之所以拜访罗森伯格，是为了帝国银行大楼的竞标，因为这是希特勒掌权后柏林的第一个大型建筑项目。

密斯想必认为只要适当涉足政治，就能在保持一定自尊的情况下避免被列入黑名单，这样他既可以继续在德国工作，又不用为了迎合新政权而改变建筑语言。这就解释了他为什么敢冒着被列入黑名单、被贴上"反动学校校长"标签的危险争取重开学校。但在得知学校重开的条件是换掉被盖世太保认为在种族和政治上"不受欢迎"的教职工时，密斯主动关闭了学校。

人们通常认为，希特勒无法对他所谓的纳粹建筑提出统一的说法，这说明他思想混乱，表明他的世界观生来便与众不同。希特勒的处世哲学（如果可以称之为哲学的话）确实不太稳定，他一方面试图用高速公路和大量的汽车帮助德国实现现代化，但另一方面，也有追随者认为国家只有回到前工业时代，才能把德国人民从罪恶的现代城市中拯救出来。但是我们也可以从权力机制本身来理解希特勒前后矛盾的审美态度，独裁者的权力是以绝对的控制力为基础的，希特勒亦是如此。希特勒和施佩尔所推崇的新古典主义，显然与德国为纳粹党员建造的农舍风格的住房、密斯建造的现代主义风格的帝国飞机厂毫无共同之处，但希特勒却可以在这三者之间自由切换。或许他是出于实用目的，才为不同的项目选择了相应的建筑风格，但这也确保没有任何一个派别可以牢牢把控德国的建筑界，所有人都不得不依靠与希特勒的关系来争权夺势、打败对手。

然而，虽然希特勒也愿意采用现代主义的风格，但他确实很反感现代主义运动。对他这样一位对任何文化都怀有种族偏见，且将打造强大的德国国家形象视为重中之重的理论家而言，被视为国际风格的现代主义实在让他喜欢不起来。简而言之，希特勒不喜欢使用裸露的钢结构、平屋顶和平开窗，不仅是因为个人喜好，也和他的政治倾向密切相关。

希特勒曾经不止一次想要做一名真正的建筑师。起初在报考维也纳艺术学院油画专业被拒后，希特勒曾考虑申请艺术学院的建筑系，如果连这也不行的话，他觉得就是当个建筑学徒也无妨。在导师特鲁斯特去世后，导师的遗孀曾邀请他继承导师的事业。从希特勒身后遗留的建筑设计图的质量，从他用铅笔在方格图纸上绘草图的照片，以及从他流畅的计划安排中，都可以看出特鲁斯特夫人当时的提议并非一时戏言。纳粹官方摄影师海因里希·霍夫曼（Heinrich Hoffman）在回忆关于希特勒的书中写道，他曾经问一位被称为朋友（即希特勒）的人为什么没有成为一名建筑师，被告知："我要做第三帝国的首席建筑师！"希特勒的追随者对此坚信不疑。1937年，在慕尼黑的一次建筑行业大会上，弗朗兹·莫尔勒（Franz Moraller）说："帝国建筑处处彰显着元首的伟大，他给了我们创造新道路、寻找新道路的冲动。因此，建筑也有自己的政治任务和文化使命。"

希特勒并不是唯一一个偏爱建筑的纳粹高官。《人民观察家报》（*Volkischer Beobachte*）的编辑、波罗的海裔德国人阿尔弗雷德·罗森堡（Alfred Rosenber）便是圣彼得堡大学建筑专业的毕业生。这或许是个巧合，但我们不应该因为这些人喜欢建筑便判定建筑有罪，毕竟所有政治派别中都有建筑师的存在。这就像很多政治领袖都喜欢写诗一样，比如肆意屠杀波斯尼亚穆斯林的战犯拉多万·卡拉季奇（Radovan Karadzic）、留着八字胡的尼加拉瓜独裁者达尼埃尔·奥特加（Daniel Ortega）等都喜欢写诗。同样地，如果某些政治人物表现出对建筑的偏爱，那对建筑的热情便也成了一种邪恶的特征。

就像与真正的诗歌相比，上面几位暴君的诗只能算是打油诗，希特勒版本的建筑跟真正的建筑相比，没有可比性。人们常说希特勒成不了真正的建筑师，是因为他不关注细节或技术，但当今最有名的那十几位建筑师也常常因此受人诟病。二战结束后，施佩尔曾声称，希特勒即便成不了才华横溢的设计师，至少也是一名称职的设计师。他在希特勒在世时，从未说过这样的话，所以我们没理由怀疑他。

还有一种更有说服力的观点认为，希特勒对他那个时代的建筑文化毫无兴趣。在维也纳的时候，希特勒似乎并没有发现这座城市正在经历文化变革，没有发现阿道夫·路斯[19]、奥托·瓦格纳[20]及约瑟夫·霍夫曼[21]正在塑造一个革命性的建筑新方向，即现代主义的方向。他所能看到的不过是陈腐且华而不实的环城大道和历史遗留的巴洛克风格纪念碑。希特勒并没有把建筑当作活生生的文化形式来欣赏。他之所以对建筑有兴趣，主要是为了构建自己的世界观。正是因为这种痴迷，再加上设计天赋有限，所以希特勒才无法打造出真正的建筑作品。

值得注意的是，跟希特勒合作的建筑师从来都不是真正富有创造力的建筑师。从希特勒和施佩尔以及盖斯勒的关系中可以看出，他想找的是那些可塑性强、易受影响的建筑师，以让他们帮助自己实现愿望，而不是真正有创造力的天才。

其实希特勒并不清楚纳粹建筑应该长成什么样子，也不知道如何用建筑清晰地表达意识形态，但这并不是因为是否存在一个清晰连贯的建筑意识形态定义。成为独裁者的关键是，要有权力和权威，能够说，政权的架构就是领导人所说的一切。艺术史学家考察多立克柱式时，会以超然冷静的态度来确定其特征。但即使是巴洛克式建筑，其定义也与任何一组连贯的象征性特征一样，是由阐释和暗示来确定的。

施佩尔设计总理府不只是为了震慑小国，也是想要通过它的体量、它背后的传说给德国人留下深刻的印象。希特勒当时正忙着打造政治体系，他需要给自己的政治体系配上一个与之相适应的领导神话。在他手中，领导力不再是公共责任、处理内阁文件、行政事务、公共服务介绍会、务实的日常政治活动等所代表的冷冰冰的官僚职能。在希特勒的想象中，第三帝国要像罗马帝国时期、日耳曼人统治时期、普鲁士国王时代那样强势，只不过是要套上现代化的外衣罢了。他就像设计新的棋盘类游戏，或是修订体育项目的规则那般，一边实践一边打造自己的政权。他用建筑来检验规则和仪式，尽管这显得颇为可笑。

帝国总理府的设计要体现希特勒心中的绝对权力，在法西斯国家里，德国议会无关紧要，希特勒的内阁也是如此。虽然施佩尔也给总理府设计了一间原木装潢的内阁会议厅，里面还配有专用走廊通往希特勒的办公室，以方便元首自由出入，但希特勒很少使用这个房间。据施佩尔说，他曾带着部长们“到此一游”，让他们看了看桌上印有他们烫金名字的蓝色皮质记事簿。在希特勒打造的国家里，最重要的是最高领袖以及代表元首地位的建筑。

只有建筑还远远不够，建筑里面还充斥着“大会堂”“内阁会议厅”，如果要让这些房间充满活力，就需要通过各种仪式来彰显它们在帝国运行中的作用。成熟的国家经过一代代的努力，早已演化出了这种类型的仪式。但1939年的德国并非成熟的国家，希特勒对权力的把握不仅取决于武力，还取决于他营造令人信服的国家形象的能力。所以他需要各种庆典、仪式和礼节，需要一份安排日常仪式的时间表，这与他万分关注制服、旗帜和徽章的设计是一个道理。除了偶尔震慑来访的国家领导人之外，为了让总理府在其他时间也发挥作用，希特勒开始利用起了礼堂和宴会。他创造了一个亲信圈子，这些人就成了他日常生活的背景。据施佩尔回忆，这个圈子人数不定，约四五十人，大都是从慕尼黑时期便追随希特勒的老纳粹。这些人只需给总理府的总厨打电话定个座位，就可在当天下午两点钟与元首共进午餐。施佩尔说午餐气氛很沉闷，虽然这话也不能完全当真。但希特勒确实不愿意让军队高层参加聚餐，他生怕国防军精英知道自己的亲信是如此平庸。到了晚上，总理府还会放映电影，这至少让亲信们不用再费尽心思找话说了。

保罗·特鲁斯特早年曾为慕尼黑修建了一座纳粹党总部大楼，里面也特地设了一个“元老院”大厅。大厅里摆着围成U形的带织锦靠背椅子，墙壁上装饰着挂毯。国家本该邀请充满智慧的老人来此出谋献策，讨论国家大事，但纳粹德国不设“元老院”，所以希特勒便把这个大厅送给了副手鲁道夫·赫斯(Rudolf Hess)，作为他的办公室。很显然，希特勒甚至在一些政治游戏开始之前，就已厌倦了。

希特勒无法停下打造建筑的脚步，每打造一处新建筑，他得给它想一个说得过去的新功能。占地约1.5万平方米的帝国总理府堪堪完工，施佩尔又马不停蹄地为希特勒设计新的大型宫殿，元首抛弃的旧府邸则再次由赫斯接手。等元首离开，他就能搬到沃斯大街的总理府里了。希特勒的新宫殿将建在新柏林的核心地带，它的设计不再受既有街道的限制，也不用担心预算不足。它将会配上花园、温室和检阅场，占地面积将会超过23万平方米。等它建好，外交官恐怕要跋涉半公里，才能从正门走到希特勒的办公桌前。或许那时候也就没有外交，只有附属国向世界最高领袖献礼了。

为了取悦希特勒，施佩尔做了很多建筑模型，但其中规模最大、完成度最高的或许就是帝国总理府了。希特勒想在柏林旧址上修建宏伟的世界之都日耳曼尼亚，总理府便是它的一个缩影。建筑模型在希特勒的世界里随处可见，就像它们在萨达姆的世界里一样。施佩尔的工作室中有个永久性陈列品，那便是新柏林的模型。该模型约齐胸高，南北轴线长约30米，由易组装的几部分构建而成，这更便于希特勒仔细察看建筑的外立面，以及不同光照条件下模型所呈现的效果。模型上不同的颜色代表不同的建筑材料，铅制的玩具兵在街道上行兵列阵，显得十分逼真。希特勒常常在夜晚带着宾客过来看模型，他们打着手电筒穿过总理府花园〔现为彼得·埃森曼设计的大屠杀纪念馆〕，穿过花园围墙上特别建造的后门，来到工作室。工作室里还有制作更为精巧的独栋建筑模型，也有两个更大的模型——希特勒自己设计的凯旋门与大会堂。

随着筹备工作的开始，施佩尔派人做了一个等比例大小的模型，并在柏林郊外的特雷普托找了个室外场地组装起来，以向希特勒展示成品效果。希特勒不喜欢看到令人不快的意外，设计模型越逼真，他便越满意。在为纽伦堡设计容纳40万人的巨型体育馆时，施佩尔甚至还用木材和混凝土搭建了一个等比例模型。今天我们还可以在巴伐利亚的山坡上看到该模型残留的地基，它吸引着众多的第三帝国建筑遗迹狂热者来此瞻仰。

日耳曼尼亚与总理府很像，也是严格沿着两条主轴展开。规划中的南北轴长近6.5公里，两端各设一个火车站，就像两座巨大的城门拱卫着新柏林。只是奇怪的是，施佩尔居然没有提议绕城修建城墙，倒是后来的德意志民主共和国首脑瓦尔特·乌布利希（Walther Ulbricht）提出了这样的建议。帝国总理府的纵轴便是一条微型的南北轴线，它将俯瞰沃斯大街的大理石大厅一分为二，穿过希特勒的办公室，将巴黎广场的花园切成两半，最后止于总理府的温室。城市的东西轴连接着菩提树大街和勃兰登堡门，与荣誉议庭、总理府接待室连成一线。这种双轴交叉的设计大概来自让希特勒着迷不已的罗马城，或者凡尔赛宫里面路易十四的寝宫，因为它恰好也落在法国两条最重要街道的交会点。

在日耳曼尼亚的南北轴上，每个路段的风格各不相同，沿街点缀着纪念碑、广场和竞技场。其中，希特勒大会堂与总理府圆形前厅的作用颇为相似，都改变了轴线的方向。当这条大道横跨斯普雷河，一直延伸到北端时，它就像是一个枢纽，将大街折向西方。柏林的新东西轴向大街始于卢斯特花园，穿过菩提树大街直至蒂尔加滕公园，在这条气势磅礴的大街上，就连路灯也与施佩尔为总理府设计的成对的壁灯很是相像。新柏林和总理府的相似之处表明，施佩尔和希特勒认为他们代表着同样的威权主义权力观。

希特勒堪称世界上最成功的企业形象艺术倡导者之一，而建筑便是他达成此目的主要工具。他计划重建德国城市，还计划在柏林、纽伦堡和慕尼黑等地修建纳粹党大楼及政府大楼，这些计划都是为了强化纳粹党的权威和不可战胜的光环，这种做法与党卫军的黑制服有异曲同工之处，只不过前者的规模更大罢了。更甚者，希特勒还通过建筑来定义和实现他心中的极权国家。新柏林若能建成，一群群身着制服的工人和士兵就会像工蜂一样绕着新柏林这个蜂箱劳动，元首就像蜂后一般端坐正中间，个体则变得微不足道。

希特勒将建筑视为巩固权力的工具，但与此同时，正如他在荣军院台阶上所说的那样，他也明白建筑本身就是目的。他在演讲中提到：

纪念碑本该是整个时代的象征，但今天的大城市大都缺少能代表城市形象的纪念碑。而古代城市则不然，几乎每座古代城市都有引以为傲的特殊建筑。决定古代城市特色的不是私人建筑，而是有代表性的公共建筑，它们看似是时代的象征，实则会永垂于世，因为这些公共建筑体现的不是个人财富，而是社会的伟大和富足。

将气势雄伟的古代国家建筑与当代住宅放在一起比较，我们才能明白强调公共工程优先原则的重要性。古代留下来的少量废墟和遗迹至今依然巍然耸立，但让我们钦佩的不是商业中心，而是教堂、神殿和国家建筑，换而言之，它们都是公共建筑。即便是在罗马晚期的辉煌时期，人们重视的也不是公民个人的别墅和豪宅，而是神庙、浴室、竞技场、导水管、教堂等，它们都属于国家建筑，因此也是属于全体人民的建筑。

这种“社区”建筑便是希特勒想为德国打造的纪念碑，但实际上，它们却是被用来确保纳粹未来、对抗民主的武器。

“如今，国家建筑和私人建筑的关系变得多么可悲啊。”希特勒还写道，“如果有一天柏林像罗马那般覆灭，后人只会认为犹太人的百货商店是我们这个时代最伟大的建筑，认为某些企业的酒店是这个时代文化的代表。即便是在柏林这样的都市，帝国建筑与那些金融建筑、商业建筑也存在着可悲的差异，甚至打造国有建筑的费用也少得可怜。今天建筑的目的不是为了创造永恒，顶多只是为了满足当下的需要。这些建筑没有明显的内涵。如今的城市缺少国家共同体的突出象征，所以如果在城市里看不到代表城市的象征，也就不用感到奇怪了。长此以往，城市必然衰落，其结果就是大城市的居民对自己城市的命运漠不关心。”

希特勒重建柏林的计划，既有战略考量，又与他随意操纵民众和空间的病态迷恋有关，同时也离不开他对大兴土木的热情，这与帝国总理府的修建如出一辙。1937年，希特勒在纳粹建党纪念日的讲话中大声宣告：“打造新建筑是为了巩固我们的新政权！敌人也许会猜到这一点，但我们的人民必须要明白这一点。”

对希特勒而言，建筑是一种宣传工具，是激励追随者、打击敌人的手段，他说：伟大的建筑是医治德国人民自卑感的良药。要想教育人民，就要拿出让人民深感自豪的实物，这不是为了炫耀，而是为了给人民灌输信心。作为一个拥有8000万人口的国家，我们有权拥有这样的建筑，我们的敌人和朋友都应该明白，正是这些建筑帮助我们巩固了政权。

希特勒和施佩尔规划的新柏林规模之大，令人心生敬畏，以至于我们现在只能把它当成是邪恶而狂热的幻想。这座将会主宰柏林的圆顶大会堂的设计稿自1925年完成之后，希特勒就一直随身带着这个草图，当然，他也时刻不忘修建德国的“凯旋门”，而这也是施佩尔试图用石料、玻璃、钢铁和混凝土将梦想转化为现实的起点。大会堂若能建成，将高达300余米，可容纳18万人。即便是在今天，欧洲也没有什么建筑能与之分庭抗礼。“纪念碑式建筑的价值取决于它的规模，这一点是人类的共识。”希特勒这样写道。

大会堂的模型早已不复存在。纳粹党曾于1945年4月试图把部分模型送出柏林，但在护卫队将装有模型的箱子送出总理府时，遭遇苏联步兵的袭击，任务失败。如今，我们只能通过一系列的照片、草图和一些精心绘制的大型平面图了解当时的设计。这些图纸保存在华盛顿的美国国会图书馆里，图中描绘了为给希特勒的林荫大道腾地方而被拆除的旧街道。它们似乎展示了一座被外星海怪占据的城市，旧柏林的生机似乎也被海怪吞噬了。希特勒的圆顶大会堂规模无比庞大，远超城中的其他建筑，破坏和扭曲了城市原有的结构。令人不安的景象就像噩梦一般笼罩在柏林上方，但它并不仅仅是幻想。希特勒曾派人勘察柏林的土地，以确保其足以承载穹顶的重量，他还与挪威、瑞典、意大利等国的采石场签订了供应花岗岩的合同，并搭建起了供奴隶工居住的板房。为启动柏林重建计划，施佩尔动用了1万名苏联战俘，同时他又说服莱因哈德·海德里希（Reinhard Heydrich）送来了1.5万名捷克斯洛伐克俘虏。作为回报，他给了海德里希一些重建布拉格的建议，施佩尔还说动党卫军护卫他的奴隶工。新柏林预计于1950年完工，届时世界博览会也将在柏林举办。

日耳曼尼亚绝非单个幻想家的作品，它是数十名建筑师、多个政府部门、军队、德国大企业、高校和医院共同努力的成果。经过改造，柏林这个拥有400万人口的中等都城将会比肩大都市伦敦或巴黎，人口亦会翻一番。

柏林的规划者曾准备在20世纪20年代，于柏林旧市中心以西打造新的城市中心。类似的规划早已有之，但认真考虑该规划并在规划中加入标志性建筑的领导人，希特勒还是第一个。视之为政治问题而非技术问题的领导人，也只有他一人。希特勒决心无视柏林旧城，或者说消灭旧柏林，其改造之彻底，就连柏林的纳粹市长朱利叶斯·李波特（Julius Lippert）也深感不安，朱利叶斯曾试图阻挠这一计划。按照希特勒的计划，日耳曼尼亚将会抛弃旧柏林市中心的皇宫、新教大教堂、卢斯特花园，创建一个由政府大楼、商业区组成的新中心。日耳曼尼亚之所以如此令人瞩目，还因为希特勒准备修建大量标志性建筑。从没有哪位领导人会像他这样，在尚未夺取胜利，甚至连国家和军队都还没掌握时，就投入如此多的精力来规划胜利纪念碑。为庆祝希特勒的五十大寿，施佩尔送了个凯旋门的模型给希特勒。这个模型非常大，底下甚至可以站人。这个凯旋门如果真的建成，实物将高达117米，比拿破仑的凯旋门高一倍多，靠近新柏林中轴线的一端。至于中轴线的另一端，希特勒则打算建造一座大教堂。但是希特勒好像不怎么关心另一个问题：在没有军队行进的时候，这条两侧各种三排大树，中间配有76米宽绿化带的中轴大道要做什么用？它就像一道巨大的、不可逾越的鸿沟，将柏林一分为二。

大会堂的基座是边长为483米的立方体，由石头砌成，南面为敞开式柱廊设计，看起来好像张着口的长方形信箱。穹顶像一个膨胀得可怕的肿瘤从基座上缓缓渗出，其顶部原定是一个灯笼式天窗——严格来说，这是巴洛克风格，而不是罗马风格。希特勒的想法多变，天窗的设计亦是几经变化，最后他选中的方案是把顶部设计成地球仪，上面还有一只利爪外露的展翅雄鹰。如果从下方近百米的国王广场往上看，在合适的位置可以看见地球仪下半部分的新西兰和澳大利亚，要想看西北欧的话，那就只能从空中俯瞰，或者去施佩尔工作室看模型。希特勒曾经多次和这个模型合影，照片中，他正在低头看新柏林的模型，他的身影就像远山或初升的明月那般笼罩在城市之上。

大会堂前广场的东侧是旧的德国国会大厦。国会大厦本是一座地标，但若它周围整齐的纳粹“纪念碑”得以建成，这座原有的地标就会被衬得像玩具一样渺小，会堂的另外两侧计划修建希特勒的最高司令部和希特勒的新宫殿。20世纪90年代德国重新统一后，新修的总理府恰好就在拟建的最高司令部和新宫殿旁边。日耳曼尼亚的两条轴线并非单一的直线，各个部分皆围绕着巨大的广场和大型标志性建筑铰接在一起。施佩尔和希特勒选择把庞大的新总理府放置在两条轴线的交会之处，让它矗立在整个城市最特殊的位置上。工程如此浩大，希特勒到底是要设计一个真正的城市，还是要建造一个检阅场，我们不得而知，但可以确定的是，在承接此项目之前，施佩尔并没有城市规划的专业知识或经验。

这条南北轴线将横跨斯普雷河，绕着圆顶大会堂和旧国会大厦建造一座新桥。轴线继续往前延伸，便是一个长约1.2公里的巨大的长方形人工湖，狭长的湖面映衬着威严的圆顶大会堂和另外一组公共建筑的倒影。这些公共建筑一边是由慕尼黑建筑师贝斯特梅尔（Bestelmeyer）仿照斯德哥尔摩市政厅的样子设计的柏林市政厅，另一边则是由保罗·波纳茨[22]设计的海军总部。再往前，便是当地的行政办公楼和警察总部，而最显眼的是火车北站。临湖而建的建筑外观整齐，施佩尔团队还在后面规划了设计精美的塔楼，其中包括警卫团和军事学院的营房。

施佩尔将戈林的宫殿设在帝国总理府和蒂尔加滕公园的南面，如有可能的话，这座宫殿甚至会比希特勒的更大、更夸张。

希特勒的总理府带有强烈的外交意味，戈林的府邸则不同，它的中间是一个贯穿四层楼的巨大楼梯，艺术风格夸张而又空洞，以致墨索里尼手下的一位建筑师曾感叹说："真是难以置信!这一定是疯子所为!"施佩尔来回奔走，为元首和元帅设计越发奢华的总部，而元首和元帅则像是两个完全被邪魔控制住了的青少年，一心谋划着捞取尚不属于自己的未来，他们要求建筑师设计越发奢华的内部装饰，让人不由得怀疑，这个“二人组”是不是直接拿着一摞从《建筑文摘》（*Architectural Digest*）上剪下来的图片在和设计师沟通。戈林府邸的楼梯让人印象极为深刻，楼梯在各层间来回切换，游客似乎游走在漫无边际的空白墙壁上。戈林甚至委托雕塑家布雷克在本该建造电梯厅的地方（如能建成，这将是世界上迄今为止最精致的电梯厅）打造了一座施佩尔的半身像。他宣称：“为纪念世界上最宏伟的楼梯，布雷克特别为大楼的总设计师打造了雕像。”“它将被安放于此，以永远纪念这位缔造了这座伟大建筑的设计师。”

在留存下来的一张照片中，布雷克正在为摆好姿势的施佩尔雕塑。照片中的施佩尔目视前方不远处，充满了英雄气概。他身穿粗花呢外套，圆领毛衣，领口处露着领结，我们只能从翻领上的党徽看出他的政治身份。照片中的布雷克身材矮小，他身穿工作服，手握刻刀，正满脸虔诚地弯腰工作，他要将英俊的客户兼朋友塑造成充满创造力的人物，但主要是体现施佩尔的杀伐果断。

施佩尔出狱后，声称他对戈林宫的设计十分震惊：“这个项目，大大地偏离了我最初拥护的新古典主义。也许在帝国总理府的设计中还能看到新古典主义的影子，但在设计戈林宫时，却变成了赤裸裸的暴发户风格。”戈林宫代表的当然是奢华的建筑风格，里面的大厅、楼梯和会客室甚至比办公区都大得多，建筑里面还设有舞厅、可容240人的露天剧场和豪华的私人寓所。屋顶上铺有近4米厚的泥土，据说是一种防空措施。按照规划，这里本来还要修建一个花园，并配备有游泳池、网球场、喷泉、池塘、柱廊、藤架和茶点室。

在戈林宫的南面，中轴线拐了一个弯，形成一个环岛。在德国战败时，此处由德尔克斯梅尔（Dierksmeier）和洛榭（Rottcher）设计的德国国家旅游局已经提前完成了。但令施佩尔迷们不快的是，二战结束以后，这一地段作为西区的组成部分，被拆掉了，以用于修建西柏林文化广场，以及为密斯·凡德罗设计的新国家美术馆和汉斯·夏隆[23]设计的音乐厅及图书馆让路。

随着中轴线继续向南延伸，政府大楼逐渐减少，电影院、商店和企业总部开始出现。“如果全部是公共建筑的话，整条大街必会变得了无生气，我们当然也认识到了这一点，所以我们把2/3的空间留给了民用建筑，”施佩尔说，“在希特勒的支持下，我们驳回了多个政府机构挤进商业区的企图，我们可不想看到一条满是政府机构的大街。”中轴大道实在太宽了，看上去甚至不像一条街道。在这个区域，中轴线的风格不再统一，到处是一座座孤立的地标建筑，仿佛是现代主义者在空无一物的白板上所做的设计。施佩尔还计划在这边打造一个罗马浴室、两座电影院（其中一座可容纳5000人）、一座歌剧院、一个音乐厅和一栋由恺撒·皮诺[24]设计的21层酒店，以及一个议会中心、一座法院综合楼。

施佩尔总喜欢说一些他自以为别人想听的话。在撰写自传的时候，他假设读者都是刚刚从希特勒统治噩梦中解脱出来的人，这些人更想被告知施佩尔和希特勒的建筑规划到底有多糟糕，所以他在书中写道：

每当我翻阅照片，看到昔日设计的林荫大道模型时，只觉得当时的设计不仅疯狂，而且乏味，就连这些风格迥异的经济区，在我看来也是死气沉沉、规规矩规的。出狱后的第二天早上，去往机场时，路经了其中一栋建筑，很快我便发现了多年来我一直视而不见的问题：我们的设计，比例严重失调。当年沿街预留的区块单元都是150米到200米长，并规定了统一的高度限制，沿线禁止建造高层建筑。这让建筑失去了反差美，显得死气沉沉、毫无风格可言。而这种极度僵硬的设计，抵消了我们将城市生活引入这条大街的所有努力。

这段评价基本还是准确的，但并不一定意味着施佩尔真的是这么想的，从他1978年出版的大量建筑和工程书籍来看，施佩尔从未否认过他的作品。他努力在富有同情心的读者面前维护自己的作品："这里有清净的内部庭院，有柱廊和小型奢侈品商店。街道上到处都是霓虹灯，希特勒和我打算把整条大街都变成展销德国商品的橱窗，这将对外国人产生特殊吸引力。"

德国一位著名建筑师和几个大企业都参与了这一计划。彼得·贝伦斯[25]为德国电器公司（AEG）设计了一座办公楼，打算建在德国国家旅游局南面。内斯特勒（Nestler）也为爱克发设计了一座总部大楼，就在保险巨头安联保险总部的旁边。

只要设计师愿意在"德国风格"这个宽泛的体系下工作，施佩尔就会让他们参与进来。他需要这些比自己更为成熟的建筑师，他们可以帮助自己设计单体建筑，他们的经验可以补充他总体规划的严重不足。例如，其中有一位比施佩尔年长一倍的建筑师威廉·克莱斯[26]，在纳粹掌权之前，他是德国建筑师协会的主席，纳粹掌权后，他因和魏玛政权关系密切而遭到排挤，后来他在保罗·特鲁斯特的夫人杰蒂·特鲁斯特(Gerde Troost)的推荐下为柏林设计了一些著名建筑，希特勒的一张草图便经由克莱斯之手变成了战士纪念馆。按计划，自1914年以来在战争中丧生的所有德国士兵(总数超过180万)的名字都将刻在这个纪念馆中。等德国把签署一战停战协议的火车车厢从法国手中夺回来后，也将陈列在这里。馆内所刻的名字很多，参观者只辨认得出其中的一部分(就连这部分名字，也可能是由1万个连在一起、分都分不清的"约翰内斯·施密特"组成的)，但在一个极力贬低个体价值的国家里，这又有什么关系呢？施佩尔还和党卫军签了供货合同，让福洛森堡集中营提供工程所需的雪花花岗岩。

施佩尔针对主要的单体建筑，举办了一系列招标活动，但实际上每一份中标方案都是千篇一律的，都讲究对称和古典风格，中间采用柱廊设计，外层由石头砌成。纳粹对石材十分迷恋，认为石材能将建筑与立国之本的土地紧密结合在一起。皮诺曾数次尝试设计具有德国特色的摩天大楼：当东德人在建造以圆顶石塔楼为主的斯大林大道(Stalin Allee，后来被称作卡尔·马克思大道，现为法兰克福大道)时，这些摩天大楼成了东德人的模仿对象。但新柏林的建筑大部分都是统一的，屋檐不得超过五层楼高，顶部都配有阁楼。

轴线的南端是柏林的第二座车站，这座车站就像一道大门，长约800米的广场紧随其后，两旁排列着缴来的坦克和野战炮，而广场的制高点为近120米高的希特勒"凯旋门"。从这里看，5公里外的圆顶大会堂清晰可见，鹤立鸡群般耸立在柏林城中。施佩尔尤其为这座4层车站的设计感到自豪——它比纽约的中央火车站还大。"相比之下，这是我们最喜欢的理念，"施佩尔说，"车站铜质面板和镶嵌玻璃下方的钢架结构依稀可见，这消解了巨石的沉闷。来访官员沿着巨型室外楼梯往下走。他们一走出车站大门，便会为眼前的城市景象所倾倒，或者更确切地说，为帝国的强大所震惊。”

跟南北轴线相比，东西轴线规模略小，它沿着菩提树大街延伸，东起博物馆岛，西至蒂尔加滕公园。国会大厦烧毁之后，施佩尔从那边移来一根19世纪的胜利柱，放在蒂尔加滕公园中间的巨型环岛处，并在胜利柱四周摆满从丹麦、奥地利和法国缴来的军械。希特勒计划在博物馆岛上兴建一系列新博物馆，其中一座人类学博物馆的设计师是汉斯·达斯特曼（Hans Dustmann），他曾是瓦尔特·格罗皮乌斯的助手。威廉·克莱斯则负责设计一座19世纪文物博物馆、一座埃及文物博物馆和一座德国文物博物馆。施佩尔还计划在此打造一个墨索里尼广场，法国化工巨头法本公司（IG Farben）的总部也将落户于此。

自1937年起，施佩尔便开始拓宽东西向的轴线，他减掉了一些十字路口，砍去了遮挡视野的树木。他们开始规划技术大学的搬迁，查理特医院的拆除计划也在紧张进行中，以给修建大会堂腾地。1941年4月，由德国主要建筑公司组成的建筑协会开始与施佩尔就新柏林项目展开谈判。同年8月，承担“凯旋门”（施佩尔办公室称之为“Bauwerk T”，意思为T形建筑）施工任务的团队受命修建战士纪念馆，并签署了建筑合同。后来战局发生变化，德国渐渐处于劣势，工程建设速度放缓，直至完全停工，但此时，施工队已经将南北轴线沿线的2.5万处房屋拆除完毕，安哈尔特、波茨坦和莱尔特的火车站调度场也被拆除殆尽，以准备修建大会堂，设计工作则一直持续到1942年。

在施佩尔的新柏林里，不存在多样化的可能，个人也没有选择权，人们只能用一种方式理解新柏林，那便是歌颂缔造这个城市的政权。希特勒曾提到，他决心将柏林打造成一个“就算是外地来的农夫，也会被大会堂感动”的城市。

希特勒想要打造自己的罗马城，这个念头为什么会让我们心生不安呢？也许是因为我们觉得这项工程若能完成，他便能为所欲为，在历史上留下自己的印记，还免受后世的批评或异议，如此一来，新柏林将会变得坚不可摧，即便后人能彻底拆除每一座单体建筑，中轴线上也会留下明显的痕迹。不管希特勒的建筑有多么压抑、死板和笨拙，如果不考虑建筑所传达的信息，仅凭它们巨大的体量，我们很难解释我们为什么如此崇拜罗马，甚至想要将罗马城的每一个碎片都保留下来，却不喜欢希特勒的。

日耳曼尼亚若能建成，则代表阿道夫·希特勒胜利了，二者相互成就。希特勒将日耳曼尼亚视为一次尝试，他这么做是想震慑世界其他国家，这是一场规模空前的宣传战，其目的是彰显和歌颂第三帝国，让追随者紧紧团结在希特勒构筑的德国梦之下。希特勒的建筑代表着他追逐权力、征服他人的欲望。“即便有朝一日所有的史料都消失了，历史学家依然可以从第三帝国的建筑中读出希特勒统治全世界的计划。”施佩尔如此写道。

施佩尔曾以“打造拥有遗迹价值的帝国建筑”为借口，解释自己为什么要使用大理石、花岗岩这样昂贵的“真材实料”。但是在战争结束时，这些建筑看起来是那么的空洞。在盟军炮火轰炸下，帝国总理府的荣誉议庭变得千疮百孔，青铜大门早已被拆走，用于来抢救伤员，整座建筑与“高贵的遗迹”一点儿关系也没有。这里到处散落着弹药箱和战地食堂的食物残渣，在等待最后的日子里，帝国总理府里不断上演着任意杀戮的疯狂和终日沉迷于酒精的堕落。战后，施佩尔甚至声称，他曾计划向碉堡的通气管道里投毒，从而将自己打造的建筑变成反对“元首”的武器。至于该计划是否存在，就不得而知了。

德国战败后，盟军领导人特意来到帝国总理府，亲眼见证了希特勒政权的覆灭，最终，苏联人拆除了总理府，并用这些石料在柏林修建了一座战争纪念碑，总理府顶部的帝国雄鹰也被运往苏联，放在了莫斯科的红军博物馆里。纳粹党主要领导人之一的马丁·鲍曼(Martin Bormann)在1945年2月初的日记中生动地记述了纳粹德国垂死挣扎的那一幕，当时苏联元帅伊凡·科涅夫(Marshal Konev)正率领红军跨过奥德河，准备对柏林发起总攻，与此同时，英美轰炸机在日间发动起更加猛烈的空袭，切断了柏林大部分城区的水电。“帝国总理府花园的景象惨不忍睹，”鲍曼写道，“到处都是深深的弹坑、炸断的树木和滚落的碎石，冬日的花园里只剩残垣断壁。沃斯大街上也满是巨大的弹坑。”

到了这种境地，希特勒的助手还联系赫尔曼·盖斯勒，召他来柏林讨论希特勒出生地林茨的重建计划。

1945年2月9日，盖斯勒踩着沃斯大街的碎石，揣着自己的新规划来到总理府。希特勒决心让林茨盖过布拉格和布达佩斯的风头，成为多瑙河边最美的城市。盖斯勒还给希特勒带来了一个巨大的工程模型，里面不仅有一座座新建筑，还包括一个新的郊区工业区，为希特勒的城市梦提供了完备的基础设施。

盖斯勒的建筑不像施佩尔的作品那样抓人眼球，但他的新林茨和日耳曼尼亚的建造原则是一样的：规模庞大，拥有连接火车站和市中心的中轴线，中轴沿线还设有可容纳3.5万人的音乐厅和各类文化建筑，其中有一座博物馆专门收藏希特勒从欧洲掠来的艺术品。河边准备修建一座约150米高的钟楼，钟楼地下室将是希特勒父母的陵墓，钟楼还会定时演奏布鲁克纳[27]的乐曲，希特勒自己的陵墓则是模仿万神殿的样子打造的。

希特勒完全被盖斯勒的模型迷住了，为了确定这项工程的启动时间，他跟盖斯勒讨论了几个小时。第二天晚些时候，希特勒的林茨老乡兼党卫军将军卡尔滕布鲁纳（Kaltenbrunner）来到碉堡里，说柏林百姓的心理防线快崩溃了。希特勒拦住他的话头，把他带到模型前，说："卡尔滕布鲁纳，如果不是相信我们最终会赢得这场战争，那我恐怕也没有心情讨论未来的规划。"希特勒的疯狂和自欺欺人是有战术考虑的。

时至今日，希特勒的德国已经所剩无几了，仅剩下几条高速公路、几座桥梁、几辆大众汽车。柏林城内，如今的6·17大街甚至比希特勒掌权之前的大街还要狭窄，胜利纪念柱也挪到了数米开外的地方，只是在零星几栋混凝土建筑上还能看得出当初的日耳曼尼亚构想。在慕尼黑城内，虽然因美军的力保，保罗·特鲁斯特为希特勒打造的博物馆保留了下来，但其为纪念啤酒馆政变死难党人打造的统帅堂前的纪念碑却被炸毁了。纽伦堡市里，为举办纳粹庆典而建的国会大厅和看台没能完工。这座计划容纳6万个座位的综合性建筑群以大体育馆为原型，是用囚犯和奴隶的血泪铸成的。路德维希·拉夫[28]和自己的儿子弗朗兹（Franz）自1934年开始修建这座大厅，当年，希特勒刚放下奠基石，施佩尔便附和道："即使有朝一日纳粹的声音沉寂了下去，这些砖石见证者依然会让世人惊叹不已。"他说对了，但这些建筑却没能让世人惊叹不已。

这座国会大厅十分坚固，历经二战和几十年去纳粹化运动，它依然没有消失。彻底拆除，就相当于掩盖历史。战后纽伦堡市议会提议将国会大厅改造成无害的运动中心，在战后那个年代里，这种行为比掩盖历史更为险恶。后来，市议会决定打造一个“文献中心”，提醒人们这里曾经发生过什么。新博物馆的建筑师是奥地利籍的甘特·多明尼戈（Günter Domenig），他有意对抗原有的建筑，扩建的部分就像是钉在建筑中心的一根木桩。

今天的德国是个和平国家，是欧洲最不可能的侵略者，但即便如此，这些建筑依然会让我们不寒而栗。希特勒所打造的建筑残片已经失去了震慑和威胁他人的力量，但它们仍然不是平和的建筑；它们既是希特勒世界观的物质表达，也是希特勒世界观的象征性表达。它们意味着希特勒放弃了现代城市中资产阶级的个人主义，表达了他利用纳粹建筑的塑造效应，用公共认同取代个人主义的决心。

1　赫尔曼·盖斯勒（Hermann Giesler, 1898—1987），希特勒的御用建筑师。他曾在1940年随希特勒巡视巴黎，战争结束后也依然是坚定的纳粹分子。

2　阿诺·布雷克（Arno Breker, 1900—1991），德国建筑师、雕塑家，被誉为“德国的米开朗琪罗”。其作品深受希特勒的喜欢，但是为公众建筑设计雕塑的他，不参与政治活动，只是为艺术创作而创作。因此，他在当时和二战后都被认为是进步的艺术家。

3　查尔斯·加尼叶（Charles Garnier, 1825—1898），法国建筑师，创造了新古典主义、文艺复兴主义和巴洛克风格。巴黎歌剧院（又称为加尼叶歌剧院）是他的巅峰作品，代表了19世纪的建筑风格并有所发扬。

4　马丁·鲍曼〔Martin Bormann, 1900—1945（或1959年）〕，纳粹党秘书长、希特勒私人秘书，纳粹“二号战犯”，他掌握着纳粹党的钱袋子，人称“元首的影子”。

5　杰夫·昆斯（Jeff Koons, 1955— ），美国当代著名的波普艺术家，被称为继安迪·沃霍尔之后最重要的波普艺术家。他的不锈钢雕塑作品《悬挂的心》曾在纽约拍出2600多万美元的高价，创下了在世艺术家的成交价新纪录，他也成为拍卖场上作品最值钱的在世艺术家。

6　菲利普·约翰逊（Philip Johnson, 1906—2005），美国建筑师、建筑理论家，普利兹克建筑奖首位获奖者，被称为“美版施佩尔”。他毕业于哈佛大学，以策展人的身份进入建筑业，后来才成为设计师。他在1949年设计的“玻璃屋”住宅引起广泛关注，其作品包括洛杉矶水晶大教堂、休斯敦圣罗勒教堂等。

7　弗兰克·盖里（Frank Gehry, 1929— ），加拿大裔美国建筑师，被称为“建筑界的毕加索”，1989年获得普利兹克建筑奖，其知名作品有西班牙毕尔巴鄂古根海姆博物馆和美国洛杉矶的华特·迪士尼音乐厅等。

8　汉斯·珀尔齐格（Hans Poelzig, 1869—1936），德国现代建筑先驱，弗罗茨瓦夫百年厅的环绕展览区由其负责设计建造。

9　海因里希·特森诺（Heinrich Tessenow, 1876—1950），德国现代主义建筑师、教育家。惨烈的第一次世界大战对他影响颇深，他相信只有在“有机”的小城镇里，人们才能形成一种新的社会凝聚力。他所提出的花园城市的理念引起了国际关注，他致力于解决高密度住房和中等收入者的住房问题。

10　保罗·路德维希·特鲁斯特（Paul Ludwig Troost, 1878—1934），德国著名的建筑师和室内设计师，“德国工匠联盟”成员，其最著名的作品是位于慕尼黑的“艺术之家”美术馆，死后被授予了1937年设立的德国国家艺术和科学奖。

11　卡尔·弗里德里希·申克尔（Karl Friedrich Schinkel, 1781—1841），德国建筑师、城市规划师、画家、家具及舞台设计师，古典主义建筑主要代表人物。申克尔长期担任普鲁士王国首席建筑指导及国王御用建筑师，其作品多呈现古典主义或哥特复兴风格，柏林老博物馆就出自其手。

12　约阿希姆·费斯特（Joachim Fest, 1926—2006），德国历史学家，新闻工作者。

13　密斯·凡德罗（Mies van der Rohe, 1886—1969），德国建筑师，现代主义建筑的奠基人之一。密斯坚持“少就是多”的建筑设计哲学，在处理手法上主张流动空间的新概念。

14　阿尔瓦·阿尔托（Alvar Aalto, 1898—1976），芬兰现代建筑师，人情化建筑理论的倡导者，被称为北欧设计之父、芬兰设计的先驱。

15　奥斯卡·尼迈耶（Oscar Niemeyer, 1907—2012），巴西建筑师，专长于国际性的现代主义建筑，在家具设计上也颇有造诣。在78年的职业生涯中完成近600个项目。1988年获得普利兹克建筑奖。

16　汉斯·梅耶（Hannes Meyer, 1889—1954），瑞士建筑师，包豪斯第二任校长，是一位颇受争议但造诣很高的建筑设计师。

17　莱昂·克里尔（Leon Krier, 1946— ），卢森堡裔英籍建筑师，世界上著名的、最有争议的建筑师和城市理论家之一，2003年获得了第一届有关古典建筑的理查德·崔赫斯大奖。他是新城市主义的最初倡导者，反对现代城市主义，著有《建筑：选择还是宿命》《社会建筑》等作品。

18 埃瑞许·孟德尔松（Erich Mendelsohn, 1887—1953），20世纪上半叶非常有影响的德国犹太建筑师，以表现主义作品著称。其作品有爱因斯坦塔、路肯瓦尔德的制帽厂、柏林的勒宁广场舞台等。

19 阿道夫·路斯（Adolf Loos, 1870—1933），奥地利建筑师与建筑理论家，现代主义建筑先驱，其名言为“装饰即罪恶”。

20 奥托·瓦格纳（Otto Wagner, 1841—1918），奥地利建筑师、规划师、教育家兼作家，欧洲现代建筑运动的领导人，被誉为“现代维也纳城的设计者和创造者”。

21 约瑟夫·霍夫曼（Josef Hoffmann, 1870—1956），捷克斯洛伐克建筑师、设计师。他是早期现代主义家具设计的开路人，也是20世纪上半叶现代装饰艺术运动的创始人之一。

22 保罗·波纳茨（Paul Bonatz, 1877—1956），德国建筑师，曾为纳粹党服务，1942年离开德国逃往土耳其首都安卡拉。他被认为是影响德国20世纪50年代现代主义建筑的最重要的人物之一。

23 汉斯·夏隆（Hans Scharou, 1893—1962），德国建筑与城市规划师，有机建筑代表人物，代表作是柏林爱乐音乐厅。

24 恺撒·皮诺（Cäsar Pinnau, 1906—1988），德国知名建筑师。他作为独立设计师接受了施佩尔的很多委托，参与了1938年帝国总理府的室内设计以及20世纪40年代初柏林南北轴线项目的建筑规划等，效力于第三帝国的这段经历让他饱受批评，其最著名的作品是纽约第五大道上52层楼高的奥林匹克塔（Olympic-Towers）。

25 彼得·贝伦斯（Peter Behren, 1868—1940），德国现代建筑和工业设计的先驱，被视为“德国现代设计之父”，著名建筑师勒·柯布西耶、瓦尔特·格罗皮乌斯和密斯·凡德罗都曾经在他手下做过事。

26 威廉·克莱斯（Wilhelm Kreis, 1873—1955），20世纪最有影响力的建筑师和设计师之一，著名雕塑家阿尔诺·布雷克曾跟随其学习雕塑。他协助施佩尔设计了大量建筑，包括工业建筑、商业建筑、博物馆和火车站等，其作品有杜塞尔多夫天文馆、德国卫生博物馆等。

27 布鲁克纳（Bruckner, 1824—1896），奥地利作曲家和管风琴家。

28 路德维希·拉夫（Ludwig Ruff, 1878—1934），德国纳粹建筑师。

The World in Stone 石头的世界

施佩尔将极权主义呈现在人们面前，把极权主义变为了现实。甚至在法西斯主义或萨达姆主义还未出现的时候，建筑师就可以构造出它们，展现它们可能的样子。他们把丑陋的可能变成了可怕的现实，将建筑变成压迫他人的工具。

跟希特勒相比，贝尼托·墨索里尼(Benito Mussolini)的独裁政权也曾悍然发动种族灭绝的殖民战争，也曾公然侵犯国内人民的自由，但相对要温和一些。墨索里尼的建筑师不像施佩尔那样饱受非议，到底是因为他们行事较为克制，还是因为他们的作品质量更好？答案不得而知。墨索里尼重建罗马的计划和新柏林计划受到的待遇截然不同，是因为前者的建筑师马西诺·皮亚琴蒂尼[1]、朱赛佩·特拉尼[2]或朱赛佩·帕加诺[3]更加优秀，还是因为他们所服务的政权相对温和一些？

当然建筑在墨索里尼心中也很重要，这一点与希特勒没什么两样。我有一张照片，照片中一群大腹便便、身着黑白制服的人正在围观放在地上的模型。照片里的墨索里尼身着白色双排扣套装，头戴高得出奇的尖顶帽子，身边围着一群侍臣。在看到这张照片以前，我从来不知道黑衫军标准的制服穿在大腹便便的人身上会如此难看。照片上的人正如痴如醉地倾听墨索里尼的私人建筑师马西诺·皮亚琴蒂尼情绪激昂地讲述他打造罗马新城(即E42)的总体规划，这亦是法西斯对罗马历史遗迹最为严重的亵渎。

皮亚琴蒂尼沉着自信地站在模型前，每位建筑师都知道展示作品的这一刻是多么重要。客户的注意力都很短暂，建筑师必须抓住这唯一的机会说服客户，让客户相信他们为之奋斗数月的梦想终将变成现实。为了修建新罗马，已有成千上万的人流离失所，他们被赶出了世代蜗居的城区中心的贫民窟，奥古斯都时代的纪念碑群也遭到了破坏性的伤害，这些事情皮亚琴蒂尼当然都知道。但在这个时刻，这些损失算得了什么？！对一名建筑师来说，如果位高权重、有能力助自己实现设计之梦的赞助人愿意倾听自己的解说，那其他无关的一切都是浮云，即便是火警、地震也不能让他分心，他一心只想谈论建筑。

皮亚琴蒂尼本人坚信建筑具有其政治目的，建筑是专为“宗教和国家打造的宏伟神庙，用于颂扬人类的美德，激励和鼓舞人们，颂扬和歌唱成就”。但是除了一些铭文和人物雕塑外，他的作品一点儿也不像我们所说的极权主义建筑。其中并没有投射出像希特勒的一些建筑所透露着的阴森的村舍风格，或者重建柏林计划中那种反常的、幽闭恐怖的邪恶感。相比之下，皮亚琴蒂尼的作品也庞大得令人畏惧，但其初衷是为了给人留下深刻印象，让人感到自己的渺小和微不足道。

墨索里尼和希特勒都将建筑视为不可或缺的政治宣传工具，他们满怀热情、乐此不疲地利用建筑巩固自己的统治，不遗余力地参与建筑活动，以此展示自己的慷慨大方和无所不知。为了拍摄新闻短片，墨索里尼“让丁字镐说话”，他把丁字镐高高抡过头顶，开始破坏台伯河沿岸的中世纪建筑。这样的镜头，不仅是为了展示他本人的气势和力量，也是在宣告他可以与恺撒·奥古斯都等罗马帝王比肩。

贝尼托·墨索里尼有20年的时间来重建意大利，他像希特勒一样热情地抓住了机会。几乎每一座意大利城市都留下了法西斯时代的烙印。墨索里尼的建筑师为国家建起了现代化的基础设施，修建了新的火车站和邮局、法院和大学、工厂和疗养院，他们竭尽全力将法西斯主义与进步联系起来。虽然也有人质疑野蛮的政体能否打造出伟大的建筑，但老牌法西斯分子朱赛佩·特拉尼却建造出了被视为20世纪最伟大建筑之一的科莫的法西斯宫（特拉尼宫）。特拉尼一生致力于墨索里尼的法西斯主义事业，甚至自愿报名前往对苏作战的前线。若以建筑的目的而论，这座法西斯宫和施佩尔的作品一样，具有强烈的意识形态色彩，但通过精妙而富有想象力的空间设计，它在颂扬“黑衫运动”的同时却能不落窠臼，没有一味依赖明显的视觉触发因素，如规模、恐吓和明确的图像等。

与特鲁斯特在慕尼黑打造的统帅堂前的纪念碑一样，法西斯宫内也是法西斯主义殉道者的安葬之地，特拉尼给他们设计的不是传统式样的庙宇，而是大型“玻璃棺”。其大门是一排可以同时开启的电动门，如此设计可以让数量庞大的黑衫军快速列阵而出，涌到外面的广场上。法西斯宫有一个中空的中心，法西斯党的各个机构则分散在四周，如此规划，既彰显了法西斯成员间的同志情谊，也弱化了党部的等级关系。法西斯宫的建造者虽是极权统治者，但大楼本身却没有明显的压迫感，即便如此，我们也很难称之为人文建筑。

当代的建筑师曾试图轻率地表明透明性（也就是玻璃）本质上是民主的。在轻率地下此结论之前，我希望他们能记住一点：法西斯主义曾被描述成“玻璃房子”。科莫的法西斯宫就是一个透明建筑，它坐落于美丽的科莫镇的山脚下，与新古典主义的歌剧院和大教堂只隔着一条路，虽然它并没有显得格格不入，也不会让人反感，但它向人们诉说着意大利那一代建筑师对法西斯革命的信仰。特拉尼用建筑传递理性的法西斯主义观点，传递出一种疏离感，即便如今它已化身成为意大利税务警察总部，这种感觉仍能感受得到。

积极投身法西斯政权建筑事业的建筑师，不止特拉尼一个。他们参与的项目包括墨索里尼新城镇，利比亚、索马里和埃塞俄比亚的殖民定居点，以及意大利各地的党部大楼。他们为大众设计了美化法西斯主义的宣传展览，参与了罗马墨索里尼宫的竞标。二战期间，意大利建筑师并没有像德国建筑师那样逃往英美等国家。除了朱赛佩·帕加诺和著名建筑师吉安·鲁吉·班菲[4]，几乎没有意大利建筑师因为抵制法西斯政权而断送了事业。帕加诺曾经是法西斯主义者，后因参加反法西斯运动被捕入狱并死在了集中营中，班菲的遭遇也大体如此。

从墨索里尼与罗马的关系中，我们可以看到他建筑观中最复杂的一面。他一方面把自己说成是恺撒帝国的继承者，是新时代的奥古斯都，另一方面又宣扬自己是现代主义者。所以他拆除大片旧城，打造新的城市，就是为了更好地衬托奥古斯都陵墓之类的标志性建筑。遗留下来的陵墓孤零零地矗立在那里，周边是维托里奥·贝利奥·莫波戈(Vittorio Bailio Morporgo)设计的法西斯主义风格的华丽广场，奥古斯都为纪念战争胜利而修建的和平祭坛也被安置在了一个可以俯瞰台伯河的钢筋玻璃盒子里。60年后，左翼市长又邀请理查德·迈耶重新设计了一座展馆，和平祭坛再次搬家。当时，意大利贝卢斯科尼(Berlusconi)政府的文化部副部长维托里奥·斯加比(Vittorio Sgarbi)出于政治和个人审美的原因，曾试图阻止这个计划，因此迈耶与他发生了争执。

墨索里尼对古罗马广场、罗马斗兽场以及朱庇特神殿的粗暴干预严重破坏了罗马的古建筑遗迹。更有甚者，他还准备在罗马斗兽场的对面修建自己的宫殿，即利托里奥宫(Palazzo de Littorio)，以作为法西斯党的总部。此计划一旦成真，势必会给古建筑造成更严重的破坏。他发起了设计竞标赛，收到的却是与希特勒总理府形成鲜明对比的现代设计。但凝聚其中的抽象的建筑语言也折射出一种威慑感，让个人屈服于领导者的意志，这与施佩尔锻造出来的大量经典作品没什么差别。

墨索里尼最终改变了主意，决定在罗马北部修建墨索里尼广场，这是一个更具考古学色彩的法西斯主义城市规划版本。它模仿古罗马斗兽场的样子，在公共广场的四周建了一圈建筑。为庆祝自己执政二十周年，墨索里尼还在城市南端修建了另外一片“样板建筑”，与北面的广场遥遥相望。为迎接1942年的世界博览会，墨索里尼还在罗马建造了一个名为“罗马世界博览会（EUR）”的新区。该项目起初只是想打造一系列建筑，以在博览会期间举办展览和活动，后来罗马城以此为中心，向南边的奥斯蒂亚古城和大海方向大肆扩张。战争爆发导致世博会取消，但大量场地都已开发完毕，所以今天的我们才有机会看到自诩为现代主义的独裁城市是什么模样。

新城的规划是现代派与传统派互相妥协的结果，但随着时间的推移，意大利传统派的建筑师渐渐占据上风，而新城成了两派冲突的焦点，并最终导致朱赛佩·帕加诺和墨索里尼政权彻底决裂。这位虔诚的法西斯主义者参与了EUR的早期规划，他曾公开抨击负责此项工程的墨索里尼的私人建筑师马西诺·皮亚琴蒂尼。但这次决裂并不影响帕加诺对法西斯事业的忠诚，直到他在阿尔巴尼亚加入了墨索里尼的军队，之后他才开始反抗法西斯统治。

尽管帕加诺对墨索里尼政权心存疑虑，但作为城市规划的一部分，他设计的EUR要比施佩尔的新柏林复杂得多。希特勒总想压人一头，他称这个项目为“毫无意义的复制品”。皮亚琴蒂尼之前已经看过施佩尔的新柏林计划，因此想规范化帕加诺设计中“表达过于自由”或者像法西斯主义者所说的“太过希伯来化”的方面。实际上，EUR并没有采用单轴线设计，而是采用网格化规划，地标建筑分散排列，构成一个个网格。EUR中最引人注意的建筑是意大利文明宫，即所谓的“方形斗兽场”。该竞技场由6层罗马式拱券堆叠而成，雄踞

EUR南端的山顶，从远在市中心的博盖斯城堡公园都能看到它。竞技场有150级台阶，旁边不设扶手。它看起来就像是一座陡峭的石灰石山峰，沿着台阶拾级而上，就像是在攀爬墨西哥阶梯状的金字塔，让人不由心生畏惧。山顶的文明宫正闭馆维修，其顶部前后两个立面镌刻着一句铭文：“一个孕育了无数诗人、艺术家、英雄、圣人、思想家、科学家和航海家的民族。”从外面看，竞技场的内部清晰可见，拱形开口直接贯穿外立面，而里面的拱形面则由与之相契合的落地窗密封住。这样的形式实在是再简单不过，它就像是打造成建筑模样的舞台，然而它外层的“虚”与内层的“实”之间的张力赋予了它存在的真实性。

方形斗兽场位于南北走向大道的一端，另一端则是阿达尔贝托·利贝拉[5]设计的国会大厦。该建筑下部为白色石头砌成的盒子，上面覆盖着扁平的屋顶，看起来没有那么古典。其入口处采用柱廊设计，白得发亮的大理石墙体外设置了14个灰色的巨型花岗岩石柱。大楼空白的外墙上悬挂着一块神秘三角楔，按照原计划，三角契中放置的是弗朗西斯科·迈斯（Francesco Messa）打造的四马双轮战车（此雕塑为勃兰登堡门战车的当代复制品），但这个雕塑一直没能完成，所以这座大楼也就少了一个具有象征意义的精美雕塑，没有那么强的罗马风格。如果利贝拉设计的大型椭圆拱门能建成，当是EUR最抢眼的地标，虽然这个设计最终没能实现，但启发了后来的埃罗·沙里宁[6]，沙里宁于1948年打造出了圣路易拱门。看来该拱门背后的法西斯内涵并没有困扰到沙里宁。

EUR网格化的布局，不像施佩尔设计的新柏林那般偏执，它更像是英国米镇或美国加州橙县的风格。利贝拉的国会大厦和文明宫遥相呼应，展现了两个文明的对话，这两座最显眼的建筑并没有建在EUR的中轴线上（中轴线上最具标志性的建筑当是从埃及掠夺来的方尖碑），它们与出现在天际线上的第三座大型地标，即EUR南边的圆顶大教堂相互辉映。

在皮亚琴蒂尼方案中，单体建筑应当服从城市整体规划的要求。利贝拉设计的国会大厦旁边本是一片空地，它与旁边街道上的拱廊和弧形的街区共同勾勒出广场的三条边。如此布局，让三者的几何形状显得十分不和谐。这些露台占据了这座城市的大部分空间，其柱廊式的结构可以容纳商店和咖啡馆。但大多数西方国家都放弃了这种形式的建筑，这表明建筑抱负和商业现实之间存在着不可逾越的鸿沟。但意大利人对公共领域的偏爱，给城市街道增添了很多生气。即便如此，欧洲很多建筑的一楼几乎都被废置了，各种活动都集中在上层的“主厅”里进行，就像是在威尼斯一样。当你躲在街道底部的柱廊里避雨的时候，总会闻到空气中弥漫着的难闻的屎尿味。令人心酸的是，这些建筑却是墨索里尼的建筑师用最好的材料打造的：带卷边的花岗岩圆柱、精致的鹅卵石、浅粉色的灰泥拱顶柔和地折射着从硕大的球形玻璃灯罩中透出来的灯光，商铺的窗户和门边镶嵌着白色的大理石。一些角落变成了流浪者躲避风雨的地方，明显还残留着他们生活过的痕迹。扬声器悬挂在拱顶的电缆上，仿佛是为了纪念墨索里尼时代的无限荣光。

德·基里科式的窗户尘封已久，上面挂满了蛛网。透过窗户看去，入目的是被闲置了60多年的房间、被砖石封死的门洞和废弃门前的管道，建筑上饰有充满寓意的精美雕饰。来到如今的意大利社会保障部，站在前哨楼里仰头看，希腊神话人物“逐日者”伊卡洛斯的雕饰就悬挂在一楼屋顶。穿过大门，路边停着一辆清洁小推车，灌木丛里挂着一只跑鞋。转一个弯，就可以看到一个通向博物馆的入口，入口两侧是五层楼高的马赛克壁画，向人们展现着意大利工匠和商人昔日的荣光。打开一楼的门，映入眼帘的是60级台阶，要爬上这么多台阶才能看到展览，即便是最想看展览的人也会有所犹豫吧。

早期的一些建筑物采用石砌外墙，粗糙的石块看似随意地从光滑的石墙上杂乱地冒出来，使建筑物显得颇有年代感，让人觉得它们不是当代的建筑，而是与罗马老城一样古老。从20世纪60年代起，罗马城再次扩建，以EUR新区为中心向外辐射，这些新修的建筑看上去很是庸俗，把原先的建筑衬托得既有古意又充满现代感，倒像是强化了墨索里尼的原始意图。

罗马文明博物馆的外墙十分厚重，上面空无一物，看起来不像罗马式建筑，反而颇具古埃及风格。墙体两侧各有一个狭长而深邃的入口，入口两边各设一根巨大的花岗岩石柱，很好地协调了粗面和光面的石料，凝灰岩和石灰岩的饰面板，以及开放和封闭之间的关系。博物馆由一系列展厅组成，它们对称分布在主轴的两侧，中间的大型门廊将各个展厅连在一起。这些门廊都非常高，并无挡风遮雨的功能。

在一个周六的早晨，EUR平凡的日常，让人似乎忘却了它邪恶的起源。修建这个新区本是为了彰显法西斯主义的荣耀，可结果呢，它却变成了无人关注却不失尊严的郊区，异常文雅，其寿命轻易便超过了打造它的可笑的政权。它摆脱了最初的意识形态，在这里工作和生活，并不会给当今的意大利民主构成明显的威胁。

20世纪30年代，死于毛特豪森集中营的意大利建筑大师至少有两位。因为工作，他们和墨索里尼的关系十分密切，也是法西斯主义者，但讽刺的是，他们最终却死在了纳粹集中营，而党卫军设此集中营，起初是为了给施佩尔修建的纪念碑式建筑供应材料，以赚取利润。米兰恩耐斯托·罗杰斯建筑事务所（BBPR）的合伙人之一吉安·鲁吉·班菲便是其中的一位，该事务所的另外一位成员艾奈斯特·罗杰斯[7]，是英国建筑师理查德·罗杰斯[8]的堂兄。班菲曾为墨索里尼设计了庆祝法西斯革命的展览，另一名同遭厄运的建筑师便是朱赛佩·帕格斯内格。他在1896年出生于奥匈帝国，对法西斯主义很是忠诚，他的职业生涯恰恰反映了权力和建筑之间的扭曲关系。帕格斯内格加入意大利军队后便改名帕加诺，一战时参加了奥地利战役，其后还参与了加布里埃尔·邓南遮[9]攻夺阜姆（即南斯拉夫西北部港市里耶卡）的战斗，并于1920年加入法西斯党。帕加诺并非投机分子，而是坚定的法西斯信徒，他积极投身墨索里尼的革命事业。墨索里尼的侄子曾创建了一个有点儿像宗教的政治组织，该组织的成员称自己是传教士，致力于传播墨索里尼的言论，他们发誓要誓死捍卫革命，帕加诺便是其中的首脑人物。

该组织也是意大利法西斯党意识形态的源头，帕加诺负责设计法西斯主义的视觉艺术理论体系，同时他还是该组织下属季刊《主义》（*Doctrin*）的编委成员。帕加诺对墨索里尼和法西斯主义的忠诚，并没有影响其建筑作品的质量。若不看政治立场的话，帕加诺称得上是才华横溢的设计师和颇有思想的辩论家。他曾负责设计意大利版的伦敦政治经济学院，即坐落于米兰的私立博科尼大学（世界顶尖商学院），还曾参与“米兰佛得角”的总体规划，这个激进规划的初衷是为了帮助米兰实现现代化，使其摆脱法西斯建筑经常被诟病的浮夸特点。帕加诺还曾和吉奥·庞蒂[10]一起设计了意大利最早的新型电动火车。

帕加诺于1933年来到米兰，成为意大利著名建筑杂志《卡莎贝拉》(*Casabella*)的编辑，这本杂志不是那么喜欢法西斯建筑，而更偏爱意大利的现代主义建筑。帕加诺依然是坚定的法西斯主义者，却越来越反对墨索里尼重建罗马的计划，但这并不妨碍他和墨索里尼的御用建筑师皮亚琴蒂尼密切合作，也没有阻止他参与设计仅次于施佩尔的德国馆的巴黎世界博览会意大利馆。1941年，墨索里尼与德国一起入侵南斯拉夫，已经步入中年的帕加诺自愿前往巴尔干服役。然而，一年后，他便对法西斯主义失去了信心，并且脱党加入游击队，后来在意大利北部的布雷西亚被捕入狱。在狱中，他用钢笔画了一幅自画像，画中的他戴着眼镜、胡子拉碴。他还成功组织了一次大规模暴动，带领260名犯人成功越狱。1944年9月，帕加诺再次被捕，在战争即将结束的时候死在了毛特豪森集中营。作为极权主义的牺牲品，他的死让我们所有人尤其是施佩尔明白了什么才是勇气。

建筑师莱昂·克里尔(Leon Krier)以规划佛罗里达狭长新城市带最前端的滨海城小镇和威尔士亲王的庞德伯里村而闻名，他也是最积极呼吁为施佩尔平反的人。让克里尔搞不懂的是，为什么要摧毁希特勒的建筑师为柏林设计的没有危害的街灯？为什么要把施佩尔投入施潘道监狱？德裔火箭专家沃纳·冯·布劳恩(Werner von Braun)制造出了极具破坏性的V2导弹，害死了无数伦敦人民，但他却没有被送入战俘营，而是飞去美国修建民主政权的兵工厂[11]，但施佩尔却还在铁窗之中。我们真的能把建筑视为像V2导弹那样的战争武器吗？或许是因为，比起工程师，我们更爱苛责建筑师，因为他们把极权主义国家呈现了出来。

施佩尔将极权主义呈现在人们面前，把极权主义变为了现实。

甚至在法西斯主义或萨达姆主义还未出现的时候，建筑师就可以构造出它们，展现它们可能的样子。他们把丑陋的可能变成了可怕的现实，将建筑变成压迫他人的工具，波兰人想必就是如此看待斯大林在华沙市中心建造文明宫的吧。这也就解释了为什么波兰坚决要求重建华沙老城区，将之恢复成遭纳粹党破坏之前的样子。但让人比较困惑的是，我们应当如何对待独裁者政权覆灭后遗留下来的东西？意大利如今到处是日益腐坏的建筑物，而许多高质量的建筑却是法西斯政权为安置其党组织建造的大楼。墨索里尼政权垮台后，这些东西都被战后政府没收了，但没人知道该拿它们怎么办。全部拆除吧，显得过于浪费，又抹杀了历史；花钱修复吧，又给人以复辟法西斯政权的感觉。直到70多年后的今天，意大利依然不知道该如何处理其中大部分的建筑。

但建筑师菲利普·约翰逊的职业生涯却与朱赛佩·帕加诺的截然不同，即建筑师可以追逐政治权力，赋予建筑意识形态色彩。约翰逊生于1906年，比施佩尔晚一年。他和施佩尔一样，也是出身于外省富足的中产阶级家庭。施佩尔父祖两辈都是建筑师，而约翰逊的父亲是律师。

如果你也想拜读一下菲利普·约翰逊的信件，那就得先跟洛杉矶圣塔莫尼卡山脚下的盖蒂中心（“学术图书馆”）的典藏馆预约一下。这样你就不用开车过来了，可以直接坐缆车来到山顶上的盖蒂图书馆，旁边便是盖蒂博物馆。只要4分钟，缆车便可以将你从山下送到盖蒂广场。这里铺着石灰石地面，配有精致的花园，从外形上看，它和罗马的方形斗兽场有点儿像，算得上是方形斗兽场的“民主近亲”。虔诚的访客潮水般涌入缆车，带着一丝敬畏看着下方公路上的景象：脚下的汽车无声地在圣莫尼卡山脉上穿行着，看起来是如此遥远。这里的空气是如此清新，完全没有烟雾的味道。

盖蒂图书馆是一座乳白色的环形石头建筑，位于博物馆的右方。在理查德·迈耶设计的纪念性建筑群中，画廊、研究机构和图书馆这些立方体和圆柱体建筑就像幼儿园地板上散落的玩具一样，被自然和谐地安置在这一景观中。盖蒂图书馆是其中最不起眼的，但它却能将太平洋的波光拥入怀中，它那豪华的空间正是美国文化慈善事业财力雄厚的证明。来访的学者和到此一游的游客流连于大师级的绘画作品、明信片柜台和咖啡馆中，只觉得这里的设计处处体贴，宛若天成。

进入典藏馆，你得出示自己的驾照或护照，再拍一张数码照片，填写一张申请表。接下来，工作人员会把你带到一道楼梯处，沿着楼梯旋转而下，便到了图书馆内部。典藏馆的门是关着的，听到门铃声，图书馆管理员会按下开门键。进去前要先存包，当然，你还可以再免费领一本带格线的黄色便笺簿和一支削得恰到好处的铅笔，然后你就可以找档案了。这些档案放在一个个特大号信封里，每个信封都带有编号，分门别类地按时间顺序摆放。这些信封显然是特别制作的，精美的设计让你丝毫不会怀疑信封里面泛黄纸张的价值。

这些档案能帮助你深入了解那个年代，看知名建筑师是如何直接参与和引领政治活动的。有些建筑师试图给作品蒙上政治色彩，也有一些像菲利普·约翰逊这样的建筑师不满足于此，他们甚至一度抛弃建筑事业，转而追求政治权力。约翰逊的档案并不多，如果他新迦南的玻璃房子里有阁楼的话，这些档案就可以全部装进阁楼里的箱子中了。这里的档案仅是一些精选的约翰逊的私人文件，只是他人生的一角。要想了解他在艺术界的地位、对现代艺术博物馆的贡献，你还得去看看其他材料、专业书信和建筑图纸，当然，这在典藏馆的目录中已经写得非常清楚了。

典藏馆的藏品中，还有一些令人伤感的纪念物，其中包括20世纪五六十年代注销的一叠通行证、几个相册、杂志剪报、小册子和发言稿。另外还有一张“二等兵约翰逊”光荣退伍的证书。约翰逊曾在1942年入伍，成为美国陆军的情报侦察员，并于两年后的1944年12月拿到了这张退伍证。1941年，他曾申请成为海军预备队的中尉，却没有成功。虽然档案中没有说明被拒理由，但据此前一年联邦调查局公开的文件显示，至少一名已知的德国特工与约翰逊有联系，他参军被拒，或许与此有关。1942年他再一次向海军提交申请，但因体检不合格又一次被拒。最后他报名参加了陆军，但他从未在海外服役。

有一份档案是约翰逊写给母亲的信，但收件人为父母的信只有一封，说明他对父亲的感情不是很深。这些信是约翰逊用便携式打字机打出来的，字很密。其中最早一封写于1926年，那时他还在哈佛大学研究亚里士多德和柏拉图，最晚的一封写于1931年底，信笺上特地印上了他在柏林的地址：阿肯柏斯大街2.2IV号。

这些信透露着敏捷的思维和年轻人的烦恼，很有意思。信中的年轻人充满了纠结，不知自己是该参加哈佛大学合唱团，还是要和“恶心”的同学一起听哲学导师的课。约翰逊还在信中说，看到《纽约时报》批评合唱团的演出“缺少雄风”，他觉得好笑但又很沮丧；他说自己把零花钱用在了买钢琴和小苍兰上；他还在信中透露了自己对建筑和跑车的痴迷。汽车（主要是派卡德和科茨）在约翰逊信中出现的频率几乎与建筑一样频繁。约翰逊的困扰都装在一个大大的信封里，与之放在一起的还有一张1929年的明信片，那是他从德绍寄给妈妈的礼物。明信片正面是格罗皮乌斯的包豪斯学院，背面是他的短信：“这是世界上最漂亮的建筑之一，有机会您一定要来看看。”信封里面还有一张从德国报纸上剪下来的照片，上面是巴黎车展上的新款科茨敞篷跑车。“我开着它去看您，好不好？”约翰逊淘气地问道，“我一辈子都没见过这么好的车。”写完，他又提起捷克斯洛伐克的一场车祸，有辆汽车撞上了一个骑自行车的人，差点儿出了人命。

为了给人留下深刻的印象，约翰逊写信时喜欢使用华丽的辞藻。他在一封信里描述自己去听音乐会的感受：“约翰·索科洛夫（John Sokoloff）的新巴克斯交响乐可谓妙极，或许有人会称其聒噪，但那无与伦比的复调和弦让我忘了一切。乐声中，我只觉身边杀戮一片、血流漂橹，只觉得自己屠尽了整个世界，而上帝和我却是满心欢喜。这种想象当然非常可怕，但这场交响乐只会勾起你这样的联想。”这就是刚过弱冠之年的人写的信，他就像在试衣间试衣服一样，尝试体验不同的身份，想要找到最适合自己的，正如他后来对不同建筑风格的尝试：他先是忠于密斯·凡德罗，继而投向勒杜[12]，最后又奉行解构主义。十几年后，约翰逊已不再是毛头小子，但他在一篇描述德国入侵波兰的文章中，将华沙的大火描述为“令人激动的景象”。约翰逊当时正饱受精神崩溃的折磨，他的另一封信读起来也令人十分不安，他在信中写道：“我觉得下个月我就解脱了，到时候我想去派恩赫斯特，起码在哪里我不用费劲儿去想一些事情，也不用拼命忘却一些事情。”

档案中除了这些，还有一些剪报，它们记录了约翰逊作为《社会正义周刊》（*Social Justice Weekly*）特约通讯记者的经历。这是一家宣扬仇恨的机构，他在这里工作了两年多。在《社会正义周刊》看来，3K党是天然的盟友，罗斯福不过是富人的帮手，美国正在被一个又一个的共产主义阴谋威胁着。报刊的出版方为库格林（Coughlin）神父，这位天主教神父是一个狂热的反犹分子，他的广播节目在20世纪30年代吸引了大量听众。尽管并非所有约翰逊为《纽约时报》撰写的文章都保存在盖蒂的档案中，但足以让我们看清他的态度了。下面这些话便是他于二战爆发前几天在波兰和德国边境上所写的报道：

波兰人感觉危机将至，他们在满怀激动之余又颇感不安，我只是在边境上拍了几张照片，就被抓了起来。本来在看到我的美国护照和美国牌照的汽车时，他们就该放了我，但波兰警察不相信任何人，盘问了8个小时才放我走。

我被抓的地方叫科普，这里所有人都上了战场，单单挖战壕的便有1万多人，有年轻人，也有老人。在放我离开前，警察头子把我带到外面，说："把你看到的都告诉德国佬，我们不怕死，我们要和他们决一死战！"后来我跟一些德国人说起波兰人修战壕的事，他们指着德国的坦克大笑起来。

在这次采访之旅中，德国宣传部把备受尊敬的《纽约时报》（*New York Times*）的通讯记者威廉·夏伊勒（William Shirer）和约翰逊安排在一个酒店房间。后来，夏伊勒说约翰逊是个"美籍法西斯分子，可疑的纳粹特工"，联邦调查局显然也有同感。

当然约翰逊想必被德国视为了"有影响力的媒体人"，20世纪三四十年代的苏联也是这么看待英国统治集团内部的非正式盟友的吧。他们不一定会真的愿意成为间谍，但也时刻准备着在宣传战中贡献一己之力。约翰逊的新闻既不是客观报道，也不是简单的个人偏见，更像是长期宣传攻势的一部分。这场宣传先是暗指捷克斯洛伐克和波兰都是非法政权，活该被德国攻击，然后又阻止美国和英法一起参加二战。这一切都是为了帮助希特勒夺取胜利。约翰逊和其他为希特勒辩护的美国人认为，既然英国在印度发动的无数次小型殖民战争都与德国不相干，那德国入侵波兰跟英国也没有任何关系。在发现这些话说服不了人后，他们又指责英国在对德的不公正战争中牺牲了波兰人，虽然波兰人也不值得被拯救。他们还说，德国强大的力量意味着它已经赢得了战争，所以任何阻止希特勒的努力都为时已晚。

档案中还有1939年10月战争爆发后约翰逊从慕尼黑发回的通讯，他在报道中写道："德国人讲求的是和平，但在大不列颠帝国及其殖民地美国，人民根本就享受不到和平。英国的言论深深地影响我们，却打动不了其他中立国。意大利回答说：'你说欧洲已陷入战争，这是什么意思？不列颠，你不能代表我们发动战争。我们要的是和平，西班牙、匈牙利、南斯拉夫、荷兰、比利时、丹麦、瑞典、挪威和芬兰都想要和平！'"

但由于某种原因，约翰逊前一年从巴黎发回的报道不见了。在那份报道中，他言之凿凿地说"在法国，只有犹太人有言论自由的权利"，这显然是在误导人。他还充满同情地用大段文字描述一名"土生土长的法国妇女"是如何哀叹大批奥地利人、波兰人和德国犹太难民的涌入，如何痛斥"他们的英国亲戚"操纵国家牟取一己之利。1939年约翰逊发表在《今日挑战》（*Today's Challeng*）上的文章也找不到了，他在这篇为"美国友谊论坛"撰写的文章里声称，"美利坚民族正在自取灭亡”。从这些作品中，我们恍然可见一个麻烦的、不讨人喜欢的形象，约翰逊的反犹主义和种族偏见要比当时美国乡村俱乐部那种不经意间流露出来的偏见要严重得多。在写给《社会正义周刊》的文章中，他如此描述自己的波兰之行：“我觉得自己可能是来到了可怕的疫区，没有树木，没有大道，只有一条条小路。城镇里没有商店，没有汽车，街上甚至看不到波兰人，只有犹太人。我拜访了拥有68万人口的罗兹，这座城市被誉为波兰的芝加哥，可入眼的只有贫民窟。这里的犹太人占比约为35%，他们身穿黑色长袍，头戴圆顶小帽，让人错以为85%的人都是犹太人。”

约翰逊不喜欢捷克斯洛伐克，至少是不喜欢哪些非德语区的捷克斯洛伐克人，他似乎认为这些人属于低等民族。在写给母亲的信中，约翰逊描述了自己在布拉格看歌剧的经历：“昨天晚上我们听的是《唐·璜》(*Don Giovanni*)，谁知道是用捷克语还是什么鬼话唱的，您根本想象不出他们说话时喷了多少口水。那些蠢货只会张着大嘴，面无表情地说话。当初您来这里的时候，至少人们还在说德语。”约翰逊在一篇发表于《社会正义周刊》上的文章中描述了普通德国人对战争爆发的冷漠态度，从这篇文章来看，他对美国歧视黑人的现象想必也颇不以为然，虽然他早期还喜欢过一位黑人姑娘。他在报道中还引用一位匿名德国人士的话：“美国内战让黑人上了台，这场战争总不会更糟糕吧？”

约翰逊为什么选择公开这部分档案？他这么做，是想袒露自己的内心吗？他一贯对自己的过去讳莫如深，所以这种可能性显然是不存在的。约翰逊经常为自己的偏执道歉，例如他曾在20世纪40年代末拜访过纽约的反诽谤联盟(Anti-Defamation League)。但是为约翰逊立传的作家弗朗茨·舒兹(Franz Schulze)却对其诚意表示怀疑，舒兹认为约翰逊是在埃德加·考夫曼(Edgar Kauffman，约翰逊在纽约现代艺术博物馆的主要竞争对手)委托私家侦探调查他的政治过往后才有此举动的，他不是在悔过，而是在试图挽回损失。

约翰逊与很多美国犹太人保持着长期而密切的关系。他帮助以色列设计了第一座核反应堆，还免费给新迦南设计犹太教会堂。但在1993年，他在柏林的演讲中声称自己"讨厌希特勒，但喜欢腓特烈·威廉(Friedrich Wilhelm)"，称前者是"坏客户"后者是"好客户"。这在某种程度上概括了他的世界观，可见他从来都不知道怎么说贴切的俏皮话，也不擅长通过幽默表达自己的情绪。不论他多想成为奥斯卡·王尔德[13]那样的人，他也学不来王尔德的幽默。演讲中，约翰逊还提到："魏玛共和国垮台之前，我在德国已经待了3年多，这里的性生活既新鲜又刺激，啤酒很好喝，朋友也很好。柏林的现代生活让我乐不思蜀，使我完全忘记了潜在的政治难题。我从没碰上过直率的共产党人和纳粹党人。"约翰逊曾痴迷于1931年纳粹集会上希特勒的救世主形象，对希特勒的爱好了解颇深，甚至为美国一本文学杂志撰写了一篇有关第三帝国建筑的评论，从这样的人口中说出这番话来，一点儿说服力也没有。他将德国建筑界划为三个阵营：舒尔茨－瑙姆伯格的媚俗风、施米特黑讷(Schmitthenner)的乡土风和密斯式的严谨风，他希望纳粹党的现代主义者能采用密斯式的风格。与大多数建筑师不同的是，约翰逊还曾投身政界6年，他的成就包括创建右翼党派青年国家党(Youth and Nation)并为该党设计了飞楔形状的党标(该党派亦自称灰衫党)。1934年，约翰逊决定离开纽约现代艺术博物馆投身政治。最能体现他这一时期人生轨迹的是几张剪报。其中，《托莱多新闻摘要》(*Toledo*

News Bee）的王牌记者查尔斯·T.罗西（Charles T. Luccy）撰写文章说，政治活动家约翰逊身上“有种传教士般的热情”。约翰逊的政治纲领与20世纪30年代的原法西斯民粹主义如出一辙：“我们反对共产主义，但钦佩他们的英明决策。保守派是我们的敌人，他们手握太多的财产，现在依然不肯放手。”约翰逊承诺要“用美国的方式解决美国问题，要建立中央银行，建起强大的空军……要多讲情感，少谈理性”。几十年后，约翰逊将这些理念浓缩成了一句争议较小的公关声明：“我发起了一场广播运动，呼吁奶农提高奶价。”

尽管约翰逊愿意探索从巴比伦塔到现代工业的装饰艺术风格，并把它们融入自己设计的每一座建筑中，但他却从未对施佩尔的建筑发表意见，而在谈论斯大林时期的建筑师的作品时，他就没有那么挑剔了。1944年，受维也纳MAK博物馆总设计师彼得·诺维尔（Peter Noever）之邀，约翰逊举办了一个斯大林时期的苏联建筑展，名为“美的暴政（The Tyranny of Beauty）”。这个展览用充满敬意的语调将独裁建筑描绘得举世无双，把莫斯科夸成了曼哈顿，恐怕除了展览的名字以外，无不让斯大林满意。约翰逊在开幕式上做了个演讲，称：“斯大林被我们视为‘恶棍’。但今天晚上，我们要看看他的另一面，看看苏联美的一面，看看他身上辉煌的一面。”约翰逊对传统的自由主义向来带有偏见，他甚至敢将所有建筑师（包括他自己）骂成娼妓，但即便如此，他也不敢将称赞斯大林的溢美之词用于希特勒，以免让别人联想起他的过去。

在政治方面，约翰逊没什么影响力。即使没发生珍珠港事件，他为阻止美国介入第二次世界大战而发起的孤立主义、亲纳粹运动也不会成功。他曾经资助过很多反对罗斯福的可恶的右翼分子，但最终一无所获，他自己成立的党派也没有得到多少人支持。约翰逊之所以受到美国极端右翼分子的欢迎，不是因为他具有突出的领导潜力，而是因为他的钱和社会地位：父亲给他留下的美铝公司的股份，让他成了百万富翁，之前在纽约现代艺术博物馆的工作又让他成了公众人物。即便易地而处，他也不可能拥有像施佩尔那样能为元首所用的组织能力。不过他却在建筑领域中成功树起了权力掮客的形象，对他来说，这似乎已经足够了。

尽管纳粹党和意大利法西斯都热衷于探索建筑作为政治工具的用途，约翰逊本人对政治也是颇有兴趣，但他在20世纪30年代却从未将政治与建筑联系起来，这二者在他生命中就像是两个独立的分区。在政治生涯中，约翰逊不但对建筑只字不提，还极力将建筑描述成非政治性的，这或许是因为他喜欢密斯·凡德罗，所以即便他同情希特勒的政权，但建筑审美仍与德国官方的建筑品味格格不入。他努力将自己心中的英雄刻画成德国的爱国者，称其朴素的作品反映出了普鲁士的价值观。他还试图将密斯描绘成左翼偏见的受害者，这大概是为了让密斯更倾向右翼吧。1931年，约翰逊为《纽约时报》撰文评论柏林建筑展，文章称："不可否认，密斯的住宅确实很奢华，正因如此，很多建筑师和批评家都不喜欢他，其中以共产主义者为甚。"不将政治与建筑联系在一起，但这并不表示约翰逊在文化生活中没有政治偏见。他一直都不喜欢埃瑞许·孟德尔松这位被迫逃离德国的犹太裔建筑师。在前往柏林为现代艺术博物馆的国际风格展搜集材料时，约翰逊曾给母亲写信说："孟德尔松觉得自己很了不起，不肯给我们照片，我们感觉很不爽，作为报复，我们决定打压一下他的建筑。"他把继瓦尔特·格罗皮乌斯之后担任包豪斯院长的左翼人士汉斯·梅耶说成是“笨蛋”，还说自从梅耶来到德绍，“人们就学不到什么东西了”。

约翰逊在政治上虽无所成就，但他在建筑政治上的探索却取得了巨大的成功。20世纪30年代，他和亨利－罗素·希区柯克[14]一起为美国引入了现代主义建筑，让美国人普遍认可这种建筑。取得如此成效，或许是因为约翰逊完全没提建筑对社会活动的影响。当然，更为成功的是，通过引领这场成功的运动，他成功进入了美国建筑界的中心。约翰逊和与勒·柯布西耶攀交情失败后，便把筹码压在了密斯身上，称其是欧洲最伟大的建筑师，密斯在美国的风靡也让他获得了丰厚的回报。约翰逊的判断给纽约现代艺术博物馆带来深远的影响，该馆至少举办了八次密斯作品展。多年后的一个深夜，约翰逊与密斯喝醉了酒争论自己住宅的设计细节，一言不合，两人彻底闹翻了。从此以后，约翰逊逮着机会就大肆贬低密斯，说他自私自利，没有道德感，为了得到设计建筑的机会毫无底线。和密斯闹翻后，约翰逊就像是个被逐出师门的弟子，企图“弑杀”自己的师父。密斯坚信永恒、稳定和严肃，约翰逊则反其道而行之，开始系统地用一种放纵和怪诞的建筑，讽刺密斯。

建筑史学家伊莱恩·霍奇曼(Elaine Hochman)说约翰逊曾经对他说：“密斯完全不介意自己的服务对象是谁，是不是纳粹。”这句话可以看作是约翰逊喜欢以己度人的一个例子。据说当时在讨论肯尼迪总统图书馆的方案时，密斯对总统约翰·肯尼迪的妻子杰奎琳·肯尼迪可是十分冷淡，以致杰奎琳以为密斯对这份工作不感兴趣。而实际上，约翰逊为了拿下一座高层公寓的设计权，曾不顾身份地巴结纽约最糟糕的房地产开发商唐纳·特朗普(Donald Trump)。因为马屁拍得很到位，特朗普将他视为好用的营销工具，甚至在深度合作之后夸他是“世上最伟大的建筑师”，但约翰逊这种赤裸裸的投机行为实则是在自降身价。

约翰逊将档案捐给盖蒂图书馆，与其说他渴望坦白，不如说他希望持续受到关注。公开一部分人们喜闻乐见的资料，这是他转移公众目光，避免人们进一步深究过去的策略。在20世纪的建筑师中，约翰逊也许是第一个明白宣传技巧对成功的建筑事业多么重要的人。从某种程度上说，这并非约翰逊首创，不论是维特鲁威[15]还是帕拉第奥[16]，抑或罗伯特·亚当[17]和勒·柯布西耶，向来喜欢展示精美的建筑图片，这是帮助他们赢得不朽名声的关键一步。只不过在约翰逊看来，登上《时代周刊》杂志的封面比出版一本只有少数建筑师才能看到的建筑专著更有用，于是决定二者都要兼顾。此外，约翰逊还深谙宣传口号的作用。通过一些赞助活动，他小心地维持着自己和权贵的亲密关系。总之，他对名人效应的运用可谓炉火纯青。

艺术评论家罗伯特·休斯(Robert Hughes)曾在阿尔伯特·施佩尔去世前不久采访过他。休斯问施佩尔，假如现在出现了新的元首，他会推荐哪位建筑师为元首服务。“我会提名菲利普·约翰逊，希望他不要介意我这样说。因为约翰逊懂得小老百姓眼中的雄伟建筑是什么样的，也就是精美的建材和庞大的空间。”休斯还写道，施佩尔说完便请他给当时住在纽约的约翰逊带去一本建筑专著。休斯是这么写的：

施佩尔小心地翻开书，翻到扉页，打开那支笨重金笔，用蓝色的墨水写下一行特别狂野舒展的字：“谨以此书赠予建筑同行菲利普·约翰逊，对您最近的设计表示由衷的钦佩。阿尔伯特·施佩尔谨致。”

休斯说自己后来在纽约四季饭店和约翰逊共进午餐，将这份礼物交给了他。

“你没有给别人看过吧？”约翰逊紧张地问道。

“没有。”休斯撒谎道。

“谢天谢地。”约翰逊嘟囔道。

约翰逊向来喜欢自我宣传，从政的时候如此，当建筑师的时候亦是如此，他把博眼球当作自己一贯的追求。95岁生日时，一向青睐社会名流、中产阶级谋杀案、好莱坞政客的杂志《名利场》(*Vanity Fair*)帮他组织了一场盛大的庆祝活动，和他90岁生日如出一辙。杂志社请来了著名摄影师蒂莫西·格林菲尔德-桑德斯(Timothy Greenfield-Sanders)，为这位美国建筑界的老寿星拍照。约翰逊坐在四季酒店(位于西格拉姆大厦底层，约翰逊亲自设计的)的大堂里，身边簇拥着自己的追随者，享受着其他建筑师难以企及的殊荣，就连弗兰克·盖里也不得不甘拜下风。演员布拉德·皮特(Brad Pitt)是他办公室的常客，他很享受这种聚光灯下的生活。

《名利场》给约翰逊拍照，与其说是为了纪念他在建筑史上的贡献，不如说是提醒世人关注他成功的方式。约翰逊身边坐着弗兰克·盖里和彼得·埃森曼。矶崎新坐着飞机从东京赶来，来自鹿特丹的雷姆·库哈斯[18]，还有来自伦敦的扎哈·哈迪德，他们的出席，不仅仅是为了致敬约翰逊，更像是过来接受这位老人祝福的。想必在过去的5年间，约翰逊的祝福给他们的事业带去了不少帮助吧。两次过寿，约翰逊风采依旧，而出现在《名利场》照片中的来宾却越来越年轻，这也展现了约翰逊对建筑界一如既往的掌控力。

约翰逊在积极追求职业生涯的同时，还不忘将私人文件存放到学术档案中，这一举动堪称精心策划的自我营销手段。就连弗兰克·劳埃德·赖特在世的时候，他的信件也没有得到过这种待遇。约翰逊在漫长的职业生涯中设计了那么多建筑，我们很难确定到底是哪一座改变了美国建筑的发展进程，更遑论他对其他国家建筑的影响。有人说因为《时代周刊》和《纽约时报》精心策划的封面图片，约翰逊所设计的齐本德尔摩天大楼（坐落于麦迪逊大街，采用花岗岩饰面，一开始为美国电话电报大楼，后为索尼公司所有）引领了一个新的时代，开启了20世纪80年代美国企业高歌猛进的时代。但实际上，他只不过是恰好搭上了顺风车而已。约翰逊的信件之所以如此受尊重，显然是为了让人们了解约翰逊更为崇高的一面及其历史意义。

由于坚持不懈的自我营销，约翰逊终于在国家机构中占有了一席之地。这一做法算得上是双赢，一方面拔高了约翰逊的地位，另一方面也提升了盖蒂博物馆的声誉，其实盖蒂博物馆的存在也是个人追求永恒声望的产物。盖蒂根本不太关心博物馆第一栋建筑的设计，只是规定这栋建筑要按照庞贝别墅的样子设计，而不可以仿造萨顿酒店（这座都铎式建筑是他在英格兰住了几年的家）。代理人以他的名义四处购买艺术品，其中很多在装船运回加州之前，盖蒂看都没看过。迈耶修建的博物馆开放时，盖蒂早已过世。但盖蒂通过打造一个藏有世界各地艺术品的博物馆，让人们永远记住了他的名字，即便他的金融帝国可能早已不复存在。

凭借着与现代艺术博物馆及其建筑以及设计系75年的交情，约翰逊算是站在“巨人的肩膀上”，从而成就了他在美国的建筑名声。1932年前后，约翰逊开始引领国际化的潮流。1957年，约翰逊帮助施格兰酿酒巨头的女继承人菲利丝·兰伯特（Phyllis Lambert）说服她的父亲，将家族企业的曼哈顿大楼项目交给一名真正的建筑师。约翰逊推荐了密斯，这一举动让约翰逊声名大震，甚至比他亲自操刀还让人津津乐道。密斯的回报是把约翰逊列为这栋大楼的联名设计师，因为密斯没有纽约的从业资格证，他也只能这么做。

20年后，美国企业界觉得在一本正经的建筑里面工作实在令人厌烦，他们希望给自己身边的环境添加一点点帝国的光彩，约翰逊终于等到了时机。他提出后现代主义的设计方案，设计中的石砌立面和经典柱式（这是从迈克尔·格雷夫斯[19]那儿直接“拿来”的风格）抚慰了企业界骚动的内心。10年后，约翰逊又故技重演，放弃了后现代主义这条漏水的破船，跳上了解构主义的大船，现代艺术博物馆还以他为名举办过解构主义主题的展览。不管是多大年龄的人，能敏锐地提出新主题绝非易事，更不用说约翰逊那时已是耄耋之年了。

建筑界的许多业内人士都将建筑看作封闭的学科，但世故的约翰逊却不这么认为。约翰逊的建筑设计本身就是为了最大限度地宣传，约翰逊就像建筑界的哈利·厄尔[20]，哈利·厄尔总爱在每一季的新车上安装更高的尾翼，使用更多的铬合金，以吸引众人的目光。他怀着这种渴望设计了大量的作品，好在这些作品从未问世。他曾经为科威特投资公司（Kuwaiti Investment Office）设计过一个极为荒诞的建筑：在伦敦塔对面的泰晤士岸边修建一栋和英国国会大厦一模一样的大楼。

因为伦敦规划管理部门的反对和市场的不景气，这个方案最终没有付诸实施，但约翰逊还是仿造法国城堡的样子为达拉斯市修建了一座商住一体的小区。他还给匹兹堡设计了玻璃材质的特大号伦敦塔，给休斯敦修建了一所建筑学校，后者的原型是勒杜设计却没能建成的一座建筑。怀着越发高涨的建筑热情，约翰逊不遗余力地公开声讨犬儒主义，他似乎是刻意贬低建筑的其他意义，只是把它视为个人的狂想曲，以取悦赞助人那令人厌倦的审美。约翰逊像是故意贬低那些比自己有才华的同行，又像是为了讽刺那些他当面吹捧、背后辱骂的客户。

约翰逊虽然不断地将建筑本身作为一种目的来呈现，但他从来没有弄清楚建筑的目的是什么。他有那么多的机会打造建筑，却没能好好利用这些机会做些什么。他缺乏长久的信仰，但却始终能将自己与某种信仰扯上点儿关系。约翰逊的事业没有受法西斯主义的牵连，但他最终也只能像一扇旋转门那样，不停地在建筑史间胡乱打转，并以更快的速度寻找新材料以打造下一个工程。

服务于独裁者或想要为独裁者服务的建筑师很多，但是像约翰逊这样动机明确、从不改变的少之又少。当然，也有人真心认为用所学知识服务政治是自己的职责，被约翰逊鄙弃的包豪斯第二任院长汉斯·梅耶便是其中一位。在梅耶看来，建筑师应当为社会主义建设贡献一己之力，让广大群众有房可居、住得体面，他希望能给工人阶级提供体面的工作环境、学校、住宅和医院。

正因为如此，在选择建筑材料时，梅耶和其他怀有类似想法的建筑师都比较重视经济效益，使用稀有建材时精打细算，以求建筑既有实用价值，也能附带上一些象征意义。在他们看来，那些奢华的材料是资产阶级的象征，而其他一些材料则是朴素、简单、耐用的。

显然，勒·柯布西耶认为自己的建筑作品是具有意识形态的，只不过他对建筑、政治的态度更为灵活。勒·柯布西耶总是把自己置于一种意识形态的意义上：为了建筑，还是为了革命？他曾经这样问自己。但是，在寻求设计机会的时候，他不在意自己的服务对象是哪个政权。20世纪30年代，他常常奉承法国的右翼民族主义政治活动，等到了维希法国当政时，他又加入了这个卖国政权，即使是后来去了阿尔及利亚也是如此“识时务”。他拒绝法国共产党的入党邀请，即使连毕加索都入党了，他也无动于衷。但不管他是否入党，他都在法国掀起了一场猛烈的建筑运动，宣称自己的作品本身在政治上具有颠覆性。一本出版于1928年的小册子将他称作“布尔什维克的特洛伊木马”，这本册子在30年代末被翻译为德文出版。但实际上，勒·柯布西耶既愿意为斯大林服务，也愿意为墨索里尼服务，这一点和密斯·凡德罗一般无二，他既为希特勒工作过，也为斯巴达克同盟做过事。

如果建筑师的服务对象是水火不相容的双方，就容易被人扣上“虚伪”的帽子。建筑师总爱说自己的作品是某种内在的“真理”的呈现，可惜他们也只是口头说说，实际上并没有做到。而法律界已成功地为自己开辟出了一套独立的运行机制，以貌似诚信的方式运营，而不用考虑客户个人的道德是否有失。有人说建筑师根本做不到独立，他们不可能只单纯提供设计服务，他们还担负着传达意识形态的责任。这些人这样说，只不过是想暗示建筑对社会来说比它所依赖的法律体系更重要。或许确实如此，建筑触及了人类社会中一些最为根本的东西。

1 马西诺・皮亚琴蒂尼 (Marcello Piacentini, 1881—1960)，意大利建筑师和城市规划学家。

2 朱赛佩・特拉尼 (Giuseppe Terragni, 1904—1943)，一战到二战时期意大利理性主义建筑师“七人小组”的核心人物，直接领导了意大利理性主义运动，后作为法西斯士兵死在了战场上。

3 朱赛佩・帕加诺 (Giuseppe Pagano, 1896—1945)，意大利建筑师。原名朱赛佩・帕格斯内格，1896年出生于奥匈帝国，后投奔意大利，成为意大利国内理性主义建筑的倡导者和辩护人。他积极参与政治，是墨索里尼的拥护者，后来幡然醒悟，加入抵抗组织，最后死在了德国人的集中营中。

4 吉安・鲁吉・班菲 (Gian Luigi Banfi)，意大利建筑师、城市规划学家。

5 阿达尔贝托・利贝拉 (Adalberto Libera, 1903—1963)，信奉法西斯主义的意大利建筑师，理性主义建筑的倡导者，曾奉墨索里尼的命令修建罗马国会大厦。

6 埃罗・沙里宁 (Eero Saarinen, 1910—1961)，荷兰裔美国建筑师，20世纪最有创意的大师之一，美国杰斐逊国家纪念碑、耶鲁大学冰球馆、华盛顿杜勒斯国际机场就出自其手。

7 艾奈斯特・罗杰斯 (Ernesto Rogers, 1910—1969)，意大利建筑师，曾提出“从勺子到城市”的口号。

8 理查德・罗杰斯 (Richard Rogers, 1933—2021)，英国建筑大师，2007年普利兹克建筑奖得主，“高技派”代表人物。

9 加布里埃尔・邓南遮 (Gabriele D'Annunzio, 1863—1938)，意大利诗人、作家，也是当时政坛上可与墨索里尼并驾齐驱的人物，政治上颇受非议。

10 吉奥・庞蒂 (Gio Ponti, 1891—1979)，意大利著名建筑师、设计师，被称为“意大利现代主义设计之父”，集建筑师、工业设计师、大学教授、画家等诸多身份于一身，堪称设计领域的全才。

11 编者注：原文有误，布劳恩在美国负责的是美国国家航空航天局的空间研究开发项目。

12 克劳德-尼古拉斯・勒杜 (Claude-Nicolas Ledoux, 1736—1806)，法国建筑师、城市规划师，新古

典主义建筑风格早期杰出代表之一，他设计的阿尔克－塞南皇家盐场在1982年被联合国列为世界文化遗产。

13 奥斯卡·王尔德（Oscar Wilde, 1854—1900），19世纪英国最伟大的作家与艺术家之一，以剧作、诗歌、童话和小说闻名，唯美主义代表人物。

14 亨利－罗素·希区柯克（Henry-Russell Hitchcock, 1903—1987），美国建筑史学家。

15 维特鲁威（Vitruvius，前84—前27），古罗马御用建筑师和工程师。他编写的《建筑十书》是欧洲中世纪以前遗留下来的唯一的建筑学专著。

16 安德烈亚·帕拉第奥（Andrea Palladio，1508—1580），意大利建筑学家，著有《建筑四书》。帕拉第奥常常被认为是西方最具影响力和最常被模仿的建筑师，他的创作灵感来源于古典建筑，他对建筑的比例非常谨慎，而其创造的人字形建筑已经成为欧洲和美国豪华住宅和政府建筑的原型。

17 罗伯特·亚当（Robert Adam, 1728—1792），苏格兰建筑师和设计家，为帕拉第奥式建筑师威廉·亚当之子。他的作品介于新古典主义的形象派和哥特式的古典派之间，以内部装饰设计而闻名。

18 雷姆·库哈斯（Rem Koolhaas, 1944— ），荷兰建筑师，早年曾经做过记者和电影剧本撰稿人，后转学建筑，曾担任哈佛大学设计研究所的建筑与城市规划学教授，2000年荣获普利兹克建筑奖。北京中央电视台的新大楼就出自其手。

19 迈克尔·格雷夫斯（Michael Graves, 1934—2015），美国最有名望的后现代主义设计师之一，荣获美国建筑师协会2001年年度金奖。格雷夫斯的创作并不局限于建筑物，他还设计日常家居用品，如茶壶和果汁机等。其建筑代表作是波特兰市政厅和佛罗里达天鹅饭店。

20 哈利·厄尔（Harley Earl, 1893—1969），美国商业性设计的代表人物，世界上第一个专职汽车设计师。他是一位颇有争议的工业设计师：创造了大量品位不是很高，却具有巨大经济效益的作品。

Inventing a Nation 创建国家

建筑作为创建国家的要素之一，就像是一种特殊的军装，一种展示忠诚与抱负的有力手段，团结己方，威慑敌方。……我们创造了建筑，建筑也塑造了我们。

在前南斯拉夫大部分国土尚未被种族灭绝战争染上鲜血时，斯洛文尼亚和克罗地亚这两个最想独立的地区就已经开始考虑建国的美学和机制了。虽然这两个地区当时仍属于南斯拉夫联盟，但它们的领导人认为，要想摆脱南联盟领导人斯洛博丹·米洛舍维奇（Slobodan Milosevic）的掌控，武装行动固然重要，而打造独立国家的身份象征也同样重要，二者密不可分。打造新的国家形象并在广大国土上成功展现出来，堪称另一种形式的战争，甚至可以说这就是战争。若一个国家或一个准备独立的政权要想摧毁其他国家的圣地、国会大楼或宫殿，就会采用极端暴力的手段。

斯洛文尼亚和克罗地亚要如何宣扬自己争取独立的理念？1990年冬天，卢布尔雅那和萨格勒布两地的政要正考虑这一问题：说服人民为独立流血牺牲或许不难，因为这块土地上的人民有着根深蒂固的爱国情怀和种族观念，但要让各石油大亨、军火商、欧洲航空管制机构和国际货币基金组织承认自己的独立，就不那么容易了。怎样才能让他们接受斯洛文尼亚和克罗地亚的货币，而不是把它们当成印花纸？若这个所谓的国家既没有国旗也没有国歌，怎么让别人承认他们的外交官和大使馆？若新“国家”的航空公司连名字和呼号都没有，别人怎么肯为航班提供着陆许可？当然，尽管民族主义者更容易上当受骗，但要解决这些问题，靠的是技术手段，而不是本能。它们存在于所谓的国家架构中，即代表权力及权威部门的标志，这些标志向国内外受众传递着国家的概念。这些东西当然是人为制造的事物，它们的成功有赖于人们的信念，当然也少不了一些“操控把戏”。有些国家，就是一些最具凝聚力的国家，比较擅长这一手段。但承认可以通过技术手段打造国家身份，就相当于戳破了民族主义的神话，让人不再认为民族主义是与生俱来的概念，不再认为它像母亲的乳汁一般不可或缺。

如果国家架构很快便能变成必不可少的建筑，那它便是成功的建筑。早在古罗马时代之前，建筑对于开国帝王而言便非常重要。古代罗马人决定在全国各地实施统一的城镇规划，北至与皮克特人接壤的北方边境堡垒，南至与利比亚人交界的南方城堡，各大定居点无一例外。日不落帝国也曾采用同样的策略，只是手段相对温和一些。英国人无论走到哪里，都会把独特的市政建筑和红色的铸铁信箱修到哪里。不妨看看上海英租界遗留下来的建筑，看看新德里留下来的居民楼，再看看新南威尔士英租界留下来的邮局，这些建筑无疑都在试图告诉你：这片土地曾是统一政权的组成部分，它身上的纹理来自核心地区。

宗教和身份认同二者密不可分。南斯拉夫冲突初现端倪时，为了在一些有争议的地区占取优势，克罗地亚人和塞尔维亚人竞相修建教堂。双方阵营泾渭分明，克罗地亚人信奉的是天主教，他们用混凝土和玻璃打造具有明显现代风格的教堂；塞尔维亚人信奉东正教，他们用石料和瓦片建造风格同样明显的拜占庭式传统圆顶建筑。双方差别如此明显，或许是因为他们对教堂形象的理解不同；也有可能是因为跟塞尔维亚相比，1990年的克罗地亚对现代主义建筑更为包容；我们也可以把这个现象看成是一种宣传手段，即刻意利用文化差异来创建独特身份。这种建筑现象可谓是一种文化民族主义。毕竟，欧洲的马克思主义国家早已被教导要高度重视文化生活，以及让文化生活服务于国家目标的必要性。

巴尔干战争一爆发，这一做法的负面效果便显现了出来，克罗地亚人曾用地标建筑构建民族身份，而现在这些建筑都成了塞尔维亚极端主义分子要摧毁的目标。不久之后，克罗地亚人也卷入这场破坏对方地标的战争，他们炸毁了波斯尼亚的宣礼塔，摧毁了莫斯塔尔标志性的中世纪桥梁。藏有数百年珍贵书籍的萨拉热窝国家图书馆，也被波斯尼亚的塞族人毁掉了。幸运的是，塞尔维亚人的炮击对杜布罗夫尼克古城所造成的破坏，跟这场惨烈的战争相比，还不算严重，但科索沃数十座历史悠久的东正教修道院和教堂还是被阿尔巴尼亚分裂分子烧毁了。

建筑作为创建国家的要素之一，就像是一种特殊的军装，一种展示忠诚与抱负的有力手段，团结己方，威慑敌方。军装也和建筑一样，虽然从表面上看，军装的设计要考虑实用功能，但实际上也是用来传递某些相当具体的情感信息的。军装让军人极具组织性，充满威慑力，因此，在18世纪，英国士兵都戴着闪亮的黑色平顶筒状军帽或熊皮高帽，以显得更加魁梧。虽然建筑的设计原理和军装有点儿像，但建筑的设计更为复杂。在人们心中，跟低矮的房屋相比，高大的建筑能给人留下更为深刻的影响。但是对一些小国而言，斥资修建过于华丽的政府大楼并不能展现自信，只是暴露出该国缺乏安全感。相比之下，嘴上说着好话但手握大棒，这样的做法似乎更能威慑他人。

英国的历任首相都在唐宁街上一处不起眼的乔治王朝风格的别墅里运筹帷幄，却管理着一个世界帝国。在他们看来，只有缺乏安全感的独裁者才会打造像贝希特斯加登那般庸俗的建筑，才要靠威尼斯宫中那巨大的文艺复兴时期的地图厅（曾是墨索里尼在罗马的办公室）获取慰藉。但是当那些理智而严肃的英国大臣穿着朴素的羊毛大衣来到慕尼黑，看到保罗·特鲁斯特为希特勒设计的“舞台”时，却像是被催眠了一般，和法国一起背叛了捷克斯洛伐克，如此一来也让二战变得不可避免。

颜色也是重要的信号，猩红色曾经是军事进攻的同义词，蓝色是美国内战时北部联邦政府的象征，而灰色是南部邦联的标志。今天野战军迷彩服上的各种花纹亦是如此，它们不仅仅是为了隐蔽，更代表着强烈的战争意图和组织纪律。军装配有带扣、肩带、腰带和肩章，是为了营造军人的使命感。今天的制服上有繁多的口袋、钉饰和尼龙搭扣，其作用也是如此。建筑上也有类似的配件：台阶、门廊、对开门，还有井然的建筑布局，这些表面上看有实用功能，实则是体现社会地位和其他身份的标志。

如果你不能很好地依托自己的国家象征，也可以借助其他同样代表着效率、勇气和成功的风格来确立自己的荣誉感。法国军队在1870年之前一直是胜利的典范，所以美国和日本都模仿法军的样子打造自己的军队，后世的军队大都模仿普鲁士军队也是如此。时至今日，智利和玻利维亚也仍然保留着礼服制服，这使得他们几乎与德军军官没什么区别。出于同样的道理，阿塔图克（Attaturk）在建立新土耳其时，将西方建筑引入首都安卡拉，巴基斯坦则采用路易·康[1]的设计，而印度从巴黎请来了勒·柯布西耶，请其为从巴基斯坦分裂出来的旁遮普设计新首府昌迪加尔。

在前南斯拉夫行将崩溃之际，军队是唯一一个屹立不倒的国家机构。虽然当时铁托和斯大林的分歧很大，但南斯拉夫军队仍身穿绿军装，头戴五星帽，看上去和苏联红军一般无二。而斯洛文尼亚和克罗地亚，为了让自己的形象更向北约靠拢，则早就打算换军装了。甚至战争尚未开始，他们便已经设计好了自己将来在电视中的形象。如果对立的双方中，有一方看起来像是“邪恶帝国”的成员，另一方则像是西方盟友，即便你没有克劳塞维茨[2]那般高超的军事智慧，也可轻易看出美国会对哪一方产生好感。

斯洛文尼亚和克罗地亚在拥有国家银行之前，就开始发行货币了，这也反映了两国独立的愿望。在南斯拉夫旧货币第纳尔上，印着英勇的工人和双脸红润的农民，他们骄傲地挥舞着镰刀，自豪地注视着发电厂和拖拉机，照看着鼓风机，锻造着铁块。而新成立的巴尔干国家显然不喜欢理想化的无产阶级形象，而是更偏向巴洛克作曲家和文艺复兴时期天文学家的形象，它们认为后者代表更为乐观的新未来，但矛盾的是，这种形象却是来自过去。克罗地亚人设计的纸币库纳与德国马克极其相似，当时这些纸币被冒充成德国马克流通到了眼神不太好、容易上当受骗的消费者手中，这引起了德国中央银行的担忧。斯洛文尼亚的货币托拉尔刚开始时是在英国印刷的，若说二战中希特勒扶植克罗地亚人的傀儡政权是为了牵制南斯拉夫，那南斯拉夫和克罗地亚的货币设计则鲜明反映出双方截然不同的政治传统。

斯洛文尼亚是前南斯拉夫联邦中最坚定拥护现代主义的国家，它对自己的身份认同充满信心，敢于采用最具创造性的形式来呈现自己。斯洛文尼亚准备聘请非常年轻的建筑师来设计政府的主要建筑，认为这样可以将新兴的斯洛文尼亚共和国和充满官僚主义氛围的旧政权切割开来。新国家的货币也很有特点，其中一个面额的钞票上印有建筑师约热·普列赤涅克[3]的肖像，他是众多为现代斯洛文尼亚诞生贡献力量中的一位。

普列赤涅克出生于1872年，当时斯洛文尼亚尚属于奥匈帝国。他的学生生涯是在维也纳度过的，后来他成了奥托·瓦格纳的助手。瓦格纳是维也纳地铁车站的设计者，维也纳的邮政储蓄银行——一座引人注目、配有铝质雕塑和带玻璃拱顶的储蓄大厅的银行，也出自他之手。后来，因为不是土生土长的奥地利人，普列赤涅克选择到美术学院担任教职。一战前后，普列赤涅克搬到了布拉格，协助独立的捷克斯洛伐克共和国的总统马萨里克把那座曾代表哈布斯堡专制政权的纪念碑式建筑改造成民主的城堡（这是《凡尔赛条约》的约定之一），之后，普列赤涅克又回到了隶属于南斯拉夫王国的斯洛文尼亚。在实行君主制的年代里，普列赤涅克负责的是一个敏感的任务：扩建斯洛文尼亚拥挤的首都卢布尔雅那。他想用新的方式来重新阐释这个国家的传统标志物，就像捷克斯洛伐克作曲家德沃夏克（Dvorák）把民间音乐当作创作交响乐的起点那样。普列赤涅克在二战中幸存了下来，从二战结束，直到铁托执政时期，他一直在思考如何为刚从奥匈帝国脱离出来的斯洛文尼亚打造全新的地标，这也是战后南斯拉夫联盟对斯大林偏执建筑品位的反抗。

斯洛文尼亚为了宣告自己经过千年的努力终于成为独立的国家，选择把普列赤涅克的头像印在货币上，这种做法暗示了它与传统的联系，但却以当代特有的方式呈现出来。同样地，斯洛文尼亚在设计护照上的防伪抽象花纹时，也没有采用护照内页常见的华丽雕纹，而是用其国内最高峰特里格拉夫山（Triglav）的等高线拼贴而成，这既具有现代感，又彰显了特殊的身份认同。钱币上的普列赤涅克头戴一顶巨大的软呢帽，帽檐在他脸上投下了奇怪的影子，他的侧面轮廓以建筑投影法勾勒而成。货币的背面是普列赤涅克为斯洛文尼亚首都卢布尔雅那设计的国家图书馆，以自然派和抽象派相结合的画法呈现。

建筑师的头像在货币上出现的频率高得惊人，虽然勒·柯布西耶当了大半辈子的法国公民，但他消瘦的脸庞依然印在10元面值的瑞士法郎上。在芬兰改用欧元之前，50元面值的芬兰马克上印的是阿尔瓦·阿尔托的头像，就像阿尔托为芬兰打造建筑，高迪[4]为加泰罗尼亚贡献力量那样，查尔斯·罗尼·马金托什[5]也为现代苏格兰的形象做出了巨大的贡献，但他的肖像却没有出现在英镑上。而跟马金托什一样才华横溢的前辈、来自格拉斯哥的亚历山大·汤普生 (Alexander Thompson)，却出现在了20元面值的英镑上。

这些象征符号明显是人为打造的，是焦虑不安的小国证明自己身份的手段，但有实力的大国也会做同样的事情。我们都知道美国，它的日常生活和语言风格也是很多流行小说、电视和电影的主题，它也是全世界关注的焦点。但即便如此，美国和其他成功的国家一样，也是精心打造的人工制品，它的重要组成部分就是一种感觉，就像是风景或天气一般，是一种自然现象。从某种意义上来说，美国就是星条旗，就是美式口音，是印着大胡子头像的绿色美钞，是白宫和国会大厦，是航天飞机和波音飞机，是摩天大楼和可口可乐。

创建国家形象时，建筑发挥的作用极为强大。标志性的建筑能够创建身份认同，不论是曼哈顿的摩天大楼，还是朗方[6]为华盛顿设计的整体规划，皆是如此。这样的建筑可以成为国家的标志，而这也是人们打造它们的初衷。

作为英国军队的领袖，温斯顿·丘吉尔 (Winston Churchill) 曾经拍过很多照片，其中最令人心酸的莫过于1941年5月早上的那张：丘吉尔艰难地走在威斯敏斯特满是碎石的马路上。在他身后，圣斯蒂芬教堂左侧门廊上的哥特式窗饰已被炸毁，玻璃碎片挂在窗子上摇摇欲坠。丘吉尔头戴礼帽，身穿深色大衣，弓着背，一缕春日的阳光打在他的脸上。前一天晚上，德国飞行员给下议院投下的燃烧弹，击中了狮心王理查的骑马雕像，穿着锁子甲的理查一世并没有被击倒，只是这位十字军国王手中高高举起、准备迎击敌人的长剑，被炮弹引发的高热和大火烧弯了。这座雕像与丘吉尔弓着的肥胖躯体仿佛形成了一种平衡，完美地呈现了英国在二战最艰难时所刻面临的危机以及不屈的反抗精神。到1941年为止，威斯敏斯特宫已经成了英国的代名词，虽然宫里大部分建筑尚不足百年。德国炸毁了宫中所有能炸毁的目标，想要彻底摧毁英国。德国为什么要把这座庞大的建筑当成攻击目标？因为英国刻意把这座19世纪修建的宫殿打造成了国家的象征。空袭之后的次日早上，丘吉尔走出白厅地堡，拍下了这张十分特别的照片，这既是为了表达蔑视，也是为了直面毁灭，让民众看到自己没有倒下。

二战期间英国的表现算是不错了，甚至有人说这是英国历史上最好的表现。虽然象征民主的国会下议院被摧毁了，但民主体制仍顽强地保留了下来。下议院先是搬进上议院办公，后来又迁往路尽头的教堂，即英国国教公议会的所在地。危机过后，国会下议院开始为重建威斯敏斯特的方案争论不休，少数品位奇葩的人提议要保留烧毁的哥特式残骸，在里面修建现代化的下议院议厅，对此，丘吉尔十分不认同。“我们创造了建筑，建筑也塑造了我们。”国会上的这句演说词成了名言。“这里（指威斯敏斯特）的物理结构让我们成功抵挡住了来犯的独裁者，让我们反击并粉碎了入侵的独裁者，我们不能鼠目寸光地改变这些结构。”

在丘吉尔看来，国会下议院应当具备两个最关键的物理要素。第一，长方形的议厅，这有利于贯彻我们的党政制度。一个人要想从议厅的左边走到右边当然容易，但走之前可要考虑清楚了。第二，下议院的议厅不能修太大，不需要同时容下所有议员，否则在讨论议题的时候，十有八九只有寥寥几人出席会议。这就是丘吉尔，他就像一位杰出的经纪人，明白政府需要什么样的象征符号，也深知国家需要用什么样的手段来支撑政府。

英国立法机构也不是第一次毁于大火。1834年，一名粗心的建筑工人向旧上议院的火炉里投进了太多的燃料，最后引发了灾难性的大火。自从威廉·鲁福斯[7]把威斯敏斯特宫建成诺曼王朝的宫廷后，这座宫殿便开始漫无目的地扩张，一直没有地标建筑的自觉。它就像是由破旧的楼房东拼西凑而成的，时不时还要进行一番扩建与改造，它和坐落于唐宁街10号的首相官邸没什么两样，只是一个联排别墅，而不是刻意打造的国家象征。如果威斯敏斯特没能在1834年的大火中幸存下来，如果它仍是一片无名杂乱的建筑，没有变成英国最知名的地标，那1941年德国还会把它当作轰炸目标吗？

当然，德国没有可以与之相提并论的建筑，就连德国国会大厦也与它相差甚远，这座国会大厦既不是统一的象征，也不能代表身份认同。国会大厦是在19世纪末由德国皇帝建立的，用于安置有名无实的国会。大厦巴洛克风格的外立面与凡布鲁[8]设计的布莱尼姆宫一脉相承，但在历史上，人们将它视为象征标志的情况只出现过两次。第一次是在纳粹上台之后，当时一名“精神错乱”的荷兰社会主义者在这里纵了一把火，大厦圆顶上冒出了滚滚浓烟，连三角楣上的铭文都被熏黑了。第二次则是在1945年，当时苏联红军为了在新闻片子中展现己方士兵英勇无畏地冲上国会大厦台阶、肩并肩地攻入门廊的情景，重新上演了攻占国会的一幕。战争结束后，保加利亚景观艺术家克里斯多·克劳德(Christo Claude)和珍妮·克劳德(Jeanne Claude)夫妇曾把这栋建筑物包了起来，从某种程度说，这就是想抹去该建筑原有的形象。德国重新统一后，诺曼·福斯特又把它改建成了联邦议会大厦。

像威斯敏斯特一样能够得到全世界认可的国会大楼有几个呢？除了华盛顿的国会山之外，大概也没有几个了。除了西班牙人以外，还有多少人能一眼认出马德里的国会大厦？除了比利时人以外，一眼就能认出比利时国会大厦的人又有几个？威斯敏斯特宫则不一样，它是英国的一块招牌。

建筑师要想让自己设计的“真正民主的议会”成为有力的身份象征，就得十分谨慎：其建筑既要表达深厚的民族根源感，又要反映时代特征。他们的作品不能让人看出太多蓄意操纵的痕迹，也不能背离其人为设计的本质，要给人一种真实感。在这种情况下打造建筑，重要的不是功能问题和审美问题，而是治国之道。但是，在政治家委托建筑师设计满足自己目的的建筑时，政治家的目的与建筑师的雄心之间可能存在巨大差异。

建筑可以是令人难忘的和独特的，也就是说它可以被设计成举世闻名的地标；它也可以让人觉得很重要、很特殊或很有意义，它也可以用来体现国家或领导人的抱负。换而言之，我们可以用现代主义建筑彰显缔造国的高瞻远瞩和进取之心。传统的建筑语言，是一种暗示血统和根源的尝试，特别是民族风格的建筑。

这种风格通常源于建筑材料，而这些材料又往往是特定时期或特定区域的产物，是人们探索经济建筑技术的产物。阿姆斯特丹的临河住宅和英国乔治王朝时代的民居非常像，都是用砖块搭就的，配有框格窗，带着传统风格。但就连普通人也能一眼看出“荷兰民居”的特别之处。它使用的砖块更窄，长宽高比例都不同，窗户所占据的墙面面积更多。而且因为运河的存在，阿姆斯特丹的人口更为密集，所以这些房屋比伦敦民居修得更高，楼梯也更陡。它们独特的山墙上还设有起吊装置，用来搬运家具以及其他物品。

这些都是技术问题，但把它们编入一个公式后，就产生了一种象征性的表达方式——身份认同。在荷兰人把殖民前站设在他们所谓的（印度尼西亚的首都）“巴达维亚”（即今天的雅加达）时，除了就地取材使用当地的建材和采用适合当地气候的建筑布局外，其他方面则完全按照荷兰的方式建造。虽然去国几千里远，殖民者依然通过建筑提醒自己是谁。这样一来，原本的技术和功能问题就变成了意识形态和民族情感问题，其他的荷兰定居点亦是如此。走在开普敦某些街道上，你会发现这里就像是另一个荷兰，打造这样的建筑，初衷是为了让那些恐惧、思家的殖民者相信这里也能有文明的生活。开普敦的老城住宅区，即如今的绿市广场，它的历史可以追溯到1755年。广场上的大钟、穹顶和阳台，让这里看起来就像是西半球的荷兰，当然，它也代表着从那里衍生出来的权威。一个世纪以后，人们又用黄色巴斯石（据说全都是从遥远的英国运来的）建造起带有帕拉迪奥（Palladian）风格的新市政厅，取代了老市政厅，从而让开普敦变成了布里斯托尔、利物浦或格拉斯哥。之所以如此设计，就是为了表明这块殖民地现在已经落到了英国手上。

南非两个种族间的较量呈拉锯状，本地的布尔人（即南非的荷兰人等欧洲移民的后裔）决定奋起反抗说英语的白人。开普敦的布尔人企业用英国耆卫保险公司办公楼之类的建筑宣告自己的存在，这座具有浓厚的装饰艺术风格的大楼，是由拉尔文事务所（Louw and Louw）设计完成的。开普敦的历史都镌刻在了它那花岗岩材质的外立面上，它还拥有光滑的青铜大门、用德兰士瓦花岗岩装饰的大堂和金箔装饰。

20年后，南非行政首都比勒陀利亚建成了一座先民纪念堂，民族主义复兴达到了高潮。这座纪念堂是荷兰人杰拉德·穆尔代（Gerard Moerdijk）的作品。穆尔代于1935年来到南非，但直到1949年才完成这座纪念馆。纪念馆穹顶上设有一个天窗，阳光透过天窗投射在下方的石棺上，这束光也是在宣告，在先民的流血牺牲下，新布尔共和国诞生了！

在殖民社会，一个新的独立的身份认同，既取决于独特口音的演变，也同样依赖于建筑。作为建筑师，赫伯特·贝克[9]曾服务于两个不同的殖民国度。他在30岁的时候来到南非，年轻的他和帝国主义者塞西尔·罗茨[10]私交特别密切，两人恋人般的亲密关系以及由此产生的政治影响，丝毫不逊于后来的阿尔伯特·施佩尔同阿道夫·希特勒的关系。贝克刚到开普敦不久，便在一次晚宴上结识了罗茨，罗茨乘机邀请贝克帮自己重新设计新购入的格鲁特舒尔庄园。贝克以开普敦的荷兰民居为基础，融汇英国工艺美术运动，发展出了一种新的风格，似乎意图调和这块殖民土地上两个白人团体的矛盾。此后，贝克继续帮助讲英语的白人塑造开普敦，维多利亚女王街的城市行政事务会所、圣乔治街的英国国教大教堂，以及罗宾岛上收容麻风病人的教堂等都出自贝克之手，而在开普敦成为南非联邦立法机构的所在地之后，它最终成了议会的一个分部。

罗茨向来热衷于修建纪念式建筑，他曾资助门客遍游欧洲的古典遗迹，从西西里到希腊，为设计金伯利战役死难者纪念碑做准备。贝克提交的设计就像是一个开口朝上、四周环绕爱奥尼亚柱的白色大理石浴缸，但因为罗茨在戴比尔斯集团的合作伙伴担心其造价过高，拒绝签付支票，这个工程只得停工。在1902年罗茨去世后，拉迪亚德·吉卜林[11]和贝克仿造一处欧洲遗迹的样子为其修建了纪念馆。他们把地址选在魔鬼峰上，在那里可以俯瞰开普敦的大海。这个设计源自西西里岛的塞杰斯塔神庙，柱廊和台阶与前面的一排狮身人面像相互呼应着。馆内用本地石料制成的基座上立着罗茨的半身像，基座上刻着吉卜林撰写的铭词：“伟大的灵魂业已沉睡，但他的影响和控制力不会消弭。生前他是这片土地的主宰，死后他是这片土地的灵魂。”若非后来南非的情况有变，这座纪念馆将会成盎格鲁-撒克逊白人国家的奠基传说之一。

此后，贝克又在比勒陀利亚为南非联邦政府设计了一些大楼。直到罗茨去世10年后，他才回到英国，不过他倡导的殖民建筑运动并没有结束。回国后，他又和埃德温·勒琴斯[12]合作设计了印度首都德里的新城区。1912年夏天，英王乔治五世(George V)亲自主持了新首都的奠基仪式，但后来总督却擅自决定将新首都建在了德里的另一边。当时几乎没有人注意到这项欺君之罪，因为英国人争论的焦点不是城市到底要建在哪里，而是应该建成什么样子。

德里这座城市见证了太多帝国的兴衰，新德里的修建几乎算是英帝国统治印度300年的最后一幕。该举措富有战略意义，说明当局决定让权力中心远离孟加拉的民族主义者。民族主义者对前任总督寇松(Curzo)勋爵的政治失误和行政重组十分愤怒，但这更像是一种改变英国在印度存在性质的尝试。东印度公司以外贸商人的身份来到印度，按照英国的模样建起了加尔各答这一港口城市。与之相比，新德里计划则显得更加野心勃勃，它试图利用印度权力的传统根基，让英属印度融入印度千年的历史，从而在某种意义上使其合法化。此策略要想起作用，殖民者就要接受印度对他们的影响，就像他们改变了印度一样。可惜的是，新德里是在伦敦和利物浦当地官员的远程遥控下打造出来的，就连建筑图纸也是工程技术人员通过蒸汽轮船从千里之外带来的。

新德里的首席建筑师是才华横溢、享誉英国的埃德温·勒琴斯，他总觉得自己比印度人高上一等。勒琴斯已故的岳父李顿(Lytton)勋爵曾是印度总督。在角逐新德里的设计时，有这层关系可不算坏事。表面上看，勒琴斯对自己的印度仆人颇为和蔼，可实际上，面对这个他本该心怀感激的国家，他的种族偏见却大得吓人。他曾在家信中评论说："印度人十分愚蠢，干了不少坏事。我认为印度人和白人不能自由交往，跨种族通婚则太过恶心野蛮，该让卫生部门来管管他们。"

英国统治这个国家长达三个世纪之久，也成功地积累了一些老练的政治经验。当时有两派人因为新德里的设计问题激烈争论了几个月时间。其中一派以《建筑师》(*Builder*)杂志的编辑为代表，认为建设新德里完全是彰显大英帝国的造势运动；而以剧作家萧伯纳(George Bernard Shaw)和小说家托马斯·哈代(Thomas Hardy)为代表的一派则主张采用印度风格，邀请印度建筑师来设计。但新德里的缔造者谁的意见都没采纳。对他们而言，为了体现和巩固帝国的权威，新德里应该尽可能修建得像英国，不仅在印度，在世界其他大部分地方也要如此，“帝国最完美的思想，莫过于它体现在城市领地中的凝聚力——通过在世界各地打造风格统一的城市建筑来表达帝国的思想。在帝国所有的殖民地、附属国和保护国内推行统一的风格，有助于消除距离感，促进帝国内部的自由、平等和博爱。”

当时，勒琴斯的老朋友贝克也是新德里设计团队的成员。在《建筑师》杂志大肆批判了他和勒琴斯的新首都方案一周之后，他给《泰晤士报》杂志写了一封信：“首先，也是最重要的，必须把英国主权的精神禁锢在石头和青铜中。为了实现这一理想，我们当以罗马帝国的建筑作为基本风格，因为它的要素更为基础，存在更为普遍。同时，我们也要融入一些东方特征，以照顾印度人的感情。”贝克愿意对东方特征做出多大的让步，从他为新德里设计的圆顶市政厅（今印度国会大厦）的铭文中可见一斑。铭文上写道：“自由不会主动降临到一个民族身上，这个民族须挺身而起拥抱自由；自由是一种福气，只有主动争取才能享受它。”这并非贝克的一己之见。加尔各答有一座纪念维多利亚女王的纪念馆，是寇松勋爵在任时留下来的建筑。维多利亚女王是唯一一个同时拥有“英国女王”和“印度女皇”头衔的人，而这座纪念馆也时刻提醒世人：寇松曾是这里的总督。在谈起加尔各答的维多利亚纪念馆时，寇松勋爵曾说：“加尔各答源于欧洲，建筑也是欧式的，其主要建筑物都按照准古典风格或帕拉第奥风格打造而成，这里没有自己的本土建筑类型，所以不可能建造任何本土风格的建筑。”莫卧儿风格的建筑也许适合作为穆斯林国王的清真寺或陵墓，也许也适合当作印度番国王子的现代宫殿，但用它来纪念英国君主却不合适。印度风格的建筑显然不适合用于展览，那古典或文艺复兴风格的建筑就是必不可少的，故而雇佣欧洲建筑师也十分必要。

时任英国皇家建筑师学会(RIBA)会长的威廉·爱默生(William Emerson)得到了设计这座纪念馆的工作。寇松唯一肯做的让步，就是让纪念馆使用本地产的大理石(和泰姬陵出自同一采石场)。1905年，寇松离开了印度，而直到1921年纪念馆才完工。纪念馆配有巨大的穹顶，上面有一个近5米高、可旋转的胜利天使，下面空旷的中厅里只有一尊维多利亚的半身像，是按照维多利亚年轻时候的样子雕塑的，但巍峨壮丽的纪念馆很快便被规模渐成的新首都掩盖住了光芒。

寇松的继任者一直忙着收拾寇松留下来的烂摊子。继任总督向勒琴斯提出建议，说新德里的“外观应当与老德里的纪念碑、印度艺术传统协调”，他还请来了这方面的专家塞缪尔·斯文顿·雅各布[13]爵士协助勒琴斯，为细节设计提供建议，新德里应当是“富东方韵味的西方建筑”。于是，勒琴斯将德里风融合了进来，加上了莨苕叶形的装饰与印度风格的钟。

新德里的规划与老城区的古堡、贾玛清真寺建筑风格一致，堂而皇之地宣告自己对过去的控制力。但更重要的是，在这个存在殖民等级制度和印度种姓体系的社会中，这个设计既有象征意义，也有实用功能。巨大的阴影，即优先权所带来的等级差别，笼罩在英属印度之上。菲利普·戴维斯(Philip Davies)在《统治的光辉》(*Splendours of the Raj*)一书中写道：“级别四十四的服装厂的平民主管，比印度医疗服务局的副主任高一级，比公共信息主任低一级，而三者皆低于财政顾问、邮政和电报大臣。”

在新德里总体规划图上，郊区的建筑按照种族、职业等级以及社会地位分为5种。菲利普·戴维斯详细描述了这里的英国建筑：第一种分配给了政府官员，第二种分给了欧洲职员，第三种供本地职员使用，第四种分给了印度王子和贵族。至于土地分配，王子能分24亩至48亩，政府官员可分到21亩至24亩，而立法机构成员只有1.5亩左右。高级别的人走大道，地位低下的则只能走小路，可见，身份高低影响的不仅仅是房屋的位置和大小。新德里的设计规划，旨在证明它是英国的财产，而把总督的圆顶官邸修建在城市的最高处，也是为了凸显总督的权力。印军武装部队总司令的府邸没有总督官邸那么显眼，这似乎是在提醒众人，权力是通过民事权力而不是军事权力行使的。市政厅是英方对印度民主的第一次让步，但直到1919年才被列入规划。

尽管新德里到处都是帝国的标志，但仅仅建成15年后，它就成为新独立的印度的政府所在地，这提醒人们，权力的象征符号并不等于权力本身。

巴西利亚市中心有一条长满青草的林荫路，从众议院大楼眺望林荫道的另一端，可以看到一座奇特的建筑，就像是漂浮在倒影池上方似的。一座身材瘦削的男子雕像站在一根缠绕着醒目混凝土丝带、铅笔般粗细的混凝土桅杆上面，他伸展的手臂指向了“三权广场”。这座雕像矗立在JK纪念馆的入口处。JK是巴西总统儒塞利诺·库比契克（Juscelino Kubitschek）名字的首字母缩写。在1954年竞选总统时，库比契克曾看似漫不经心地说道，如果自己获胜，定会贯彻巴西宪法里一条被忽视的条款：把首都迁离殖民港口城市里约热内卢，并在空荡荡的内陆地区建造一个新首都。这是一次为巴西创造新身份的特别尝试，彻底改变几个世纪以来巴西在政治和文化上屈从于欧洲的局面。

库比契克出生在巴西，父母是来自斯洛伐克的移民，他被誉为巴西的约翰·F.肯尼迪（John F. Kennedy）。他风度翩翩，魅力四射，崇拜者不计其数。即便褪去了肯尼迪的光环，一旦提到“JK”两个字母，巴西人还是能立刻想到他。JK纪念馆的设计者是奥斯卡·尼迈耶，他是库比契克一辈子的挚友，这座城市大部分的纪念碑式建筑都出自他之手。穿过人工湖面上的巨大的下沉式台阶，便来到了JK纪念馆。这里是按照库比契克生前书房的样子打造的：他的书、照片、遗物和伊姆斯椅全都摆放在这里，隔壁房间里的照片和档案向人们展现了他的一生。在这里，我们可以看到他儿时的家，也就是远在米纳斯吉拉斯的偏远的老宅，可以看到他的奖状、学位证书和勋章，还可以看到经纬仪和其他测量仪器，他正是依靠这些工具来规划城市，而这座城市又成了他对国家最恒久的贡献。当你发现馆内的光线逐渐变暗，发现自己来到了一个黑漆漆的地方，看到眼前紫色霓虹灯映照的底座上悬浮着一个光亮的不锈钢物体，你便会意识到这绝非一般的博物馆。这是库比契克的陵墓，这个灵柩台的设计让人不由联想到埃及法老的寝陵，难怪市区的小贩散发宣传单说巴西利亚是古埃及宇航员设计的。在此沉思片刻，继续往前走，你便回到了阳光下，展现在你面前的是一个玻璃柜，里面摆放着一辆1975年产的凯迪拉克车，库比契克丧生时所乘坐的那辆车。当年库比契克从里约热内卢前往圣保罗途中发生了严重车祸，最终不治而亡。陵墓是建筑权力的体现，亦是城市奠基神话的重要组成部分，它的存在是建筑政治用途的有力证明。

凯末尔·阿塔图尔克(Kemal Attaturk)是20世纪最成功的国家缔造者，他从士兵跻身为政治家，创建了现代土耳其。他将土耳其人从奥斯曼帝国的废墟中解救了出来，建筑和城市规划在其中起了非常重要的作用。他的成功足以为大量独裁的民族主义者树立榜样，其中包括伊朗的沙阿、伊拉克的萨达姆·侯赛因以及菲律宾的马科斯家族等，都面临着类似的挑战。阿塔图尔克决定将新首都设在安卡拉，以取代奥斯曼帝国的首都君士坦丁堡，部分是由于军事需要。在阿塔图尔克1923年通过废黜最后一任苏丹创建土耳其共和国之前，位于土耳其最西部边界上的老首都一直是奥斯曼帝国的皇城。政变后，英国人将苏丹悄悄带离了君士坦丁堡，帮他踏上流亡之路。在第一次世界大战结束前几个月，君士坦丁堡，即后来的伊斯坦布尔，被英法两国的军队占领了。在英国首相劳埃德·乔治的默许下，希腊军队占领了环地中海沿岸的大部分地区。当时的土耳其正挣扎在建国路上，还面临着亡国灭种的威胁，阿塔图尔克选择把后方基地建在安纳托利亚平原上的内陆城市安卡拉。这个决定也反映了阿塔图尔克对现代土耳其的看法：一个基于土耳其民族主义的国家，应当以土耳其人为主要民族，这都是此前奥斯曼帝国未曾做到的事情。伊斯坦布尔最为宏大的建筑曾是基督教堂，后来则成了清真寺。在这个城市里，不同的民族说着不同的语言，很难将之视为一个具有土耳其特色的城市。而在安卡拉，土耳其人有机会按照自己的想象打造一个新首都。

在过去的几个世纪中，奥斯曼与阿拉伯人的关系一直暧昧不清，他们接受了伊斯兰教和伊斯兰文化的许多方面，其中便有阿拉伯的字母表。奥斯曼帝国的领土遍及北非，北至欧洲，东至亚洲，国民除了信奉基督教的希腊人、斯拉夫人和意大利人，还有犹太人、阿拉伯人和非阿拉伯裔穆斯林，但它对国内少数民族十分宽容。

在阿塔图尔克的构想中，现代土耳其的身份认同需要重塑，这对国内的库尔德人和亚美尼亚人而言并非好事。因为贯彻这一做法，还需要探寻用于创建新的世俗国家的土耳其文化的历史根源。

安卡拉悠久的历史可以追溯到赫梯时代，在此建都，便能让新国家扎根于远古辉煌的沃土中。除此以外，出生在如今希腊萨洛尼卡的阿塔图尔克希望新土耳其能在欧洲国家中占有一席之地，拥抱欧洲的现代化。

阿塔图尔克第一次看到安卡拉时，这座城市虽然拥有一座颇引人注目的古堡，但已经萎缩成了一个死气沉沉、人口不到两万的小城。从宣布创建新都到1938年去世的10年间，阿塔图尔克大力推动城市及基础设施的修建，以建造他心目中的土耳其。在他看来，新国家必须植根于土耳其的历史和文化背景，但新国家同样也必须决心现代化。土耳其一点点打造起了自己的公共机构，有些采用最古老的风格，像是在展示其正统地位，但最能代表新国家的重要建筑项目都出自奥地利建筑师克莱门斯·霍尔茨迈斯特[14]之手，它们大都采用严肃的现代风格，带着一种抽象的分离主义的意味。

1927年，应土耳其驻奥地利大使之邀，霍尔茨迈斯特为安卡拉设计了新的军部大楼。之后，他又承接了十几个任务，包括总统府、国民议会、最高法院、中央银行、总参谋部及内政部大楼。人们很快便意识到城市需要有一个总体规划来统筹全局，因为安卡拉发展得太快了（不到40年，城市新增人口便多达300万）。土耳其为此举办了一场竞标邀请赛，1932年，柏林学者赫尔曼·詹森[15]在竞标中脱颖而出。詹森并没有像欧洲独裁者所喜欢的那样拘泥于中轴线的设计，而是采用更复杂、更有战略性的布局。在他规划的花园城市中，重点建筑依然是新国家的地标性建筑，它们大都由霍尔茨迈斯特负责设计。在此后的几年间，霍尔茨迈斯特与土耳其的关系变得愈加密切，最后他还被授予“国家建筑师”的称号。1938年，霍尔茨迈斯特在国际竞标中被阿塔图尔克亲自选中为土耳其新国会大厦的设计负责人，不久之后阿塔图尔克便去世了，而这项工程直到1960年才真正完工。

霍尔茨迈斯特曾就读于维也纳技术大学，在来土耳其工作之前，他已经是维也纳美术学院的教授了。他的建筑带有朴素、严肃和理性的风范，没有过多的修饰，这种风格自然成了土耳其现代主义的风格。出于同样的道理，阿塔图尔克也提倡西式着装（时至今日，我们仍可以在土耳其货币上看到他穿着礼服、系着白领带的形象），并禁止市民戴土耳其毡帽。当时从纳粹德国和奥地利逃来土耳其的难民很多，除了霍尔茨迈斯特以外，还有布鲁诺·陶特[16]、汉斯·玻尔茨格（Hans Poelzig）以及玛格丽特·舒特－里奥特斯凯（Margarete Schütte-Lihotsky），这些人为土耳其的文化发展注入了进步的色彩。但是土德两国的关系比较复杂。土耳其毕竟也是独裁国家，国内也有自己的法西斯集团和民族政策，所以安卡拉也直接“拿来”了一些希特勒的建筑风格。保罗·波纳茨（Paul Bonatz）也是众多逃往土耳其的德国人之一。他曾参与施佩尔的新柏林计划，还设计了两栋著名建筑。霍尔茨迈斯特反对纳粹主义，还曾因为纳粹德国吞并奥地利而丢掉了教职，从而一直在土耳其生活，直至1954年。虽然如此，但他在安卡拉负责的多个大工程中，有一项居然是与希特勒最喜欢的雕塑师约瑟夫·托拉克（Josef Thorak）一起完成的。

阿达尔贝托·利贝拉以及其他众多意大利法西斯主义者都参与了阿塔图尔克陵墓的设计竞标，更有甚者，最后获胜的埃明·哈利德·奥纳特[17]方案和保罗·特鲁斯特为慕尼黑设计的烈士纪念碑有颇多相似之处。

安卡拉代表着土耳其在意识形态上的追求，这里主要的地标建筑都是阿塔图尔克本人的想法，体现了阿塔图尔克心中世俗共和国该有的样子。它采用西式外观，但也融入了土耳其远古的记忆，细节之处常让更保守的伊斯兰主义者震惊不已。这是一个比在短短5个月的时间里放弃阿拉伯文字，改用拉丁字母更为激进的举动，他不顾几个世纪以来的禁忌，邀请许多欧洲艺术家打造一系列具有象征意义的纪念碑式雕塑。作为一名战士，阿塔图尔克在奥斯曼帝国崩溃之际拯救了土耳其，让它免遭肢解的厄运，因此享有崇高的威望，但从那以后，国内的伊斯兰主义者开始大声宣告自己的主张。近年来，有位安卡拉市长甚至威胁说要修建一些建筑，将阿塔图尔克的纪念碑式建筑掩盖起来。但不管怎么说，阿塔图尔克修建的国家地标成功实现了它的目的。

阿塔图尔克挖掘了伊斯兰教盛行之前的土耳其人的历史，甚至追溯到铁器时代，希望能发现可以复兴的文化参照，以塑造本国的建筑语言。他还资助考古学家寻找必要的历史证据，以使自己心中的土耳其理念合法化。他宣扬国家在伊斯兰教盛行之前的光辉历史，建立起新的爱国传统，以期绕过根深蒂固的伊斯兰教神职人员的权威，巴列维王朝的沙阿也曾尝试过完全相同的策略。

伊朗和土耳其在打造现代化基础设施时，给银行、邮局、火车站等设施都披上了带有几千年文化的建筑外壳。阿塔图尔克想要用一个西化的共和体制来取代奥斯曼土耳其，这个体制在理论上拥护民主政治——沙阿对此并不感兴趣。阿塔图尔克建起了一个世俗化的土耳其国家，他依靠考古和建筑两大支柱制定出的文化政策曲线击败了伊斯兰反对派，这种做法，也得到了沙阿认可。

1979年，沙阿终于拿到了自己私人座机波音707的控制权，飞离伊朗踏上流亡之路，并在盛年时逝于埃及，这给了什叶派领导人阿亚图拉·霍梅尼一个机会，让他在革命暴动和宗教冲突所造成的混乱中登上权力高位。在发生此变故之前，沙阿早掀起了一场轰轰烈烈的建筑运动，他的野心比阿塔图尔克还要大，可效果却差得多。沙阿希望能把德黑兰变成一个现代化科技强国的首都，进而把伊朗打造成世界领先的工业国。他的这个想法承自他的父亲礼萨汗（Reza Khan），开展这项工程时，他希望那些留恋自给自足生活，不愿意变成富足城市居民的贫苦农民在看到身边日益成型的新国家时，至少会被震撼得说不出话来。

巴列维王朝，是否能被称为王朝还尚有争议，因为它只有两任君主，还先后都遭废黜，他们仅仅在孔雀宝座上坐了50多年便被赶下了台。它的第一任沙阿礼萨汗本是一名骑兵军官，自他夺取政权开始，便热衷建筑。他建设强国的策略便是打造帝国专制风格的建筑，以古代荣耀的帝国形象作为让反对派闭嘴的重要工具。同时他还想要净化国家的文化，抹去阿拉伯和伊朗以外国家的影响。夺权之后，他迫不及待地制定必要的王权标志：王座、王冠和礼服。

土耳其和伊朗所采用的战略本质上是相同的，伊拉克的做法也相差无几，只不过他们参照的历史不一样罢了：对于阿塔图尔克来说，最具吸引力的是赫梯帝国；而沙阿追寻的则是波斯皇帝居鲁士的辉煌历史；萨达姆·侯赛因虽然没有说自己是当代的斯大林，却也颇为刻意地宣扬自己是古巴比伦尼布甲尼撒王[18]的转世。正因为如此，萨达姆才要重建古巴比伦遗址的砖墙；也因为如此，你才会在安卡拉阿塔图尔克大街的环岛大道上看到成群的长着角的怪兽，它们是考古学家从赫梯古墓中发掘出的青铜雕像的放大版；也正因为如此，第一代沙阿打造的德黑兰中央银行内部虽然采用常见的现代风格，外观看起来却好像波斯帝国阿契美尼德王朝（前559—前330）的建筑。这些策略，也许无意中制造了新的历史仇恨，致使萨达姆对伊朗发起异常血腥的战争。这个副作用大概是他们未曾想到的吧。

阿塔图尔克选择修建新都，而两任沙阿只能改造旧都城。德黑兰建于10世纪，到了15世纪，它已变成了一个坚固的有围墙的城市，由4个城门和114座塔楼拱卫着。沙阿和其他许多独裁者一样，也被奥斯曼打造的巴黎迷住了。

礼萨汗拆掉了德黑兰的城墙，他在城市的古建筑群中间建起了网格状的林荫大道，定下了城市未来发展的框架。但是巴列维政权倒台时，事实证明这个具有战略意义的交通规划并没有为士兵镇压示威者提供多少帮助，反而让那些要求推翻政权的示威者畅通无阻。

老沙阿的城市战略延伸到德黑兰以外的地方，这个规划不仅仅注重实用功能，也同样看重政治意义。伊朗的大小城镇都必须按照标准模板打造，都得设置一个公共广场，四周环绕着象征帝国的雕塑，广场名字不外乎是“国家广场”或“巴列维广场”。礼萨汗与希特勒德国的关系越来越亲近，还在同盟国和轴心国之间搬弄是非，于1941年被英国废黜。但是在美国中情局的帮助之下，老沙阿的儿子穆罕默德汗（Mohammed Reza）上台了，这位新沙阿对建筑的兴趣尤胜其父，随着伊朗石油储量的增加，他也有足够的钱来放纵自己的喜好。

1968年，新沙阿委托现代购物中心之父维克多·格伦[19]为德黑兰制定发展战略。格伦在城市以北圈出一片空地，准备打造政府行政中心。1975年，理查德·卢埃林-戴维斯[20]勋爵在竞标邀请赛中脱颖而出，赢得了这一大片空地的详细规划任务。竞标方案提交上去的时候，沙阿正在滑雪度假。据说那天早上沙阿从山坡上滑下来便看到了一字摆开等待检阅的参赛模型。卢埃林-戴维斯的方案一下子便吸引住了他的目光，这个方案是把一片超过3公里宽的曼哈顿街区直接移植到德黑兰的空地上。

要接下这个世上最大新首都的设计任务，卢埃林-戴维斯显然准备得不够充分。他匆匆忙忙招来了一群美国建筑师和规划师，让他们集思广益，帮助自己接下这个工作。杰奎林·泰勒·罗伯逊（Jaquelin Taylor Robertson）给他带来了一群建筑师和规划师，其中不少人还曾参加过林赛（Lindsay）市长的复兴纽约计划。队伍中有一名年轻的哈佛毕业生，她后来退出项目嫁给了约旦国王侯赛因（Hussein）。还有一名成员叫泰瑞·德士庞[21]，后来成了一名室内设计师，他最为知名的作品是比尔·盖茨的别墅。

20世纪70年代中期的德黑兰，是一个危险且不稳定的中世纪和20世纪的混合体。伊朗王后邀请彼得·布鲁克（Peter Brooke）来此举办先锋派戏剧演出，国家现代艺术美术馆正忙着购买西方艺术品，其中甚至包括英国画家弗朗西斯·培根（Francis Bacon）露骨的三联名画。

但妇女依然蒙着面纱，经常拜访德黑兰的人也避免天黑以后从机场开车进城。万一汽车抛锚了，公路边成群游荡的野狗可能会是大麻烦。这里有戴高乐高速公路、艾森豪威尔大道和伊丽莎白二世大道，还有规模庞大的集市，看着这个集市的样子，闻闻它的气味，就像回到了500年前。城市部分区域是突然暴富的土豪精英的家园，而其他区域却连干净的饮用水都喝不上。城市的人口则是爆炸式增长，从1939年的70万暴涨到1975年的460万，如今更是高达1200万。

理查德·卢埃林－戴维斯打造新政务中心的策略恰好反映了伊朗政治的基本现状，不管他是否意识到了这一点。沙阿最大的威胁不是伊朗共产党，而是伊斯兰神职人员。这些人的权力基础是德黑兰以南的区域，主要是集市一带及其周边区域。理查德·卢埃林－戴维斯的规划加剧了南北分化，北部是西化的富人区，而似乎脱离了政府控制的南部古城则到处都是狭窄的小巷、四合院、清真寺以及集市。南北双方就像是殖民者与被殖民者，双方的界限就像阿尔及尔的欧洲区和土著区一样泾渭分明。但当时理查德·卢埃林－戴维斯的团队一心只想为未来的城市勾勒出所谓的“具体形象”，打造一个可以得到人们认可的城市。

在提交给沙阿的设计图中，理查德·卢埃林－戴维斯铿锵有力地宣告说：“我们必须打造一个闻名世界的城市，让世人知道德黑兰是中东最美的城市。”但他也做出了让步：“我们的设计很重视土地用途和居住密度，但也同样重视为巴列维王国发展美学和象征基础。”理查德·卢埃林－戴维斯方案的重点是修建庞大的城市广场，它既是城市的地标，也是德黑兰人的公共活动空间，名字就叫沙阿纪念广场。它将会超过欧洲所有的广场，从面积上看，恐怕只有北京的天安门广场可以与之相提并论。规划师们称之为20世纪的国家中心，并且将它宏大的规模和四周的拱廊与16世纪的伊朗古城伊斯法罕相比。

现代伊朗的几大政府机构将分列广场四周，总理的官邸将会设在广场的西侧。日本建筑师丹下健三[22]拿下了广场北侧市政厅的设计权，旁边是外交部和一个宾馆、一座剧院，对面将会建造国家博物馆、手工艺品博物馆、地毯博物馆和巴列维图书馆。杰奎林·泰勒·罗伯逊和理查德·卢埃林－戴维斯坚信这片市政中心将会成为继几公里外的南部集市之后的另外一个城市中心，让德黑兰拥有两个城市中心，就像伦敦那样分为老金融区和威斯敏斯特商业区，或者像纽约那样拥有华尔街和中城两个中心。德黑兰的市长很快便开始实施这项计划，并签下了修建基础设施的建筑合同。一个法国公司也开始挖掘地铁系统的隧道，拟建的各个政府机构的详细规划也都很完备。

为寻求国家图书馆的建筑师，伊朗发起了20世纪70年代规模最大的建筑竞标活动之一。自由主义建筑师讨论得最热烈的便是参加投标所需的道德规范。那时候，西方国家首都的街道上经常挤满了伊朗流亡者和持不同政见者，抗议他们所谓的沙阿法西斯政权，抗议其邪恶的秘密警察组织“萨瓦克”（SAVAK）。但这些人的抗议并不能阻止700多位竞标者提交方案。投标者眼中只有伊朗王后对当代设计掩不住的热情，她婚前曾在巴黎学了两年建筑。而在此之前，她还邀请当时最激进的天才建筑师汉斯·霍莱因[23]和詹姆斯·史特林（James Stirling）到德黑兰工作。

德黑兰总体规划团队的成果汇编成了两卷没有公开出版的书，它们被分别编号，装在一个褐色的箱子中。此书主要由杰奎林·泰勒·罗伯逊负责编写，后来他还曾帮助迪士尼设计了主题公园生活区，修建了佛罗里达的迪士尼小镇。书的扉页上写着："巴列维王国总体规划从伊朗及其风俗和人民身上汲取了灵感，但更多的灵感则来自这个国家伟大的建筑传统。谨以此书献给最尊贵的沙阿、诸王之王兼国家传统的守护者。""没有强者的支持，就没有伟大的城市！"这就是这本书最想表达的主题。

在设计者眼中，"这不仅仅是另外一个大型首都，更是创造辉煌的良机"。唱出这样的高调，是为了直接打动金主的虚荣心。书的扉页上印着沙阿的照片，他身穿伊夫·圣罗兰设计的细条绒套装，打着丝质领带，衣冠楚楚地站在一截套着滑轮组的混凝土管道上。陪在沙阿身边，帮他埋下纯金奠基石的人就是巴列维王朝的最后一位德黑兰市长尼克培（G. R. Nikpay），他身穿黑色长袍，领口和袖口镶着金色的穗带，胸前挂着一排排的奖章，看起来就像是受衔的英雄。这张照片拍下后不到五年，尼克培便在霍梅尼（Khomeini）的血腥"清算"中被处决了。

奥斯曼设计的巴黎一直在被模仿，德黑兰重建的灵感之源亦来源于它。理查德·卢埃林－戴维斯自己也说过："伊朗正在复兴中，首都成为国家骄傲的纪念碑是再自然不过的事情了。就像拿破仑三世时期，法国的自豪感来自重建后的巴黎一样。"他还说："只要沙阿还在位，德黑兰规划就有可能好好实施下去。奥斯曼比我们幸运，因为拿破仑三世比较长寿，坚持到了城市建好的那一天，而沙阿却没能坚持到那一天。"当然，今天再回头看这句话，只会觉得理查德·卢埃林-戴维斯对巴列维政权末期的理解实在是太过狭隘。

到头来，沙阿只能收拾包裹踏上流亡之路，将机场、军队和基础设施都留给了阿亚图拉(Ayatollahs)。伊朗伊斯兰共和国还没来得及关闭沙阿的美术馆，也还没来得及取消图书馆建设计划，暴徒便已涌入广场工地，将陈列新城市建筑模型的展厅洗劫一空，这个模型是1977年特地动用伊朗空军专机从伦敦运回的。德黑兰的贫民暴徒没两下就摧毁了模型，他们四处挖掘，想要找到沙阿4年前埋下的黄金奠基石。没过多久，阿亚图拉就兴奋地炸毁了礼萨汗的坟墓。趁着伊朗伊斯兰革命后的短暂空隙，德黑兰的地铁系统终于被中国人建成了，但这里的广场、图书馆和新城都埋在了德黑兰爆炸式的扩张中。

在菲律宾独裁者费迪南德·马科斯(Ferdinand Marcos)的腐败政权当政时，其妻伊梅尔达·马科斯(Imelda Romualdez Marcos)对建筑的兴趣不下于她收藏鞋子的癖好，只是没有后者那么广为人知罢了。从1966年开始掌握权力，直至因马尼拉暴民而逃离总统府为止，伊梅尔达·马科斯一直在努力打造地标，她自称这么做是为了展现国家的复兴，实则是为了彰显自己第一夫人的身份。这些建筑几乎全都出自菲律宾建筑师莱安德罗·V.洛钦[24]一人之手。对伊梅尔达·马科斯来说，洛钦是帮她实现目标的最佳人选。洛钦完成了许多建筑，它们都带有现代美国企业界的狂妄自信，只不过因地制宜做了足够多的修改。

洛钦是纯正的菲律宾人，他毕业于马尼拉圣托马斯大学，只是在短暂留美期间遇到了自己最钦佩的建筑师埃罗·沙里宁(Eero Saarinen)

和保罗·鲁道夫[25]，回国后便获得了"国家艺术家"的美名。洛钦属于第三世界建筑师团体的成员，这些人常常被委以修建办公大楼、部委大楼、宾馆和剧院之类建筑的重任，因为野心勃勃的领导人需要用这些建筑来说服自己，以使自己确信自己领导的是一个富有活力的现代化国家，同时也让自己相信自己是国家自豪感的捍卫者。洛钦惯用的设计手法是在建筑中融入阴郁的纪念碑式风格，这种风格大概是从美国SOM建筑设计事务所的戈登·邦沙夫特（Gordon Bunshaft）那儿学来的，但他巧妙地融入了少许的民族色彩，其标志就是风景如画的屋顶和开阔的庭院。洛钦采用同样手法设计了很多作品，包括马尼拉文化中心的表演艺术剧院、国际会议中心、民间艺术剧院、国家艺术中心、国际贸易与展览中心以及菲律宾广场酒店，这些建筑看起来就像散布于马尼拉各处的巨型雕塑。它们的外立面大都一片空白，只有在夜晚强光灯的照射下，透过照相机的镜头才能看到最好、最动人的景象。洛钦喜欢给建筑配上大片的水域和草坪，它们就像护城河一样将大马尼拉市的喧嚣隔绝在外。

洛钦曾说："设计这些建筑，是为了从菲律宾民族遗产中培养民族自豪感。在马科斯政权眼中，艺术与精神财富密不可分，它是一个国家的灵魂，因此政府制定政策，积极鼓励人们发展创造性艺术和表演艺术，以复兴沉睡的民族意识，将它们从数百年的外国统治中唤醒。第一夫人也同样关心这些公共建筑、民用建筑和科学用途建筑的建设，它们也是菲律宾特色的代表。"

但是这种象征意义实在太直白无趣了。在大阪举行的第七十届世界博览会上，洛钦又给自己设计的菲律宾展厅配上了夸张的屋顶，屋顶一直垂到地面，意在展示“菲律宾人民展翅翱翔的前景和展望未来的眼光”。

修建新影剧院的时候，因为急于赶工，脚手架发生倒塌，掉落的钢材砸死了几个建筑工人，这一事故标志着马科斯时代的终结。这座本该代表新共和国无畏精神的建筑一下子就成了马科斯政权腐败和无能的典型。项目的赞助者乘着飞机逃之夭夭，但洛钦又设法给自己换了个更有钱的客户：文莱的苏丹，这位赞助人执政的时间可比马科斯家族要长得多。

小国家向来喜欢用建筑向世界展示自己，加泰罗尼亚人和芬兰人也都采用激进风格的建筑来表达自信心，来定义和展现身份认同。但问题是应该如何把握尺度：这在多大程度上算是刻意为之、人为创造？在多大程度上是个体特质、气候、材料和习俗的真实反映？

通过建筑手段创造令人信服的身份认同，最大的困难在于这本质上是一个人为创造的过程，但却必须做得仿佛浑然天成。气候和当地建筑材料会让建筑带有某种特色，从而形成一种设计风格，随着时间的推移，这种风格最终被视为身份认同的体现。但由于技术变革和建材全球贸易的影响，以及人员流动和思想交流影响，这些特色不再是实用建筑传统的组成部分，而是沦为了象征，可见通过建筑来塑造身份认同，完全是一个刻意营造的过程。

1　路易·康（Louis Kahn, 1901—1974），美国现代建筑师，建筑设计中光影运用的开拓者，被誉为建筑界的诗哲。大器晚成的他五十多岁时才真正成为一代宗师，他的建筑作品通常是在质朴中呈现出永恒和典雅。

2　卡尔·冯·克劳塞维茨（Carl Von Clausewitz, 1780—1831），普鲁士将领，近代西方最著名的军事理论家，近代军事战略学的奠基人，曾参与了莱茵战役、奥斯塔德会战、法俄战争和滑铁卢战役。

3　约热·普列赤涅克（Joze Plecnik, 1872—1957），斯洛文尼亚知名建筑师。

4　高迪（Antonio Gaudi, 1852—1926），西班牙建筑师，塑性建筑流派的代表人物，被称作巴塞罗那建筑史上最前卫、最疯狂的建筑艺术家，终身未婚，代表作品有古埃尔公园、圣家族大教堂、巴特罗之家等。

5　查尔斯·罗尼·马金托什（Charles Rennie Mackintosh, 1868—1928），苏格兰建筑师和设计家，是工艺美术时期与现代主义时期重要的环节式人物，代表作品有格拉斯哥艺术学院、高靠背椅等。

6　皮埃尔·查尔斯·朗方（Pierre Charles L' Enfant, 1754—1825），美籍法裔建筑师，因规划美国首都华盛顿而闻名。

7　威廉·鲁福斯（William Rufus, 1058—1100），英格兰国王，绰号“红脸威廉”。

8　约翰·凡布鲁（John Vanbrugh, 1664—1726），英国建筑师、剧作家，他所设计的牛津郡布莱尼姆宫是英国巴洛克风格登峰造极的作品。

9　赫伯特·贝克（Herbert Baker, 1862—1946），英国建筑师。

10　塞西尔·罗茨（Cecil Rhodes, 1853—1902），英国殖民者、南非钻石与矿业巨子。

11　拉迪亚德·吉卜林（Rudyard Kipling, 1865—1936），英国第一位获得诺贝尔文学奖的作家、诗人，出生在孟买。

12　埃德温·勒琴斯（Edwin Lutyens, 1869—1944），英国建筑师、英国皇家学院院士，以1921年的印度新德里规划与总督府设计闻名。

13　塞缪尔·斯文顿·雅各布（Samuel Swinton Jacob, 1841—1917），英国陆军军官、工程师、建筑师和作家。以设计印度撒拉逊式建筑风格（印度教、穆斯林和西方传统的结合）的公共建筑闻名。

14　克莱门斯·霍尔茨迈斯特（Clemens Holzmeister, 1886—1983），20世纪杰出的建筑师，曾移民国外后又受聘回到奥地利。其设计思想相对传统，他认为建筑作品应是整体环境的一个组成部分，而不是一处“裂痕”，他擅长把大型建筑计划中复杂的功能关系通过简洁有效的流线及院落组织在一起。

15 赫尔曼·詹森（Hermann Jansen, 1851—1935），德国建筑师。

16 布鲁诺·陶特（Bruno Taut, 1880—1938），作为德国现代住区设计师，在柏林等地规划设计了一万套以上的住宅，其中四个大型住区被列为世界文化遗产。其住区设计策略主要体现在独特的规划布局、外部空间塑造和建筑设计手法方面。

17 埃明·哈利德·奥纳特（Emin Halid Onat, 1908—1961），土耳其建筑师和教育家，1946年，奥纳特被选为英国皇家建筑师学会通讯委员。

18 尼布甲尼撒王（Nebuchadnezzar，前605－前562），即尼布甲尼撒二世，古巴比伦国王，曾攻占耶路撒冷，修建空中花园。

19 维克多·格伦（Victor Gruen, 1903—1980），奥地利犹太建筑师，现代购物中心之父，设计了美国第一家全封闭带空调的购物中心。

20 理查德·卢埃林－戴维斯（Richard Llewelyn-Davies, 1912—1981），英国建筑师，巴特莱特建筑学院教授。

21 泰瑞·德士庞（Thierry Despont, 1948— ），法国建筑师、设计师兼艺术家，因修复自由女神像而闻名。

22 丹下健三（Kenzo Tange, 1913—2005），日本建筑师，他所设计的1964年东京奥运会主会场——代代木国立综合体育馆被称为20世纪世界最美的建筑之一，而他本人也被誉为“日本当代建筑界第一人”。丹下健三于1987年荣获普利兹克建筑奖，是第一位获得该奖的日本建筑师，也是第一位亚洲得奖人。

23 汉斯·霍莱因（Hans Hollein, 1934—2017），奥地利国宝级艺术家、建筑师、理论家，1985年普利兹克建筑奖得主。霍莱因的设计领域涉及方方面面，从建筑到家具，从珠宝到眼镜，甚至是门把手，而其最为世人所知的则是博物馆设计。

24 莱安德罗·V.洛钦（Leandro V. Locsin, 1928—1994），菲律宾著名建筑师，曾先后学过法律预科、音乐，之后才转到建筑领域。1990年他被科拉松·阿基诺总统宣布为菲律宾国家艺术家（建筑类）。

25 保罗·鲁道夫（Paul Rudolph, 1918—1997），美国战后的重要建筑师之一，以极具力量感的粗野主义建筑作品闻名。他曾担任耶鲁大学建筑学院建筑系主任长达6年之久，理查德·罗杰斯、诺曼·福斯特等知名建筑师都曾是他的学生。

Identity in an Age of Uncertainty 动荡年代的身份认同

国会大厦这类建筑承载的感情当然是最为丰富的，但蕴含复杂政治内涵的建筑并非只有这一种。不论是大使馆还是法院，不论是警察局还是博物馆，每一座国家建筑都有其政治意义。

在所有类型的现代建筑中，机场甚至超过摩天大楼成为国家竞争的焦点，它是一种地位的象征，也是潜在的重要经济资产。虽然航空运输的境地变得越来越尴尬，但机场建设依然在继续，机场的数量也在各国政府偏重经济效益抑或注重声名之间波动。巴黎戴高乐机场的历史可以追溯到戴高乐时期，这么算来，它并不算弗朗索瓦·密特朗总统时期的大型工程，但其本质与其他机场也没什么不同。这是一个深深植根于法国不朽传统的项目，它不仅仅追求庞大的规模，也刻意追求与众不同的效果。

戴高乐机场一号航站楼乃是由建筑师保罗·安德鲁[1]设计而成，它的灵感似乎来自美籍奥地利裔导演弗里茨·朗(Fritz Lang)的电影《大都会》(*Metropolis*)中的场景。这部电影展示的是充满压迫性的未来场景，体现了法国意欲成为现代主义化身的决心。

英国希思罗机场给法国带来的压力与日俱增。1964年，法国政府最终决定斥巨资在鲁瓦西建造一个全新的机场，布尔歇机场和奥利机场的运力显然也先后达到了极限。为了在欧洲占有一席之地，法国政府决定重新打造一个机场。历经十年建设，戴高乐机场于1974年投入使用。按照专制的法国方式，政府一声令下，主要国际航班一夜之间便从奥利转移到新机场。第一航站楼容量饱和之后，政府再次启动计划，准备修建一座完全不一样的二号航站楼，容量是一号航站楼的五倍。法国人做事向来眼光长远，理智而冷静，秉承这样的做事态度，二号航站楼很快便动工并完成了。

与世上其他大型机场相比，戴高乐机场的两座航站楼显得独具一格。乘客乘车前往二号航站楼时，可以在非常靠近登机口的地方下车。这种设计占地面积极大，乘客也需要准确知道自己的航班是在几号登机口。但法国人很享受由机场高耸的混凝土屋顶切割出的椭圆形大窗以及引人注目的玻璃栈桥所散发出的时尚现代感。至少在2004年夏天之前的确如此。当时，二号航站楼D登机口建成尚不足一年，混凝土筒状塔台便出现部分倒塌，致使巴黎政府想将这座机场打造成欧洲首屈一指的机场的雄心严重受挫。

走在密特朗前面的还有雅克·希拉克(Jacques Chirac)，他在担任巴黎市长时曾否决了总统瓦莱里·吉斯卡尔·德斯坦(Valéry Giscard d'Estaing)兴建中央大市场的计划，并推行了自己的解决方案，甚至宣称“首席建筑师是我”！很难想象当代有哪一位英国首相会说出这样的话。1997年，托尼·布莱尔(Tony Blair)以压倒性优势赢得竞选，成为英国首相。三个月后，他便宣布继续推进伦敦千禧巨蛋项目，他差一点儿就成功了。这是一次刻意的尝试，旨在创造一个里程碑，作为他竞选连任的序幕。布莱尔的做事风格与法国独裁者很是相似，不过他自己威势不足，还达不到独裁的程度。

英国向来反对花钱打造庞大的文化工程，在修建国家美术馆时，美术馆面朝特拉法加广场的主立面是用从废弃建筑上回收的科林斯柱建造的，修建大英博物馆的资金则来自彩票收入。托尼·布莱尔想要用公款来修建千禧巨蛋，这势必会彻底打破英国清教徒的传统。直到20世纪90年代后期，英国政治精英大多不支持修建纪念碑式的建筑。他们觉得纪念碑式建筑似乎与庸俗的炫耀做派密不可分，从这样的建筑身上甚至还能看到一丝腐败的迹象，20世纪60年代的纽卡斯尔市长丹·史密斯(T. Dan Smith)便是活生生的例子，这位行事颇具美国风格的市长在城市重建运动中因收受回扣而锒铛入狱。

英国人常说布莱尔喜欢自我吹嘘，按照英国的标准，伴随布莱尔政府而来的是一场前所未有的复兴运动，这也让政界对建筑和塑造形象的兴趣空前高涨。15年前，威尔士亲王也曾对建筑表现出同样热情，但却深受诟病。而如今，仿佛一夜之间人们便不再认为新建筑是对传统的公开挑衅。各种奇形怪状的建筑出现在不列颠的大地上，各种各样的“中心”、各种意义不明的文化工程纷纷启动，这些工程让人们倍加期待，但它们大多缺乏常识，寿命也不甚长，很多都已经湮没在时光中。

佛朗哥年代的巴塞罗那是个被世界恶意遗忘的角落，但它却能凭借高调的建筑重新崛起。在原有的工业体系和港口经济崩溃以后，伦敦也一直想重塑自己的形象，并认为自己也可以像巴塞罗那样再次崛起。

新工党精心设计的建筑，旨在展示英国的现代主义形象。曾几何时，人们都默认英国政府有责任保证历史文化的传承，而新工党的这种做法相当于放弃了这种理念。布莱尔将绿洲乐队和一群建筑师请来唐宁街，他看似请来了两拨毫不相干的客人，实则与工党在1964年的做法如出一辙。当时，哈罗德·威尔逊（Harold Wilson）所领导的工党政府曾不顾嘲讽，极力拥抱技术和大众文化。而托尼·布莱尔也不是第一位利用摇滚明星光环的英国首相。在他之前，威尔逊曾要求女王将大英帝国勋章授予甲壳虫乐队成员。不过布莱尔算是第一个秘密给自己的政党改名的领导人，悄然之间，英国工党摇身一变成了新工党。英国曾经将传统价值看得重于一切，但这里发生的一系列金融危机却颠覆了传统的价值观。劳合社的崩溃导致大量中产家庭破产，行事保守的百年老店巴林银行因一位拖欠欠款的工薪阶层交易员的过失而倒闭。上了年纪的雇员、身穿礼服的看门人、饰有古老木镶板的办公室，这些曾是正直和体面的标志，但劳埃德和巴林银行的先后崩溃却扭转了它们的含义。固守传统，也意味着终将走向没落。

1997年布莱尔当选后，掌权的新政治阶层希望能破除陈规，抛弃根植于隆重的仪式、皇室家族和板球的英式风格愿景。他们认为自己已经吸取了弗朗索瓦·密特朗的巴黎和帕斯卡尔·马拉加尔[2]的巴塞罗那的教训，也明白建立基于现代理念的国家的重要性。工党的朋友理查德·罗杰斯（Richard Rogers）是半个世纪以来与英国政治关系最密切的建筑师，在罗杰斯的介绍下，工党开始明白作为即将上台的党派要如何利用建筑，于是决心打造能打动选民的地标，为日益衰败的城市中心注入新的活力，有些人甚至还明白了自己追求的目的。因而，他们发起了一场运动，用他们自己的话说，就是“重塑国家形象”，这场运动既有象征意义，也是在重塑国家的实体——至少在理论上。国家形象是一回事，但也同样要考虑大力提倡建筑和设计会给经济带来什么影响。

由政府来赞助建筑活动，这对英国政治家而言是一种全新的观念。过去的教育让他们推崇协商、合作、包容和多样化。现在却要他们相信既充满智力挑战又具备审美品质的建筑只有一种，这显然与原有的价值观不符。

政府计划在格林尼治半岛上建造规模庞大的千禧纪念建筑，理智与审美两难的困境在这个项目上表现得淋漓尽致。在维多利亚女王时期，这里原是一块占地约120公顷的有毒废料存放区，后来却盖起了一座宏伟的建筑，这座建筑甚至一度被视为英国最富政治色彩的建筑，但现在这里却成了政府心中的一道伤疤。托尼·布莱尔急不可耐地将千禧巨蛋奉为新工党的典范，这是一个代表新政治体制的宣传工具。让他们始料未及的是，该建筑虽然也呈现了官方所预期的建筑语言，却也在无意中凸显了它无用的一面。

千禧巨蛋的修建目的和修建手段之间存在明显的矛盾。政府一意孤行斥资10亿英镑改造格林尼治半岛上的荒废之地，希望它能成为现代主义的象征。首相的核心圈子向来都紧紧地把握着“现代主义”的政治意向，但这一次他们却抛弃了这一点，导致造出来的千禧巨蛋不仅没有一点儿未来感，还充满了怀旧感，甚至可以说它是在笨拙地模仿20世纪50年代的风格，是重拾当年不列颠艺术节的牙慧。它不过是把不列颠艺术节上两个最负盛名的建筑，即探索之穹（the Dome of Discovery）和由钢缆支撑起来的高耸地标云霄塔结合起来了，并在顶部加盖了理查德·罗杰斯设计的特氟隆涂层大帐篷，犹如黄色的荆棘皇冠。千禧巨蛋看起来光鲜亮丽，但它并没有实现布莱尔的愿望，没能帮他谋得连任。当时的英国没有心情炫耀自己的未来，更不可能被强制灌输披着公共宣传外衣的政治说教。

尽管千禧巨蛋是新工党抱负的化身，但它的发起者却是约翰·梅杰（John Major）的保守党政府。当时，保守党提出发行国家彩票的方案（结果却以亏损告终），他们还提出为庆祝千禧年的到来，可以将彩票20%的收益拨给“千禧年委员会”，以用于在全国各地兴建一系列大型工程。隶属保守党的副首相迈克尔·赫塞尔廷（Michael Heseltine）也积极倡导用像1851年万国工业博览会和1951年不列颠艺术节那样的盛会来庆祝千禧年的到来，但是这些雄心勃勃的计划却永远地与布莱尔主义画上了等号。

这种混乱的党派关系在英国前所未有，当年提出举办不列颠艺术节的，是一个极为偏向老工党的政府，但在勉强启动时，英国的掌权人已变成了保守党，庆祝过后保守党便拆掉了所有建筑，只保留了一个节日大厅。布莱尔欣然接受千禧巨蛋计划的做法让所有人都大吃一惊，因为即使他取消这个计划也无可厚非，但他却不顾财政大臣戈登·布朗（Gordon Brown）的反对坚持推行该计划，究其原因，或许是因为其党内的主要对手反对这个计划。

1994年，千禧年筹备委员会的委员巡游各地，慷慨地支持各种不太现实的工程（如给朴次茅斯港添上巨大的喷泉），却拒绝资助扎哈·哈迪德的卡迪夫歌剧院项目。正是这些委员的一系列对话给了人们灵感，并促成了千禧巨蛋这一计划。迈克尔·赫塞尔廷和记者西蒙·詹金斯（Simon Jenkins）这两位委员会成员更是坚持要为千禧年建造一个举国瞩目的建筑。

显而易见，这样的工程只能由国家出钱打造，但筹备委员会却幻想找私人来赞助，他们甚至请求英国航空冒险投资此项目。格林尼治的施工地点定下后，委员会便邀请理查德·罗杰斯设计展厅，并于1996年通过了方案。该方案完全是按照需求制定出来的，紧张的周期和各种不确定因素决定了它所拥有的元素有限。为解决工期紧张和内容单调的问题，罗杰斯团队并没有特别设计一系列独立的展厅，而是提出了穹顶状巨蛋的方案。这个造型实际上是一个用钢缆撑起来的巨型帐篷。它外观抢眼，内部空间宽阔且灵活多变，不论在这里举办什么活动，展览组织方都不用担心要如何安排空间。

从现实目的出发打造建筑，至少意味着新建筑可以在1999年12月如期开放。作为政府的得力部门，英国城市振兴局最终还是把纳税人的钱用在了这个项目上，于1997年2月以2000万英镑的价格买下该地皮。此后不久，保守党便在1997年5月的大选中落败。但在此之前，迈克尔·赫塞尔廷已经向托尼·布莱尔做了相关解释，告诉他工党将来要如何接手千禧巨蛋工程。他暗示说，该工程是展现现代化新政府成就的最耀眼的方式，而决心修建这一工程的政府是一个伟大的政府。

千禧巨蛋就是这么诞生的，在表现英国文化生活方面，这算是规模最大、内涵最空虚的一个作品了。托尼·布莱尔与密特朗都是独裁者，但在决断能力上，他明显没有学到这位法国总统对建筑与生俱来的自信。布莱尔缺乏主见，总是等着别人告诉他应该喜欢什么。而除了理查德·罗杰斯以外，其他人和布莱尔的关系也不够亲近，没法引导他做出决定。当然，彼得·曼德尔森(Peter Mandelson)可以和布莱尔说得上话，可他基本在忙着监管千禧巨蛋工程。

参与巨蛋内饰设计的不乏才华横溢的建筑师，但该工程的政治支持者无法将他们与那些只会用光束和干冰帮新车发布会制造氛围的庸俗的建筑师区分开来，这些人也被邀请参与千禧巨蛋展品的陈设设计。

千禧巨蛋尚未对外开放，便已经招致公众强烈的反对，人们开始尖锐地质疑，如千禧巨蛋到底要传递什么信息，首相不得不打起精神为这个项目做辩护。他本来可以好好解释打造该建筑的动机，但这项工程到底应该是什么样子，他自己也一头雾水，所以只能用精心设计的浮夸语言来辩护。他是这么说的：

想象一下这个场景：1999 年 12 月 31 日午夜时分，钟声敲响，全世界都把目光投向第一个迎接新千禧年到来的地方——本初子午线。英国可以凭借如此大胆、如此美丽、如此振奋人心的庆典，向世界致敬，它既是英国自信精神与冒险精神的体现，也是世界未来精神的展示。正因为如此，我们才要推行“千禧体验”计划。这不是疯狂的想象，而是英国的巨大机遇，因此，让我们抓住这个时刻吧！让我们打造出让自己、让全世界都倍感骄傲的东西吧！

这样，我们便可以自豪地宣告，这是我们的巨蛋，这是不列颠的巨蛋，相信我，全世界都将羡慕它的存在……

我们在创意方面领先世界，为何不把它展示出来？为什么不大声说出来呢？千禧巨蛋必将成为展现英伦魅力的盛会……

巨蛋内部的设计富有情调，它充满激情、富有感情、颇具趣味，它将融会其他景点的精华，打造独特体验。它像迪士尼一样趣味无穷，令人兴奋；它像科学博物馆一样富有教育意义，令人乐在其中；它像伦敦西区的音乐剧一样扣人心弦，令人陶醉。但它与这些又不同，它是由人民塑造的建筑，来自全世界的参观者都会沉醉其中。

这场表演实在精彩，但在本质上，布莱尔不过是在做徒劳的辩解，想要解释政府为什么要斥巨资修建一个主题公园。到底是什么让他相信，这样的建筑能比足球冠军或顶级音乐家更好地传递出上述信息？这样的建筑不会振奋人心，实际上它只不过是哗众取宠之作，是如此苍白。今天我们无须再对布莱尔溜须拍马，来此参观的游客看到傲慢而拙劣的巨蛋，联想到它的巨额花费，只会觉得布莱尔的辩解实在没有说服力。

要想从熟悉的19世纪伦敦老街区走到巨蛋所在的新世界，你必须先穿过格林尼治地区的街道，这些建于维多利亚时期的街道大都肮脏不堪。继续往前走，污秽的街道突然消失，似乎猛然到了21世纪，入目的是点缀着几个庞然大物的小行星带：千篇一律的棚屋、高架公路、堆在空地上的再生废料堆和工业废料。如今多数大城市的边缘地带都是这个样子的，日常生活正消失在喧嚣的城市虚空中。在这样的环境中，千禧巨蛋就像是荒野中的一只船锚，但你看不出它的意义所在：是想缅怀已被人们遗忘的废弃物（其代表物便是此处曾经堆积的垃圾），还是想要指向更光明的未来？

一个夏日的午间，此时距离千禧巨蛋彻底关门已经4年了，矗立在泰晤士河上空的黄色桅杆已经褪去了一些颜色，巨大的白色特氟隆帐篷看上去似乎也快垮塌了，整个场地呈现出一种荒芜、令人心酸的空旷感。官方撒下的壮志豪言最后大都只剩下这样的余味，或者说只剩下这般挥之不去的阴影，它就像是一幅日渐腐坏的未来景象，让我们痛苦地回想起纽约皇后区举办的两次世博会，想起塞维利亚世博会未曾兑现的诺言。

巨蛋占地约120公顷，四周环绕着蓝色的网格状栅栏，三叶草等杂草强行从栅栏中钻了出来，凌乱地围绕在周围。入口广场前面的沥青路以及连接巨蛋与北格林尼治站的广场已变得坑坑洼洼，沥青和铺路石板拱凸起来，像是在故意吸引人的注意。

蒲公英从开裂的地面缝隙处探了出来。栅栏里面还有另一圈栅栏，第四保安分队穿着抢眼的反光马甲在里面四处巡逻，让人不禁想起巨蛋桅杆在未曾褪色时也是这般鲜艳。即便在千禧年体验活动期间，这里的收费亭也没有多少业务可忙，之后的参观者就更少了，现在已经关闭了，空无一人。只剩下一些奇怪的、无法辨认的电气设备碎片倒扣在里面。场地内的植物已经枯死，曾经精心照料的种植箱已经结出了种子，茂密的绿叶变得枯黄。保安队驾着车漫无目的地巡逻着，小心避开荒废停车场上的风滚草。几十个停车场，只有最靠近地铁站的那一个还在使用，肯特郡的上班族将自己的SUV停好后便一刻不停地钻进通往市区的地铁。

英国城市振兴局曾在这里建起敞亮的样板间，想给这片土地带来新生，他们承诺给商人提供资金，让商人们能够建起必要的基础设施，他们还极力劝说人们在这里买房，让大家相信此处是安居乐业之地，但这些承诺都太过脆弱，样板间如今也是大门紧锁，里面空空如也。透过窗户，你还能看到里面新未来风格的廉价紫沙发和一些倒扣在沙发上面的椅子。诺曼·福斯特设计的地铁站还保留着老地铁站的影子。这个地铁站很大，即便全天的客流量都很大，它也能应付得过来。但现在，只有在高峰时段才能见到稀稀拉拉的人群。上班族钻出地铁站，回头还能看到矗立在遥远的西部的金丝雀码头上的塔楼，这似乎是在提醒人们千禧巨蛋距离伦敦的权力中心有多远。

官方给千禧巨蛋划拨的预算是7.58亿英镑，这个数目太大了，甚至都没有人追究它是否精确，可实际造价远不止10亿英镑。在原先7.58亿英镑的预算中，有4.66亿为建筑成本，其余部分则是运营、营销以及备用资金等。在这笔费用中，有1.5亿来自赞助方，2.09亿来自商业收入，还有4.49亿现金为千禧年筹备委员会所出。可笑的是，当初还有人指望把一部分商业收入退还给政府。这笔预算还不包括征地费用和清理费用，要是把这些都算在一起，工程造价就会高达9.05亿英镑，该项目的赞助费和门票收入都远远低于预期。千禧年已经过去4年了，政府仍然没能帮巨蛋找到新主人，只能继续支付每年高达数百万英镑的维护费用和安保费用。最后政府甚至还求助美国体育界的一名企业家，希望他能将巨蛋变成一个兼具体育馆和赌场功能的综合性建筑。

从来没有哪一届英国政府比新工党更懂得权力的象征意义，也没有哪界政府会比新工党更清楚建筑对选民的影响。新工党之所以在这个项目上投入如此巨额的党产和个人财产，只是因为他们认为巨蛋项目若能成功，必将带来巨大的政治利益。巨蛋的建设历经波折，各个阶段的目标各不相同，甚至相互冲突。起初，政府想用它操纵撒切尔主义末期的市场，最后却成了首届布莱尔政府利用公共资金打造地标的象征。人们希望它是未来景象的呈现，可惜的是，千禧巨蛋项目的前创意总监史蒂芬·贝利(Stephen Bayley)在辞职之前就曾明言，千禧巨蛋的构想本质上就是一个古怪的19世纪的世博会。

如果千禧年筹备委员会能够放弃格林尼治的有毒废料堆放区，听从伯明翰(Birmingham)的建议，选择在国家展览中心庆祝2000年的黎明，那千禧庆典就会成为另一个汉诺威世博会。汉诺威世博会并没有打造新建筑，而是选择改造一系列阴暗的混凝土大棚(这些大棚本来是用来展示机床和建筑设备的)，并不是全新的项目。据称该项目成本高达10亿英镑，造价并不低于千禧巨蛋，它预期在6个月展期内接待4000万游客。这是千禧年筹备委员即使在最乐观的时候也从未奢望过的目标。汉诺威世博会只是继承了世博会的传统做法，即“在一大片精心制作的废品中，偶尔闪现一些天才之光”，所以它没有那么令人失望。

成功的世博会能够让人铭记，是因为它们富有创意的建筑和工程技术，但也有世博会因为展品闻名，比如水晶宫收藏着用黄油雕成的维纳斯复制品。而在1889年的巴黎世博会上，不但建造了埃菲尔铁塔，还上演了巴士底狱被攻陷的一幕。每到整点时分，就有一群扮演“无套裤汉”(普通平民)的演员表演攻占巴士底狱的一幕。千禧巨蛋既没有突出的建筑，又缺少引人注目的展品。它没有差到极点，但也谈不上优秀。它的外形太过文气，所以缺乏成功世博会的精气神，同时它的展品又太平淡无奇，无法像水晶宫的展品那般给建筑增添光彩。

跟千禧巨蛋相比，汉诺威世博会的建筑语言算是有所进步，展示了耐久性和新技术，除此之外，它也有一系列充斥着巴洛克风格的展馆，让你不可能不喜欢。采用这种设计，说明他们至少有勇气坚持自己的信念，而千禧巨蛋恰好缺少这种信念。在汉诺威世博会上，阿拉伯联合酋长国直接按照电影《万世流芳》(*Beau Geste*)的样子建造了一座堡垒，他们甚至还给堡垒大门配上了一门大炮，并用空中客车从沙漠运来一整飞机的沙子，这座堡垒就夹在世博会滑雪缆车和摩天轮之间。世博会上还有一个不丹建造的传统山村，里面摆放着800件专门定做的雕塑，克罗地亚天蓝色的玻璃桥可以让游客观看点缀着古董碎片的沙滩。蒙特卡洛城为了炫耀自己跨境避税的政策，也修建了一座展馆，在一片白得耀眼的公寓街区模型中，一艘百万富翁的游艇漂浮在水池中。波兰人不知道自己是该像波罗的海的邻居一样选择前卫的现代化建筑，还是要像阿联酋一样偏向民族特色，于是他们二者兼顾，打造了一个玻璃盒子展厅，在里面建了几个茅草屋，看起来就像是把一艘船放进了瓶子里。除了这些展馆外，汉诺威还有一个由阿尔瓦罗·西扎[3]为葡萄牙设计的朴素而美丽的展馆，跟西扎设计的其他永久性建筑相比，这座临时建筑也丝毫不逊色。建筑师坂茂[4]以纸为材料打造了一座非凡的日本馆，MVRDV建筑公司设计的荷兰馆，是一座卓绝的建筑作品，和密斯·凡德罗的巴塞罗那馆以及莫瑟·撒夫迪[5]在蒙特利尔世博会上打造的生境馆，都是世博会上为数不多的真正伟大的建筑。

德国馆的几座建筑虽然不太出众，但整体上确实也算吸引人。其中一个展厅约有足球场大小，里面只有72个大象般大小的自动机器人，静静地在巨大而黑暗的室内行进。另外一个展厅里面摆放的是巴赫的古钢琴、奔驰制造的第一辆汽车、一段柏林墙的遗迹，还有1956年德法两国针对阿尔萨斯签署的和平条约原件。英国并没有像匈牙利人和也门人那样修建自己的展览馆，而是从主办方那里租了一个现成的工棚，在外面贴上红、白、蓝三色贴纸。据说这么做是为了表彰英国建筑师和设计师的优良品质，但政府并没有邀请建筑师或设计师来设计这座场馆，而是选择了籍籍无名的HP:ICM公司。该公司曾与奈杰尔·科茨[6]一起参与千禧巨蛋主体建筑的设计，但该项目似乎并没有给公司带来多少声名。展馆内部写着一首奇怪的布莱尔主义赞诗，诗的标题是“多样性乃是我们的本性”。馆内展示的是体现英国当代设计成就的各种展品，除了康兰酒店的各式烟灰缸外，还有戴森的真空吸尘器、发条收音机，甚至还有一台苹果笔记本。英国方面仅凭设计者的出生地，便专横地把苹果笔记本视为英国设计的典范，这看起来有点儿匪夷所思。

英国馆的风头被荷兰死死地压着，二者没有一点儿可比性。在地势平坦、景色毫无特色的汉诺威，荷兰馆就像是矗立在大草原上的摩天大厦那般抢眼。它的外观看起来就像多层蛋糕，犹如荷兰的地貌。馆内展品不多，但建筑本身承载了足够多的内容。一楼展厅被设计成了温室，一片雏菊正在人工太阳光下茁壮生长，这一层上方是一片橡树林。抬头看去，入目的是一副超现实的奇观：装饰着霓虹灯带的天花板之上生长着一片树林，“蛋糕”的最顶层是风能发电机组和人造草皮。整个展馆充分展示了大自然与人造物之间脆弱的平衡，这也是荷兰所面临的现状，同时，这个展馆还展现了荷兰的国家文化，那就是敢于尝试极为冒险的设计方案。英国的展馆则恰好相反，带着高傲的无能。

苏格兰只有500万人口，但却有很强的品牌意识，而不只是满足于夸张的描述。无论是在中国的偏远地区、俄罗斯的远东地区，还是在遥远的巴西，苏格兰人在介绍自己家乡的时候，总是比挪威人、魁北克人、奥地利人或比利时人更容易些。

苏格兰人有独特的口音，这里盛产苏格兰格子（其实这是19世纪的发明），和另外几个凯尔特民族一样，这里的人也喜欢吹风笛，而威士忌和奶油甜酥饼也是它的特产，它还有自己的民族诗人、货币和司法体系，有自己的国教和教育系统。在年轻一代作家的笔耕之下，苏格兰也创造了充满活力和独特的文学体系。

自苏格兰王詹姆斯六世被比他自己的国家繁荣得多的国家的王冠诱惑，搬到伦敦，成了英格兰王詹姆斯一世以来，苏格兰和英格兰处于同一个君主的统治之下已有400年了。两个国家并没有试图征服对方，而是在1705年签订了《联合法案》（*the Act of Union*），这使双方在逐渐融合的同时保留各自的自治身份。

法案签订至今已有300年，今天的苏格兰又重新有了自己的议会，在爱丁堡修建了新的议会大厦。这只能说苏格兰是在刻意用建筑强调自治身份。议会大厦是恩瑞克·米拉莱斯[7]和贝纳德塔·达格利亚布艾（Benedetta Tagliabue）夫妇共同设计的，可惜的是，该项目动工后不久米拉莱斯便英年早逝了。透过这项工程，我们可以看到建筑如何在各个层面上介入政治生活。不论是地点的选定、材料的使用，还是建筑师的国籍，工程的每一个步骤都回响着一种声音，诉说着远超出务实的建筑问题。

苏格兰议会大厦还没开始设计，因选址问题而引发的争论便已愈演愈烈，而且大都与政治相关。有没有必要把议会大厦建在苏格兰的首府？如果有，那是要建在地价较为便宜的郊区还是地价昂贵的市区？这届议会是否应该接管此前苏格兰将权力下放到议会（但以失败告终）时指定的古典的地标建筑？后者表面上被以实用性为由否决了，但在很多人看来，这其实是因为工党政治家认为它与苏格兰民族主义者的政治联系太过紧密。最后，皇家英里大道尽头靠近荷里路德宫的一个啤酒厂被选中了。选址于此，既可以将新的政府机构置于传统背景之中，又不会让它背上过多的负担。

经过漫长的遴选，就连苏格兰首席大臣唐纳德·杜瓦（Donald Dewar）也亲自介入，最后才选中了加泰罗尼亚籍的建筑师，这个选择绝非巧合。欧洲一些雄心勃勃的小国既想维护自己的独特身份，又不想让他人觉得自己怀有阴暗的民族主义情结，加泰罗尼亚的做法给这些国家做了表率。看来苏格兰也希望别国能如此看待它，那便是在宣扬自己民族身份的同时，能够呈现出包容的民族主义，而不是狭隘的沙文主义。

人们并没有要求米拉莱斯采用爱丁堡当地的民族风格，所以他的设计具有非常明显的个人风格，这种风格源自他强烈的建筑敏感性。他一开始提交的方案不是很受欢迎，设计图上的建筑就像是两只覆盖着草皮的渔船倒扣在沙滩上，大概是米拉莱斯游学英国的时候在海滩上看到过这样的景象吧，只是不知道这个海滩是不是在苏格兰。米拉莱斯说，他希望新议会大厦能与周边环境自然地融合在一起，而不突兀地出现在背景中。这个想法很有诗意，但他还是要体现出苏格兰的政治雄心。

负责议会大厦的官员要求，新建的大楼应能容得下一个以合作与协商为宗旨的政府体系，要把委员会会议室设计成和辩论厅一样的活动中心。最重要的是，这座大楼与威斯敏斯特的议会大楼不能有任何相同之处，以免人们把它当成对中央政权俯首帖耳的分支机构。苏格兰（至少是那些声称要为苏格兰发声的少数政治精英和管理精英）希望向人们展示一点：威斯敏斯特的糟糕的政治已经被他们抛在了过去。他们说，威斯敏斯特代表的是充满对抗与阻挠的政治。威斯敏斯特的辩论厅呈长方形，里头面对面地摆着两排长椅，中间相隔两剑的长度，这种设计旨在让议会成员把自己最糟糕的一面展现出来。而实际上，这么布置真的只是历史偶然罢了。英国议会初成立时，曾借用威斯敏斯特宫圣史蒂芬大教堂唱诗班的座位开会，后来的议会辩论厅便直接承袭了唱诗班的座位布局。

苏格兰希望议会布局看起来能更温和、更积极一些，对欧洲大陆常见的圆桌布局青睐有加。现代最早采用圆桌设计的是都柏林的爱尔兰下议院（今爱尔兰银行所在地）。经过漫长的讨论、多次推翻设计稿和无数次的实地考察，米拉莱斯终于设计出略带弧度的新月形辩论厅。但是，当苏格兰议会成员在辩论厅里气急败坏地争论时，我们也明白了仅仅调整座位是无法为暴躁的立法议会注入合作精神的。但不管怎么说，这也说明政治实体在建造大型建筑时，并非只注意建筑的实用功能。

从爱丁堡的老地图上看，皇家英里大道就像一根长长的鱼脊，几个世纪以来，这座城市也是沿着这条鱼脊发展的。鱼尾是坐落于石头山顶上的城堡，鱼头则是斜坡底部的修道院废墟旁边的荷里路德宫。在鱼头和鱼尾之间，一排排尖尖的弯曲鱼刺分布在鱼脊两侧，那是一条条胡同和死巷，苏格兰城市居民便生活在这里。在这些狭窄的胡同两侧和紧凑的院子四周矗立着六到八层的公寓楼，有点钱的人家都住在低层的楼房里，穷人大都住在阁楼里。鱼脊中间的位置上矗立着苏格兰的老议会大厦，这座大厦建于19世纪早期，外立面显得既冷酷又优雅。市议会仓促间出资修建老议会大厦，是为了创造就业机会，因为当时查理一世（Charles I）提出要想让爱丁堡继续保留立法议会，顺便也让剑术师、假发商人、酒馆老板、高级妓女以及红酒进口商能继续做生意，就得建造一栋令人印象深刻的新苏格兰议会大厦，所以这座大厦的作用有点儿像是17世纪的毕尔巴鄂古根海姆博物馆。《联合法案》签署后，英国给那些举棋不定的议会成员发放了大笔的黄金作为遣散费，随后老议会便关闭了，并被改造成了苏格兰最高法院。

新苏格兰议会诞生于1999年，当时的临时办公室设在了皇家英里大道尽头的苏格兰教会里，现在则搬到荷里路德宫这头来了，其位置刚好位于鱼头下方鱼鳃的位置上。米拉莱斯设计的建筑果然不同凡响，他用橡树、花岗岩和钢材打造出充满诗情画意的综合楼群，楼体一半深埋在草坪之下，小心地融入四周中世纪的背景中，与荷里路德宫并肩而立，据说威尔士亲王十分不喜欢这座建筑。

建筑的目的和建筑真正传递出的信息之间向来存在差距，米拉莱斯为苏格兰打造的议会大厦亦是如此。从一方面看，它像是精心编写的浪漫诗歌，展现了建筑的表现力以及木石材料的触感；但从另一方面看，一提起公共资金管理不善，人们就会想到该工程，将它视为一个可怕甚至可耻的例子。刚开始的时候，工程预算是5000万英镑，到最后却花了4.31亿英镑。初始预算并没有把征地费、设计费以及税费计算在内，但即便加上这些费用，超预算部分仍然高得吓人。这种尴尬的状况让议会数次面临被推翻的危险，工程原本想要传递的信息也多次受阻。工程主管官员一开始曾精确测算过工程的成本，他们故意少报预算，使造价看起来不会高得吓人。这些数据估算出来后，便成了萦绕在苏格兰政府心头的噩梦。不可否认的是，议会大厦的规模的确扩大了一倍，17世纪修造的昆斯伯里宫也得以完整保存，整个建筑还具备了防御汽车炸弹袭击的能力。但就算这样，也不应如此超额！工程启动不久，大楼的政治支持者唐纳德·杜瓦与设计师米拉莱斯便于2000年相继逝世，而困扰工程建设资金的一系列危机也才刚刚开始。

因为这些极端的问题，人们对这个工程十分不满。如果只谈论建筑不提花费的话，别人会觉得你是个被设计蒙蔽了的蠢蛋。身材矮胖的弗雷泽(Fraser)勋爵来自卡尔梅勒，曾经担任苏格兰检察总长，他奉苏格兰首席大臣之命公开调查工程预算超支的问题，调查持续了一年。对他来说，这不算困难。他曾信誓旦旦地承诺，自己做判断的时候不会考虑任何美学因素。但是，完全脱离议会大厦的外观与使用感受来谈建筑的成本，根本就是天方夜谭。这就像是为餐馆写一本《米其林指南》，却只考虑材料成本和账单一般，食物的味道才是评估的对象！

调查得出的数据当然很糟糕，如果你准备花4万英镑建厨房，结果却花了40万英镑，你必须学会泰然处之，这样才能享受到橡木台面以及精美的葡萄牙石灰石地板的质感。但是修建议会大厦和扩建厨房完全是两回事，建筑的质量会经受时间的考验，而成本负担不过是一时之痛。国防部斥巨资购买不能在雨中飞行的直升机，购买也许永远派不上用场的猎迷预警机，与这些花销相比，这样的建筑成本怎么说也不算高。

可若要说议会大厦那高得吓人的费用物有所值，恐怕也没有几个苏格兰人会同意。当年耗费巨资打造荷里路德宫，由此导致的财政窘迫困扰了苏格兰很长时间，所以要扭转新议会大厦胡乱花钱的印象，绝非一日之功。但要没有议会大厦，苏格兰的政治家、报社以及律师还有什么事可做？在像苏格兰这样的小地方，实在没有多少正事让那些雄心勃勃的“公众人物”操心，每当他们找到可操心的事情后，他们就会满怀热情（甚至可以说满腔喜悦）地紧抓不放。对他们而言，新鲜出炉的财务丑闻，特别是能让那些没有政治天赋的人频频登上头版头条的丑闻，可比讨论喀里多尼亚－麦布莱恩渡轮公司的津贴问题或调查学校考试委员会的问题有趣得多。

借着调查荷里路德的新议会大厦一事，弗雷泽勋爵把自己变成了公众人物，他创建了个人网站，聘请了政治顾问，还托人设计了蓝色的标志。他喜欢站在荷里路德宫的起重机前面，翘着肥厚的下巴，对着摄像机发表颇有创意的誓言，他说自己要坚决彻查，“每一块石头都要翻过来检查”。弗雷泽勋爵对自己的表演想必非常得意，志得意满地展开公众调查，那姿态仿佛把水门事件的听证会拿到南非的真相与和解委员会调查，然后还让他来主持一般。“本次调查只是清查工作的一部分，”弗雷泽用朗诵诗歌的语气说道，仿佛是在为苏格兰浪费的巨款痛心，“我们揭发了许多不为人知的、无法解释的、不甚明了的问题，在此，我得夸夸团队成员的聪明才智。”

从他演讲的语气中便可以听出，他似乎已经决心挖出确凿的腐败证据。他特地开设了一条热线，供匿名投诉之用，但据说这条热线并没有接到几个电话，连“不温不火”的程度都达不到。大概是为了鼓励目击证人坦率直言，弗雷泽勋爵承诺不会将任何证词用于刑事诉讼，“如果有人想要阻止我，就不要怕我把你的名字说出来，让你知道什么是羞耻，”他说，“这个公众调查必定会给苏格兰人民一个交代。苏格兰人民希望知道真相，他们也有权知道真相，我必定不负他们所望！”

说句公道话，弗雷泽勋爵也算演技出色，他也成功地从工程造价、合同法以及项目管理的细节上挖出了许多问题，让审判变得很是精彩，其内容之多远超人们想象。他发现巴塞罗那的米拉莱斯工作室与爱丁堡的合作者（即英国RMJM建筑设计事务所）曾存在沟通不足的问题，但不知道他是否曾查出米拉莱斯没有购买最新的专业责任赔偿保险一事。一位政府官员在证词中提到，自己曾仔细审核米拉莱斯提交的西班牙保险证书的副本，但这个官员的西班牙语很差，买啤酒都不知道怎么说，得找人帮忙翻译。

弗雷泽还抓住了几个隐藏颇深的苏格兰行政院官员，一些经常游走在苏格兰政治边缘，行事比较放肆的人也被弗雷泽挖了出来。玛戈·麦克唐纳（Margo MacDonald）是个脾气古怪的家伙，曾经是苏格兰民族党党员，后来脱党成了无党派下院议员，他说荷里路德宫旁的议会大厦是苏格兰建筑史上最大的灾难。爱丁堡的政治家则更喜欢拿泰河桥与之对比，他们说既然苏格兰也曾发生过泰河桥坍塌事故，议会大厦恐怕也难免重蹈覆辙。弗雷泽还认真听取了大卫·布莱克（David Black）的证词。布莱克是个阴谋论者，他一直想把该项目的发起者、政治家唐纳德·杜瓦描绘成理查德·尼克松（Richard Nixon）那样的人。他针对该工程写了一本薄薄的书，名字叫作《首席大臣的部下》(*All the First Minister's Men*)，书中的内容十分隐晦，让人困惑不已，但布莱克本人也无法断定有哪些人参与了这场导致议会大厦财政灾难的阴谋。他一会儿说是格拉斯哥人，他们操纵竞标活动，目的就是要利用爱丁堡；一会儿又说是这伦敦的阴谋，他们设立议会，目的是证明苏格兰人的自治是如何无能，或是引诱议会选择错误的地址，从而让议会变得形同虚设。

在大型综合建筑群的建设过程中，需要做出千百个大大小小的决定，弗雷泽调查团对此一一细查。在此过程中，建筑和法律发生了冲突，但最终没有引发全面对峙。听证会刚开始的时候，弗雷泽便请出了理查德·阿姆斯特朗(Richard Armstrong)，他曾是议会大厦项目的经理，后来因与设计团队发生矛盾而辞职(也可能是被解雇的)，所以他是带着怒气离开的，弗雷泽对他寄予厚望。阿姆斯特朗将自己在竞标期间写的备忘录提交给了苏格兰行政院的官员，“我只能遗憾地说，”备忘录上写道，“这个项目给我的整体印象就是失望，如此才华横溢的建筑师却拿不出一个令人信服或能让人接受的作品，这实在是匪夷所思。”他还说如果做决定的人是他的话，他绝不会让米拉莱斯成为候选人，“米拉莱斯说他每周会在项目上投入21个小时，但要想实现他的各种设想，这点儿时间完全不够。参加竞标的人有70名，我把他排在第44位，早知道他没有专业责任赔偿保险，我肯定会毫不犹豫地把他放在最后一个。”

可是阿姆斯特朗在另一份备忘录中却说所有候选人中，只有两位值得认真考虑，米拉莱斯便是其中一位。这不由得让人怀疑他的话的可信度。弗雷泽勋爵的法律顾问对证人进行了询问，这些问题表明他们早就在怀疑米拉莱斯，并认为他不能胜任这项工作，他之所以能进入候选人名单，凭借的是他与评委会一名成员的私人关系。在弗雷泽心中，这种关系大概便是费用超支的根源了。

安迪·麦克米兰（Andy McMillan）曾是格拉斯哥麦金托什建筑学院的院长，亦是议会大楼设计评委会中最负盛名的成员。当法律顾问咄咄逼人地暗示他是出于私人关系而让一名建筑师混入苏格兰时，为了打消法律顾问的疑虑，麦克米兰回忆起了恩瑞克·米拉莱斯与唐纳德·杜瓦的对话。麦克米兰说："米拉莱斯以树干和树叶的关系向人解释他的方案，不仅让我们看到议会大厦在卡农盖特街上会呈现什么样的效果，还让我明白它将如何屹立于苏格兰大地上。"

正是这一做法让米拉莱斯的设计脱颖而出，作为建筑师，他聪明地利用浅显易懂的比喻解释自己的理念。特别重要的一点是，他并没有把"透明"视为民主的化身，而是在打造建筑物的同时也创造了一片风景。"议会大厦应能反映这片土地的特点，"米拉莱斯写道，"大地本身也是建筑材料，是有形的建筑材料。个人对土地的认识应当带上集体意识和情感，我们始终怀着这样的理念展开工作。"从他第一次向唐纳德·杜瓦展示的示意图，一直到议会厅的设计构想（在他的构想中，这是一个"石料砌成的圆形会场，国民在这里聚会，就如身处大地之上，心向自己的国家"），他始终秉承这一理念。

司法听证会一向让人紧张，麦克米兰想要在这样的气氛中表达出这些概念，绝非易事。约翰·坎贝尔（John Campbell）的调查组并没有关注麦克米兰说起建筑时候的热忱，反而问他是否曾去过米拉莱斯在柏林的寓所。麦克米兰答道："我都不知道他在那里有房子。"接着麦克米兰又提起建筑的话题："米拉莱斯有一个很有诗意的想法，他说可以在大楼里设置一个土堤，就像海德公园的演讲角那样，人们可以坐着讨论事情。”

反复询问所留下的笔录上写着麦克米兰停顿了一下，然后直接对着坎贝尔说：“想笑就笑吧，你懂我的意思。这想法特别吸引人，我觉得他身上透着一股激情。也许这么打比方不太对，但这激情与足球比赛确实有点儿像。我们原以为最后五名候选人都有能力造出世界一流的建筑，但在做最后陈述的那一天，米拉莱斯明显更胜一筹。就在那一天，我开始相信米拉莱斯确实比别人要好，比理查德·迈耶、拉菲尔·维诺里[8]、迈克尔·威尔福德[9]还有其他建筑师都要好。”

走过皇家英里大道，穿过荷里路德宫的大门，爬上美丽的索尔兹伯利峭壁，映入眼帘的便是米拉莱斯设计的议会大厦。它矗立在那里，让人觉得无比安逸，浑然天成地融入周边的环境。

议会大厦和其他民主集会场所都需要有非常齐全的功能，就连博物馆或剧院也不能满足这些要求。苏格兰新议会大厦里除了辩论厅外，还有很多必不可少的配套设施，如情报室、休息厅、走廊、会议室等，它们都是这个“政治剧院”的组成部分，让使用这些设施的人将雄心壮志变成现实。这些空间不一定要蕴含什么崇高的意义，玩政治就像是在读电话簿，让人觉得无比乏味，每天都是各种例行讨论和吹毛求疵的办事程序，大部分时间里，人们都是坐在屋里看文件、打电话、查电子邮件，不知道的人还以为这里是电话服务中心。然而米拉莱斯却能在索然无味的材料中创造出一些不同，这才是他设计的真正意义。

伦敦的新市政厅的外观和苏格兰新议会大厦不一样，但也承载着同样的意义。伦敦议会有26名议员和500名工作人员，如果不专门建一座议会大厦，随便找一座没什么象征意义的不知名办公楼都能轻易容纳下这么多人，议会还能赢得清廉的名声，但在普通楼房里办公，必然会让伦敦政府没有存在感，缺乏权威。

伦敦市长肯·利文斯通（Ken Livingstone）的权力中心是市政厅，但其设计的手法却与澳大利亚板球队如出一辙。板球队抛弃了传统的灰色球衣和V领毛衣，换上了明亮的、黄绿相间的睡衣一般的队服。伦敦市政厅也抛却了传统，给自己换上了紫色的地毯和黄色的墙壁，在电视画面上显得很是漂亮，现如今已经成了伦敦最知名的新建筑之一。它的外观像是一个巨大的摩托车头盔，内部设有螺旋式上升的巴洛克坡道，从底层直达建筑顶层。设置这条坡道，是为了凸显象征该建筑核心的辩论厅。当然，这个设计夸张得有些滑稽。伦敦的议员每月只会来这里开一次会，在其他时间里，华丽的辩论厅几乎空无一人，当局偶尔会把它租给市民举办婚礼或演出。

办公室才是真正做事的地方，市长的办公室当然是位于顶层，利文斯通似乎特别敏感，总能感觉到那些没什么意义但却有明显象征性的举动，所以他拒绝了原先分配的办公室，而是要了个比较小的。当选议员都在楼下办公，他们的办公室集中在大楼中央，是一个个带门的隔间，四周带窗户的办公室则让给了秘书人员。

螺旋坡道从辩论厅下方开始盘旋，绕辩论厅一圈，而后继续向上延伸。当然，你也可以沿着坡道上下楼，不过坡道本是为了烘托建筑的氛围，而不是给人走的，设计师还准备了传统的电梯和楼梯方便大家上下楼。

伦敦市政厅努力向世人展现它的内涵，基本上还算表里如一。它看起来很特别。米拉莱斯给爱丁堡打造的议会大厦则更为高明，他

萨达姆·侯赛因的“战争之母”清真寺是大型建筑规划的组成部分，它融合了虔诚和侵略性，巩固了萨达姆在伊拉克的权威地位。（AFP/Getty Images）

希特勒命令阿尔伯特·施佩尔设计帝国总理府，
这么做是为了威慑和打动人心。捷克斯洛伐克
总统被总理府无尽的走廊压迫得心脏病都犯了。
（Heinrich Hoffmann/Hulton Archive/Getty Images）

希特勒在两名建筑师亲信阿尔伯特·施佩尔（右）、赫尔曼·盖斯勒（左二）以及御用雕塑家阿诺·布雷克（左一）的陪伴下，以胜利者的身份参观巴黎。（Copyright © Corbis）

LA DOMENICA DEL CORRIERE

NEL REGNO	ESTERO
Anno . . . . L. 15.-	L. 40.-
Semestre . . . . . . » 8.-	» 21.-

Per le inserzioni rivolgersi all'Amministrazione del *Corriere della Sera* - Via Solferino, 28 - Milano.

Si pubblica a Milano ogni settimana

Supplemento illustrato del "Corriere della Sera"

Uffici del giornale:
Via Solferino, 28 - Milano

Per tutti gli articoli e illustrazioni è riservata la proprietà letteraria e artistica, secondo le leggi e i trattati internazionali.

Anno XXXVII — N. 9 | 3 Marzo 1935 - Anno XIII | Centesimi 30 la copia

Il Duce vibra il primo colpo di piccone per liberare l'area destinata alla Mole Littoria che, fra quattro anni, di fronte alle glorie monumentali dell'Urbe, simboleggerà la potenza dell'Italia fascista. (Disegno di A. Beltrame)

"让丁字镐说话！"墨索里尼由此启动了重建罗马的工程。(Copyright © Stefano Bianchetti/Corbis)

罗马新郊区的EUR是为1942年的世界博览会（因战争取消）而建的，这表明法西斯主义可以采用新古典主义的形式，披上现代主义的外衣。（Copyright © David Lees/Corbis）

丘吉尔艰难地走在国会大厦的废墟上，他沉痛地说道："我们创造了建筑，建筑也塑造了我们。"

（Copyright © Bettmann/Corbis）

伊朗国王也想效仿另一位世俗化统治者凯末尔 · 阿塔图尔克，他试图利用建筑来打造一个强大的、现代化的国家。（Copyright © Bettmann/Corbis）

苏格兰的新议会大厦是开明的现代化国家的标志。但因预算超支太多，它被赋予了其他意味。在它尚未完工之时，苏格兰首席大臣唐纳德·杜瓦和它的建筑师恩瑞克·米拉莱斯便都先后过世。(Ed Jones/AFP/Getty Images)

堪培拉的澳大利亚国家博物馆部分借鉴柏林犹太博物馆的形式，是为了表达其对馆内土著展品的政治态度。（Copyright © Harpur Garden Library/Corbis）

纳尔逊·洛克菲勒将纽约州首府奥尔巴尼改造成了哈德逊河岸边的巴西利亚城，其图纸由洛克菲勒家族御用设计师华莱士·哈里森设计完成，但纳尔逊有自己的想法。(Gjon Mili//Time Life Pictures/Getty Images)

弗朗索瓦·密特朗（左，右为雅克·阿塔利）效仿路易十四和拿破仑三世，打算用一系列新的地标来改造巴黎。（Gabriel Duval/AFP/Getty Images）

菲亚特的掌门人吉安尼 · 阿涅利的遗体安置在原灵格托汽车厂屋顶上的艺术画廊里。这间艺术画廊出自知名建筑师伦佐 · 皮亚诺之手。(Copyright © Reuter Raymond/Corbis Sygma)

伦佐 · 皮亚诺的建筑植根于20世纪60年代的激进主义，但他的客户，不论是吉安尼 · 阿涅利还是艾利 · 布罗德，都持有不一样的价值观。（Copyright © Michael Macor/San Francisco Chronicle/Corbis）

托马斯 · 杰弗逊的圆形大厅证明政治家也可以是建筑师。从总统图书馆看，杰弗逊的继任者们并没有像他那样令人印象深刻。（Copyright © Richard T. Nowitz/Corbis）

菲利普 · 约翰逊被说服设计了加利福尼亚的水晶大教堂。基督教的布道者知道如何吸引信徒。（Copyright © Arcaid/Corbis）

拉菲尔 · 莫内欧设计的天神之后主教座堂是一项雄心勃勃的计划的主要组成部分，该计划旨在为洛杉矶重建一个不朽的市中心。（Copyright © Robert Landau/Corbis）

弗兰克 · 盖里的毕尔巴鄂古根海姆博物馆的特异性激发了世纪之交打造标志性建筑的狂潮。（Copyright © Romain Cintract/Hemis/Corbis）

从阿布扎比酋长国到悉尼，从委内瑞拉到神户，弗兰克·盖里的设计已经成为一座渴望成名的城市的标志。（Copyright © James Leynse/Corbis）

雷姆·库哈斯时常嘲笑当代建筑师的无能，他喜欢拥抱混乱。(Copyright © Miki Kratsman/Corbis)

打造世贸中心，是为了重申曼哈顿作为世界中心的地位，但它的象征价值却让它成为众矢之的。(Copyright © Jeff Albertson/Corbis)

吉隆坡石油双塔。亚洲的大都市喜欢打造高楼，想以此吸引世界的注意力。(Copyright © Paul Gadd/Corbis)

我们驯服了超高建筑，让它们变得更为寻常，把它们变成了日常生活中看不见的背景。图中是云彩掩映下的曼哈顿的天际线。

建筑师们沉醉在高楼的修建之中，亚洲如此，美国如此，欧洲亦如此。伦敦金融街上现代“小黄瓜”与历史悠久的圣安德鲁安德谢夫教堂形成鲜明对比，也正是它点燃了今天伦敦修建摩天大楼的热情。

没有采用诺曼·福斯特的设计手法，而是把巨大的议会大楼分成中等大小的单独部分，让每一部分都融入周边的风景之中。它们顶部敞开，将阳光和风景纳入休息厅和会议室，甚至连辩论厅也是这般设计。在这个设计中，混凝土是完美的雕塑材料，花岗岩、橡木以及钢材则是调色板，任他在此挥洒画笔。议员办公室窗户上交织在一起的木条、拱形顶棚上的一道道沟壑，处处都能看到米拉莱斯挥洒“画笔”的痕迹。

站在人行道上看议会大楼，看的是一种景象，来到大楼内部，你感受到的却是另一番景象。议会大楼实际上是由多座建筑组合而成的。其中最引人注目的是议员办公室所在的楼房，不过它也称不上是办公大楼。这座楼由花岗岩（为照顾民族自豪感，部分花岗岩采自阿伯丁郡，但考虑到经济因素，更多的则购自南非）、橡木以及美国梧桐木构成，里面的空间可以满足129名议员以及工作人员的办公之需。这样的办公楼此前从未有过，它正门朝西，外立面个性十足。和皇家英里大道边上的普通窄巷一样，它也是顺着斜坡地势而建，坡顶部分有四层楼高，坡底位置则增加到六层。

米拉莱斯最不能忍受的便是平庸和乏味，对他而言，工作可不是整天坐在桌子旁边，工作还意味着思考、冥想，意味着你能欣赏到从屋顶上流下来的细雨，意味着你不能总是盯着电脑屏幕。因此，他把议员办公室的屋顶设计成了混凝土拱顶的式样，让人觉得自己仿佛来到了修道院的牢房。办公室里设有飘窗座位，议员们可以爬上圆形的木墩，坐在上面读书或思考，从而暂时远离政治工作的压力。议员们是否会真的这么做，我们不得而知。同样地，我们也无法想象电水壶、海报和奖品这些东西会把承载着政治生活片段的办公室变成什么样子。但不管怎么说，这种设计给议员和职员提供了展现个人风格的空间，在这里，你能够感受到有人曾不辞辛劳为你设计一片个人空间，而不是用天花板、地板和墙壁随便拼一块空间给你。

办公楼的西立面是石砌墙面，一个个不规则的开口就像洞穴一般嵌在墙上，那便是藏在厚厚的墙体里的飘窗座位。这座大楼与昆斯伯里宫呈直角，后者始建于1667年，在一代代占领者的破坏之下，人们甚至都认不出它原先的样子了。修建议会大厦时，昆斯伯里宫里面已经破坏殆尽，米拉莱斯的构想就是在它残存的外壳里面打造新的空间，以让这座古建焕发新生。议会议长及其手下便在这里办公，唐纳德·杜瓦图书馆也设置在这里。这座楼一层有走廊连接苏格兰议会成员所在的办公楼及辩论厅。走廊屋顶的构造也很不一般，米拉莱斯用树图勾勒出来的远景在此化为现实。细密的玻璃天窗让建筑内外都有了如画的风景。米拉莱斯如此精心的设计，即便不能让议员们友好相处，至少也为他们的相遇创造了一片迷人的空间。在他的构想中，阳光可以照射进辩论厅，从里面往外看，首先瞥见的便是亚瑟王座的陡坡。媒体顾问曾试图将辩论厅设计成电视演播室的样子，好在这个企图没有实现。山顶老议会大厦的托臂梁屋顶给了米拉莱斯一些灵感，他以此为依据设计出了极为复杂的木屋顶。

米拉莱斯最妙的一步棋便是模糊了辩论厅的地位，辩论厅是建筑的核心部分，但它并没有迫不及待地凸显自己的这一地位。它只是整个建筑群的组成部分，你得颇费一番功夫才能找到它，因为议会处理事务时，辩论厅的使用频率实际上并不会比其他六个会议室（即辩论厅后面的塔楼群）、皇家英里大道上新闻大厦里的电视演播室、连接辩论厅与议员办公楼的走廊、连接辩论厅与昆斯伯里宫行政部门的走廊等地方高出多少。

苏格兰议会大厦诞生于20世纪，那个年代充满了太多需要解释的误解，所以这座建筑也带着一种展现自我的感觉。在一片由绿色草甸构成的风景中，用混凝土和石料打造的立面拔地而起，形成了议会大厦引人注目的入口。靠近索尔兹伯利峭壁的一侧设有公共休息厅，普通人也可以来这里感受一番苏格兰的民主，人们还可以随意逛逛展览区、教室和咖啡馆，这便是议院亲民的一面。

恩瑞克·米拉莱斯从不肯一下子拿出所有的底牌，他只会默默地暗示、谋划、构想，而不是向人们直接描绘议会大厦的设计。他传神的图纸和抽象的拼贴画让人不明所以，它们像是从景观中喷发出来的有机组织，但这些组织并不能完全构成一座建筑。直到今天，我们才能理解米拉莱斯的想法，这一点有力地证明了他在建筑方面的才华。

米拉莱斯称得上保守的建筑师，他的作品充满了象征意味和具象特征。他的理念非常浪漫，如果他还活着，可能会鼓励人们去探索这些问题。当他去世时，他的职业生涯也在45岁这一年被残酷地缩短了，当时的他距离世界建筑大师的地位仅有一步之遥，可他却没有等到爱丁堡议会大厦完工的这一天，没能等它向世人证明一点：米拉莱斯给我们带来的作品远超他的承诺。

议会大厦堪称高定版的建筑，所有的门、把手、窗户、灯饰都经过了精心设计，工程建造难度不下于西班牙的高迪大教堂。走在米拉莱斯设计的空间里，你只觉得满心惊喜，禁不住要抬头看天，或是想要透过议会大厦去看看远处的风景。

要说荷里路德宫有什么意义，那还得看25年甚至100年以后它的价值。议会大厦想要证明自己的建筑价值，那它就得发挥一些作用，让民主体制中主导政治生活的那些人不要那么暴躁、疲惫和情绪化，让那些爱出风头、一心钻营、激昂冲动或顽固守旧的人做出一些改变，也让那些理想主义者和喜欢自我牺牲的人做事理智一些，让这些人能多想想自己所代表的国家和文明生活的基本要素。工程造价能省一些吗？当然可以。这样做划算吗？不划算！你有没有想过，外面山坡上的绿色美景价值几何？当年的统治者背着爱丁堡民众签下了《联合法案》，而今天人们却能把唐纳德·杜瓦图书馆设在当年签下法案的贵族宫殿里，这种历史的传承感又价值几何？

最后，爱丁堡议会大厦的故事告诉我们，所谓历史的必然性是不存在的。从很多角度来看，唐纳德·杜瓦绝非一心追求纪念碑式建筑的政治家，他是一名禁欲主义者，而且作为一名律师出身的政治家，他相当淡泊名利。这样的人绝不会沉醉在艺术美学里面，对建筑师也时刻保持怀疑的态度。但他一旦涉足建筑，便很快明白了建筑世界的特点，明白如何利用它们来实现自己的目的。这样一来，他就能打造出真正高品质的建筑，同时还能让建筑服务于自己心中的国家建设目标。小国家喜欢采用富有创造天赋的建筑师，这些国家不在乎他们来自何方，只要他们建造的建筑能带有这个国家的特色，能用令人难忘的方式深刻地展现这个国家的自信，能让国家形象显得不那么狭隘，这就可以了。全世界都普遍认为不管是哪一种文化，不管是电影、艺术、文学、体育还是音乐，都能体现一个国家的形象，但建筑却是最为抢眼、最为有力的表现形式，因为我们可以通过建筑打造可靠的国家机构。

国会大厦这类建筑承载的感情当然是最为丰富的，但蕴含复杂政治内涵的建筑并非只有这一种。不论是大使馆还是法院，不论是警察局还是博物馆，每一座国家建筑都有其政治意义。

澳大利亚建国100周年之际，总理约翰·霍华德(John Howard)宣布堪培拉的新国家博物馆落成开放。虽然这座建筑的初衷是展示澳洲的文化特性，但从这个工程中，我们还是可以看到一座彰显身份认同的建筑会招致何等复杂的评价。在这个博物馆里，有澳大利亚板球英雄唐纳德·布莱德曼(Donald Bradman)的板球拍，还有当年运载着澳大利亚第一个流动电影站到内陆地区巡映的货车。看到这些，想必没有人会相信这座博物馆是不带有政治目的，只是为庆祝国家诞生100周年而建的吧。不管是博物馆的建筑结构还是里面陈列的展品，都没有回避当初土著居民惨遭杀害的血腥历史。在这里，你可以看到殖民者屠勠塔斯曼尼亚岛土著时杀害妇女和儿童用的手枪与铁棍。这一切都是以庆祝澳大利亚建国的名义出现的，而其幕后黑手是保守派的政府。

比起展品，更有争议的还是建筑本身。来自墨尔本的建筑师艾西顿·雷加特·麦克杜加尔(Ashton Raggatt McDougall)将纪念澳洲土著的展区打造成了丹尼尔·里伯斯金为柏林建造的犹太人历史博物馆的模样，只不过规模比后者略小，使用的材料也不一样罢了。展区的墙体采用黑色混凝土建成，墙面有点褶皱，看起来像是橡胶材料，与里伯斯金使用的锌板墙面不一样。但是展区的平面图与里伯斯金的设计完全一样，就像是把大卫五角星打碎而创造的闪电形状。里伯斯金非常生气，说该博物馆是“可怕而庸俗的剽窃品”。不过在博物馆的设计总监霍华德·雷加特(Howard Raggatt)看来，这不算剽窃，只能算是“引用”而已，他觉得这么做没什么问题，其目的是呈现澳洲土著在面对殖民者的伤害时所面临的悲惨境地，并与犹太人惨遭屠杀的命运形成强烈的类比，该设计一针见血地揭露了澳大利亚白人是如何残害土著的。正因为这种类比，澳大利亚政府中一些偏保守官员对雷加特万分反感，那种厌恶之情甚至超过了痛恨。毕竟在这个国家里，总理约翰·霍华德曾拒绝代表澳大利亚白人为当年迫害土著居民的行为道歉呢！

从另外一角度来看，博物馆的设计也体现了澳大利亚白人微妙的做法，他们表面上颇为老练地忏悔历史，实际上却是在表现自己高人一等的道德感。博物馆用了很多手段来体现建筑的重要性。不过，重要的不是建筑外形，而是建筑传递的信息。博物馆坐落在堪培拉核心区域，就像国会大厦屋顶上高高的旗杆那般巍然耸立，俯瞰着伯利·格里芬湖（Lake Burley Griffin）。博物馆就像是一根飘带，沿着湖边延伸开去，在拐弯处折回，圈成了一片花园，建筑师们将之称为“澳洲梦”。博物馆内有一幅破旧的澳大利亚地图，上面密密麻麻标注着屠杀地点和战场位置。

这座博物馆的灵感之源并非只有里伯斯金的犹太人历史博物馆，它的建筑由好几部分构成，各个部分浑然天成地连接在一起，衔接处也犹如电脑模拟出来的一般流畅。它“引用”的创意很多，这些创意结合在一起传递出了一个信息：澳大利亚建造的不是一座纪念社会历史的博物馆，而是一座代表国家建筑的博物馆。博物馆楼群中有一部分是仿造勒·柯布西耶的萨伏伊别墅而建，只是把原别墅光滑的白墙换成了粗糙的黑墙，外立面设计跟原设计也是左右相反，看起来就是原别墅的镜像。霍华德·雷加特在一次谈话中透露，这个设计体现了澳大利亚的文化自卑感，而澳大利亚一直想要摆脱这种感觉。作为殖民国家，澳大利亚的文化都是舶来品，在引进时总会出现一些不太严重但也让人颇感尴尬的偏差，而这座博物馆就是建筑领域中澳大利亚殖民地身份的象征。当萨伏伊别墅的图片第一次出现在澳大利亚的杂志上时，图片就已经印反了，雷加特说人们根本就没注意到这一点。澳大利亚人从地球的另一边得到启发，明白自己该打造什么建筑，但他们见识太过短浅，连借用都做不好。

国会大厦就在距离博物馆不远处，它的外立面上有一处平整的墙面被刷成鲜红色，显得特别突出，这便是澳大利亚土著研究院的所在地，它隔着广阔的草坪遥望对面的国家博物馆。在设计博物馆中间的入口大厅时，雷加特煞费苦心地采用悉尼歌剧院棕色玻璃和窗棂设计，又一次体现了澳大利亚建筑符号的双重含义。悉尼歌剧院出自一个澳大利亚建筑师团队，当年来自欧洲的建筑师约恩・乌松(Jorn Utzon)被排外分子贴上"庸人"的屈辱标签赶出了澳大利亚，这个建筑师团队便受命接手了该工程。雷加特的"引用"让人不由想起这个设计背后的野蛮和残忍，除此之外，博物馆里还能看到詹姆斯・史特林(James Stirling)给斯图加特设计的国家美术馆的影子，以及阿尔多・罗西[10]建筑风格的痕迹。

也许有人会将博物馆视为高雅版的拉斯维加斯赌场之类的主题建筑，但事实并非如此。雷加特设计的博物馆就像是一本书，只不过大多数人都看不懂它的语言罢了。雷加特并不满足于把建筑当作象征语言，他甚至还给建筑附上了另外一种文字语言，不过这层语言依然是那么难懂。博物馆的铝质墙面上装饰着规则的坑状纹理，那是巨大的盲文。普通游客一般看不懂这些文字，而懂得盲文的盲人游客又摸不到它们。雷加特却很乐意给人解释这些文字的意思，他会指着墙上的一行字说这里写的是“我的邻居是谁”，然后指着另一行字翻译说“一切都会好的，伙计”。除了语言之外，博物馆的颜色也颇有深意。博物馆的部分外墙被涂成了黑色和红色，代表原住民的旗帜颜色，还有一些则被刷成了浅黄色和蓝色，这是澳大利亚流放地早期罪犯的囚衣的颜色。

参观这座国家博物馆时，如果你只是想体验一下，不理会它的理性含义，那很容易，但要按照建筑师的方式来理解它，那就不太容易了。这里没有解释所有含义的罗塞塔石碑，有的只是一些或直白或晦涩的暗示。这是一座充斥着智慧和怒火的建筑，它雄心勃勃，不仅想要重新定义澳大利亚的自我意识，还想重新定义建筑的地位。只是正因为它怒火太盛，所以政府才不愿将它视为澳大利亚多样化文化的代表。建筑师们尽了最大的努力，把它打造成独立的建筑。澳大利亚政府希望它能成为国家形象的一部分，但雷加特的设计却击碎了这个愿望。博物馆与国家的关系是如此尴尬，联邦政府甚至把庭院景观改造成更为传统（或者更不具挑衅意味）的澳大利亚花园。

1 保罗·安德鲁（Paul Andreu, 1938—2018），法国著名建筑师，其作品包括法国戴高乐机场、埃及开罗机场、日本大阪关西机场、中国上海浦东国际机场以及北京的国家大剧院等。

2 帕斯卡尔·马拉加尔（Pasqual Maragall, 1941— ），西班牙政治家，曾任巴塞罗那市长。

3 阿尔瓦罗·西扎（Alvaro Siza, 1933— ），葡萄牙著名建筑师，其作品遍及欧洲各地，曾获得欧洲建筑奖、普利兹克建筑奖、哈佛城市设计奖等一系列建筑界重要奖项。

4 坂茂（Shigeru Ban, 1957— ），日本建筑师，是当今国际上最受瞩目的中生代建筑师之一。其最大特色是“纸建筑”。他被称为材料大王、绿色建筑师、人道主义建筑师，荣获2014年普利兹克建筑奖。

5 莫瑟·撒夫迪（Moshe Safdie, 1938— ），加拿大籍以色列裔建筑师、理论家和教育家，创作出了无数被建筑学界争相讨论的设计。其中最具代表性的建筑包括：加拿大国立美术馆、新加坡滨海湾金沙酒店、新加坡樟宜机场等，重庆来福士广场也是撒夫迪的作品。

6 奈杰尔·科茨（Nigel Coates, 1949— ），伦敦非常著名的跨界设计师，集建筑师、作家、室内设计、展览设计等身份于一身，他的著作《叙事建筑学》创造了独特的视角，同时他还是一位高产的产品和家具设计师。

7 恩瑞克·米拉莱斯（Enric Miralles, 1955—2000），西班牙天才建筑师，被视为建筑业的“顽童”，曾荣获1995年西班牙国家建筑奖、1996年第六届威尼斯建筑双年展金狮奖以及2002年由加泰罗尼亚建筑师协会授予的金奖。

8 拉菲尔·维诺里（Raphael Vinoly, 1944— ），美籍阿根廷裔建筑师，被称为“现代主义者的古典建筑师”，精于为各类复杂的项目创造性地提出最适宜的解决方案，代表作品包括日本东京国际会议中心、美国米高梅中心Vdara酒店综合体等。

9 迈克尔·威尔福德（Michael Wilford, 1938— ），英国建筑师，柏林的英国大使馆就是出自他之手。

10 阿尔多·罗西（Aldo Rossi, 1931—1997），意大利建筑师和设计师，后现代主义运动的主要倡导者之一，第一个获得普利兹克建筑奖的意大利人。在建筑理论、绘画和设计以及产品设计等领域获得了国际认可。

The Uses of Marble 大理石的运用

建筑本身是目的，而不是手段。

曾几何时，美国人认为《时代周刊》杂志拥有绝对的权威，可以决定哪些人物登上杂志封面，至少杂志的读者是这么认为的。在这些人眼中，华莱士·哈里森[1]是20世纪最伟大的建筑师之一。他在漫长的争夺战中，力压勒·柯布西耶，获得了设计联合国总部大厦（这大约是20世纪最伟大的建筑作品）的机会，从而荣登世界顶级建筑师之列。能获此殊荣，与其说是因为他的设计天赋，不如说是因为他的沉默寡言和务实内省的精神，但不管怎么说，这都是一项令人瞩目的成就。当然，他也抓住了每一次打造大规模、高成本的醒目建筑的机会，展现了自己非凡的建筑技能。1939年，哈里森参与了纽约世界博览会的设计。当时斯大林的建筑师们正忙着借鉴纽约摩天大楼的风格，忙着给自己套上社会主义现实主义的外衣时，哈里森已经开始关注建构主义的空间艺术，希望为这场庆祝资本主义胜利的展览增添一点儿进步的色彩。哈里森还给纽约法拉盛草地公园（Flushing Meadow）设计了一座地标，它明显借鉴了20年前梅尔尼科夫（Melnikov）的画作。此外，哈里森还在拉瓜迪亚建起了纽约第一座现代化航站楼，建在哈德逊河岸边垃圾填埋场上的炮台公园城的初期规划也是由哈里森负责的。他还设计了几处极为重要的美国地标，如兰利的CIA总部大楼等。

更为重要的是，在哈里森的整个职业生涯中，他差不多一直是洛克菲勒家族的御用建筑师，服务了几代洛克菲勒家族成员。有趣的是，洛克菲勒家族的父子叔伯兄弟的名字都很相像，一不小心就会搞混。20世纪30年代，小约翰·D．洛克菲勒（John D. Rockefeller Jr.）的洛克菲勒中心顺利竣工，哈里森便是其设计团队中的一员。25年后，他又带领着一群个性乖张的建筑师为约翰·D．洛克菲勒三世（John D. Rockefeller III）设计林肯中心。后来这两项工程都被列入奠定现代纽约都市风貌的“三大工程”。哈里森还为劳伦斯·洛克菲勒(Laurance Rockefeller)重建了布朗克斯动物园，他甚至和大卫·洛克菲勒(David Rockefeller)也是好朋友，但最重要的是，他还是纳尔逊·洛克菲勒(Nelson Rockefeller)的建筑师。作家维多利亚·纽豪斯(Victoria Newhouse)曾在为哈里森撰写的传记中深入探讨了二人的关系，她认为这种关系让哈里森受益匪浅。

1934年，哈里森为纳尔逊·洛克菲勒设计了第五大道上的一栋公寓楼，他特别邀请费尔南德·莱格[2]为公寓绘制了壁画。以这个项目为起点，哈里森与纳尔逊开始了长期合作。40年后，哈里森依然服务于洛克菲勒家族，在纳尔逊担任纽约州州长时，哈里森设计了奥尔巴尼的议会大厦，这也是华盛顿以外美国有史以来最雄心勃勃的政府建筑群。奥尔巴尼项目，是打造哈德逊流域的巴西利亚的一种尝试，你甚至可以说它那人工堆成的山丘、绕广场而建的金字塔状办公大楼，就像是从尤卡坦半岛丛林里移植过来的现代玛雅城邦。这种建筑极为突出地反映了美国政客身上普遍存在的一种现象：在建筑过程中寻求快乐和慰藉。

哈里森特别擅长经营人际关系，甚至在见到洛克菲勒家族成员之前，他便已经把纳尔逊变成了能够为自己提供“与大人物共事，一起修建漂亮建筑的机会”的人。他结交了很多“有用”的朋友，美国无线电公司(RCA)的一位高层人士在与他共进晚餐后，便签约成了洛克菲勒中心的长期租户，罗伯特·摩西[3]也邀请哈里森参与策划纽约的两次世博会。在唐纳德·特朗普发家之前，纽约最浮夸的房地产开发商是威廉·泽肯多夫(William Zeckendorf)，在把贝聿铭变成他的私人建筑师之前，他也是哈里森的好朋友。

但对哈里森而言，最重要的朋友还是纳尔逊·洛克菲勒。这位洛克菲勒家族最为专制的暴君刚走出校门不久，便在一个早晨来到洛克菲勒中心的市场营销部，向哈里森询问建筑细节，对于这个由他父亲发起的工程，他关心的不仅仅是工程的财务状况和工程技术，他对工程的建设过程也很感兴趣。虽然哈里森行事也颇有贵族之风，但刚毕业时，他只是一个为承包商打杂的人。后来，他又服了兵役，且在巴黎美术学院度过了一段时间，这些经历给了他很多自信，让他在年轻人眼中充满吸引力，这也帮他拿下了洛克菲勒的设计任务。“对于一名建筑师来说，拿下这项任务就像随手接过来一个糖霜酥饼，一点儿也不费力就到手了。”哈里森后来如此说道。

纳尔逊在委内瑞拉购入了大片土地，他在这里手握大权，就像是美国派驻委内瑞拉的总督一样。哈里森跟着他来到这里，为这里建造了第一座现代化酒店。后来纳尔逊转战华盛顿，竞争美洲事务局（Coordination Bureau for Inter-American Affairs）局长一职，哈里森也是一路跟随，成为该机构文化项目的负责人，并因此放弃了几年建筑事业。哈里森可以使用纳尔逊在曼哈顿的公寓，洛克菲勒家族还把缅因州洛克菲勒度假区的一块地送给了他，足够他修建一栋别墅。甚至有一回哈里森的女儿生病了，也是由洛克菲勒信托基金机构代为照顾的。哈里森还至少是三个洛克菲勒文化领地的托管人，即纽约现代艺术博物馆、威廉斯堡殖民地和原始艺术博物馆。

刚成立不久的联合国开始找地方修建总部大厦，哈里森终于迎来了人生中最重要的时刻。当时，西海岸的旧金山和东海岸的一系列地方都在联合国的考虑范围之内。对于纽约的权贵来说，借机把自己的城市变成“世界之都”，这个诱惑太大了，绝不容错过。在帮助纽约争夺这个机会的过程中，有三个人居功甚伟，而哈里森则是联系这三者的纽带。这三人如此卖力，动机各不相同。罗伯特·摩西希望能把联合国总部建在法拉盛草地公园的世博会遗址上，以使自己二十年前的作品重新焕发生机。纳尔逊和威廉·泽肯多夫得知联合国秘书长不愿意选择郊区，出于个人利益的考虑，他们力荐曼哈顿。如果联合国落户纽约，不仅会带来无形的好处，让市民引以为豪，也能提升他们的土地价值。

哈里森和泽肯多夫一起订下了投机计划，提出要将东河沿岸的老屠宰场改为大型居住区和商业区，人们很快便知道这里是联合国总部的待选地址之一。纳尔逊劝父亲拿出850万美元从泽肯多夫手中买下此块地，并将地皮捐赠给了联合国，这笔交易便是通过哈里森牵线搭桥完成的。

攒下了这么多的政治和经济资本，哈里森迟早会把建造秘书处和联合国总部大厦的任务收入囊中。但是当时的秘书长指派了一群建筑师参与设计，这些来自世界各地的建筑师脾气都不太好，其中包括奥斯卡·尼迈耶和戈登·邦夏(Gordon Bunshaft)。面对这样一群人，哈里森的日子并不好过，有一次，勒·柯布西耶甚至当着合作者的面大发雷霆，他一把撕掉了工作室墙上的其他图纸，只留下自己的设计，这让其他人目瞪口呆。哈里森背后有洛克菲勒家族撑腰，所以显得底气十足，他只要满足了联合国的技术要求和财政预算就好。

哈里森的年龄越来越大，纳尔逊·洛克菲勒也变得越发专横、固执己见，两人的友情渐渐地变质了。哈里森也变得和前辈施佩尔一样，只能用自己的作品去迎合赞助商的想法。用哈里森的搭档马克斯·阿布拉莫维茨(Max Abramowitz)的话说："对于华莱士·哈里森而言，可以跟纳尔逊说不，是一件值得骄傲的事情，但这个权力渐渐消失了，纳尔逊怎么说，他就只能照做。”洛克菲勒中心大部分的租户都是哈里森介绍来的，联合国总部的大片土地也是在他的帮助下从泽肯多夫手中买下来的，那时候，他掌握着其他建筑师梦寐以求的权力。对于建筑师而言，要想在与客户的较量中获胜，按自己的心意设计建筑，只能依赖自己的人格魅力和艺术天赋。凭借着自己的人脉，哈里森有了更多的筹码，让他有更多的资本去说服别人，有能力塑造自己的建筑，但他在奥尔巴尼项目上却碰了壁。时任州长的纳尔逊手握着驯服的政府机器，他决心发起一次伟大的运动，他大言不惭地说要将哈德逊流域上寂寂无闻的小城改造成“世界上最美丽、最高效、最令人兴奋的首都”。任何选民都动摇不了他的决心，更不用说他手下那些言听计从的设计师。

若非家族反对，纳尔逊·洛克菲勒或许可以成为一名建筑师。纳尔逊曾带哈里森去缅因州的家族度假区视察一处建造别墅的场地，维多利亚·纽豪斯在书中这么描绘当时的场景：纳尔逊·洛克菲勒徒手将两根木杆用力插入地下，说他心中的观景窗必须得设在这个位置上。

在纳尔逊·洛克菲勒担任州长时，纽约州成了建筑的忠实支持者，后来的理查德·迈耶也正是得益于此，才得到了设计人生第一栋市政建筑（即布朗克斯发展中心）的机会。从奥尔巴尼项目看，纳尔逊算不上特别高明的建筑师。在设计洛克菲勒别墅时，哈里森尚能起主导作用，但他在奥尔巴尼项目中的话语权就没有那么大了，可以说，奥尔巴尼是纳尔逊·洛克菲勒打造个人地标愿望的产物，也是哈里森的建筑设计作品。

纳尔逊·洛克菲勒担任过4任州长。1958年，第一个州长任期刚过一半，他便开始策划在奥尔巴尼打造一座纪念碑式的新政务中心。这个计划让人心生不安，因为这与其他独裁者野心勃勃打造都城的做法有点相似，只不过该计划没有隐藏什么意识形态，只是带着一点儿共和党派自由主义的色彩。为该项目设计的大模型填满了几间屋子，大片的建筑也因此被拆除，但项目发起者只是沉醉于制定决策和规划的享受中，对拆迁户的命运毫无关心。纳尔逊的弟弟戴维(David)在大力推行世贸中心的计划时也是同样做派，为了修建该项目，他拆除了大量的小商铺，牺牲了整条街的电器生意。戴维当时也得到了纳尔逊的支持，纳尔逊以州长的身份保证有1000名政府公务员会成为双子塔的租户。

重建奥尔巴尼的计划开启之后，纳尔逊并没有放弃当美国总统的梦想，并坚信自己能成功。8年后，耗资10亿美元的奥尔巴尼终于建成，可纳尔逊的政治生涯早已经结束了。他将纽约州北部的奥尔巴尼打造成了自己帝国的首都，他本想通过此项目成为享誉全国的人物，但这里最后却成了他的精神慰藉，面对可望而不可即的总统宝座，纳尔逊也只能在这里寻求安慰了。纳尔逊最后离开纽约州首府，为任期将满的杰拉尔德·福特(Gerald Ford)总统担任副职，那时他便已放下了政治雄心，福特竞选连任(当然，这次尝试以失败告终)时，纳尔逊也不是核心成员。

建造奥尔巴尼一直是纳尔逊的一个执念，在此过程中，他神经质地关注着每一个细节，甚至连所有的花盆、电灯开关、门把手都要亲自把关，每一张设计图都要他亲自审核。其实很多专横的商人都同样醉心建筑。例如，迪士尼执行总裁迈克尔·埃斯纳(Michael Eisner)就很喜欢对负责设计欧洲迪士尼的建筑师指手画脚，最终导致阿尔多·罗西(Aldo Rossi)甩手不干了。后来罗西给埃斯纳写了一封信，他说上一位在巴黎工作的意大利建筑师是服侍法国国王的贝尼尼(Bernini)，自己显然不是贝尼尼，但不幸的是，埃斯纳好像把自己当成法国国王了。为了打造出足够大、足够了不起的政务中心，纳尔逊不惜用尽恐吓、胁迫、贿赂等一切能用的手段，以求把所有的政府机关、组织机构和官方机构都迁入自己的“卫城”。在这个政务中心里，众多的科学实验室、艺术画廊、会议中心、会堂以及数不清的办公室混杂在一起。实际上他并不关心这些机构是干什么的，只要它们能搬进来，能填满这片空间就行。

纳尔逊一心想要打造自己的纪念碑，他坚持要同时修建几个主体工程，以免这项工程因为未来州长的反对而半途而废。在这片约40万平方米的建筑工地上，一次性涌入了2500名工人，工地上一片混乱，费用严重超支。为了给这个疯狂的建筑运动找个合理的托词，纳尔逊宣称这一切全是为了改造城市。纳尔逊说，贫民窟都快要淹没州府的大门了，奥尔巴尼市中心面临着被贫民窟吞没的危险。而实际上，为了腾出土地修建这一工程，6000多人失去了他们舒适的住宅，一个稳定的中产阶级社区惨遭拆毁。若要说这项工程改变了什么的话，那便是让脆弱的城市中心陷入了更为艰难的境地。纳尔逊承诺会为拆迁户提供900套平价房屋，还会为老年人修建一个住宅区。

1962年年底，哈里森的模型终于掀开了面纱，当时的规划确实包括一些为老年人设计的低层楼房，就设在政务中心的南面。但州长觉得它太过碍眼，会阻挡政务中心的视线。“这些建筑太大了，沃里，你不觉得吗？”纳尔逊担心隔壁居民楼里的凡夫俗子会削弱政务中心的威严，让它变得不那么纯粹。亲历者称，纳尔逊当时十分生气，他扔掉了一个模型街区，然后才让记者们进入屋内采访。

尽管重建工程花的是纳税人的钱，但纽约州和奥尔巴尼市的公民在这个项目上都没什么发言权。如果想要让州政府出钱，纳尔逊就需要选民对该计划进行投票表决。但他没有这么做，而是让城市发行债券筹集资金，所以也就不需要征得选民的同意。奥尔巴尼市市长让州政府代管这项工程，并将钱款交给了纳尔逊。从那时起，纳尔逊就仿佛成了18世纪的英国地主，他把重建城市的项目当成了给自己的宅子扩建厢房，指手画脚地监督着一系列没有意义的事情。按照纳尔逊的想法，哈里森设计政务中心时，要在横跨浅谷的地方设计一个人工堆起的高地。这个奇怪的构想有点儿像拉萨的布达拉宫。据哈里森说，纳尔逊曾说他想用一堵南北走向的巨墙切断山谷，因为他曾在西藏看到过类似的建筑，他希望能将政务中心与居民社区分隔开来。如此一来，他便可以从山顶的政务中心饱览山下风光，这样不仅能欣赏到巨墙的美景，还能将议会大厦尽收眼底。这是他一直追求的目标之一。政务中心是民主政府的象征，如果为官僚专门打造一个上城，让他们居高临下地俯视矮小简陋的下城和支撑起他们的民众，这做法实在是欠妥。然而在20世纪六七十年代的社会动荡时期，这种做法却十分符合充斥整个美国的政治妄想症（就连纳尔逊这样的自由派共和党人也不能免俗），混乱的局面让人觉得不论是在法庭上、大学里，还是在立法机构中，政府权力无不饱受攻击。当年，时任州长的纳尔逊下令纽约州骑警进驻阿提卡监狱，以最残酷的方式镇压了一场监狱暴乱，最终导致10名人质与29名罪犯死亡。政务中心广场四周高墙林立，一切可能有损其身份的贫民区都被隔绝在外，好像时刻准备着应对可能发生的暴动。

哈里森在奥尔巴尼的高地上面设计了一个倒影池，有点儿像是刻意模仿华盛顿国会大厦的设计。倒影池一边的办公大楼高达40层，远超市内的其他建筑，办公大楼旁边是一个礼堂。倒影池的另一边矗立着四座略矮一些的大楼，但也极为宏伟，这些大楼独特的倒角造型便是来自纳尔逊的创意。

纳尔逊认为配得上奥尔巴尼的只有大理石，所以他无视哈里森的建议，坚持用两种纯白的石料：佛蒙特州珍珠白和佐治亚州的切诺基白，打造建筑的外墙。这两种材料看起来更像塑料而不是大理石，用它们打造出来的建筑不像是建筑，更像是膨胀成建筑大小的模型。礼堂是一个椭圆形的建筑，下方支着两条粗短的腿，入口极为不雅地嵌在两条短腿之间，礼堂也因此被称为“巨蛋”。建成这个样子，也是州长直接干预的结果。据说，有一天，在与哈里森共进午餐时，纳尔逊随手拿起一个葡萄柚，将它支在银质餐具上，对哈里森说：“就按这个样子设计。”

在启动奥尔巴尼重建计划之前，纳尔逊应该看过奥斯卡・尼迈耶为巴西利亚设计的国会大厦。和奥尔巴尼一样，这个当时已面世两年的建筑也建在巨大的高台之上，高台两侧分别是一个正扣和一个反扣的碗形屋顶（下面是会议厅），它们通过高台与两座办公大楼连在一起，这个设计与尼迈耶参与设计的联合国广场遥相呼应。巴西总统儒塞利诺・库比契克和纳尔逊不一样，他没有那么多时间来打造自己的建筑，因为宪法规定他的总统任期只有5年，因此跟纳尔逊相比，他推行建筑计划的手段更雷厉风行。

纳尔逊州长不仅对建筑的整体结构感兴趣，他对建筑细节也十分关心。有一天，纳尔逊在观看建筑模型的时候突然心生一计，觉得应该给它添加一些大胆而抽象的几何元素，让它与颇具法国文艺复兴时期华丽风格的原州府大楼相称，并提出了打造“自由之拱”(freedom arch)的想法。哈里森设计打造了一个扁平的椭圆形拱门，其外形与墨索里尼在修建EUR时提出构想，最后由埃罗·沙里宁(Eero Saarinen)在圣路易斯打造出来的弧形拱门很像，但由于预算严重超支，这个设想只能搁浅。

随着工程的推进，哈里森也已垂垂老矣，他似乎对很多事情失去了激情，只欣赏自己年轻时大胆而简单的大型作品。带着这种怀旧之情，再加上长达30年的建筑工期，他的作品还没完工便已显得十分老气。与巴西利亚相比，奥尔巴尼就像阅兵场一般刻板，带着形式主义的笨拙感，不像一般的城市那样充满生机。作为一项社会实验，它看起来更不合时宜。20世纪60年代，美国城市陷入低谷，人们普遍充满怀疑与悲观，对洛克菲勒中心的未来，人们无法也无心保持天真乐观的心态。等到这个工程终于完成时，洛克菲勒中心已经变成了历史遗留下来的怪胎，成了僵化过时作品，就像是一架顶着涡轮螺旋桨的飞机想要在喷气机时代一展身手那般可笑，在它薄薄的现代主义外衣下，人们清楚地看到它自恋的初衷。它看起来不像真实世界的建筑，也不像现代城市的建筑，更像是科幻杂志上青少年的幻想。

到最后，谁也搞不清打造这个工程到底是为了什么。纽约人对纽约州普遍缺乏认同感，他们想要的是实实在在的城市，对他们来说，城市本身比它所代表的象征意义更为重要，即便成功打造出了规模庞大的政务中心奥尔巴尼，也无法改变这一点。巴西利亚的情况则完全不同，早在1891年，将政府所在地迁出里约热内卢便已写进了巴西第一部共和国宪法，儒塞利诺·库比契克在参加1955年的竞选时，便已下定决心要打造一个新的首都，并将建设新首都视为自己任期内的主要任务。尽管立法机构成员反对迁都，尽管工程耗资甚巨，尽管在远离城市中心之处还隐藏着一片片的棚户区，但在国人心中，新首都依然是个宏伟的国家建筑。官方承诺说迁都可以帮助巴西摆脱后殖民时代停滞不前的状态，把巴西带到第一世界的边缘。新首都的确对巴西乃至全世界产生了巨大的影响。相比之下，纳尔逊的纪念碑式楼群还不到25年便已过时了，为了能超越国内其他“先进城市”，奥尔巴尼不得不打造新的建筑。

对哈里森而言，奥尔巴尼是他职业生涯的一个悲情结局；对曾经十分渴望总统宝座的绅士纳尔逊而言，它更是一个尖锐的讽刺。纳尔逊倾尽一切，只为了让人铭记他建筑大师和政治家的身份，可惜在他的一生中，只有两件事让人记忆深刻：一是把画家迭戈·里维拉(Diego Rivera)从梯子上叫下来，让迭戈把列宁加入洛克菲勒中心的壁画里，在人们心中，这便是他为20世纪文化史所做的最大贡献；二是他死于心脏病，而且是死在了小情人的怀中。

哈里森比纳尔逊长寿，所以他决心再找一个新客户，一个比纳尔逊·洛克菲勒更热衷于将建筑视为政治工具的独裁者，这个客户便是伊朗巴列维王朝的国王。国王对民主政府不屑一顾，甚至连表面文章都不愿意做，他只想紧紧握住权力不放手，不过他却比纳尔逊败得更彻底。哈里森人生中最后一个竞标作品是巴列维图书馆，这件作品不仅仅是为了纪念伊朗国王心中的世俗国家，也是伊朗国王为自己打造的纪念碑。

如果有选择的话，法国著名政论家、经济学家雅克·阿塔利(Jacques Attali)肯定愿意为刚刚成立的欧洲复兴开发银行(简称欧洲银行)打造一座全新的总部大厦。理想的大厦应该建在离荣军院不远的地方，可以仿造马歇·布劳耶(Marcel Breuer)设计的联合国教科文组织(UNESCO)总部大楼的样子，最好是由日本政府出资，再请日裔美籍雕塑家野口勇(Noguchi)给它设计个花园，外墙应该请人喷上西班牙画家毕加索(Picasso)和美国著名雕塑家亚历山大·考尔德(Alexander Calder)的壁画，但要比原画更大幅、更清晰。如有必要，也可以建一座雕塑质感的建筑，样子可以模仿奥斯卡·尼迈耶设计的法国共产党总部大厦。虽然这座大厦建在了工人阶级聚集的巴黎郊区，“格调”有点儿不高，但也能接受。

阿塔利必定会找一个最显眼的地方打造欧洲银行大厦，比如要像法国财政部大厦那样把大楼建在塞纳河边上。当然，他也希望能尽量用最著名的建筑师来设计大厦，比如让·努维尔(Jean Nouvel)或多米尼克·佩罗(Dominique Perrault)，虽然选择后者或许会让人觉得有点儿背离传统。当时多米尼克正忙着帮阿塔利的支持者弗朗索瓦·密特朗建造法国新图书馆，其间他固执地采用解析几何的结构和全幅玻璃的外墙，有人提出这不利于保护馆内欧洲最珍贵的图书，但他也丝毫不肯退让。

阿塔利如此野心勃勃，在某种程度上也反映了法国政治精英(他毕业于巴黎高等矿业学校和国家行政学院)对权力无限的渴望。阿塔利出生于阿尔及尔，其先辈是从法国移民到北非来的，所以要想在政治上有所成就，他还有很长的路要走。他一直努力(或想要)从政治边缘走进权力的中心，他也希望自己的新办公室能体现这一地位的变化。

社会党地方当

并将这些钱非法

要在理想变成现实之前，

早早塑造 各种

组织机

为他设 栋高知名度的建筑，阿塔利也有自

一新成立的国际机构，就得把

对 修建

起来，帝国便 活动中

推销自己，大言不惭地说 经济学

家，但在人们心中，他并不是天生的领导者， 的身份是

弗朗索瓦·密特朗的智囊团成员，还在几次不那么成功的金融交易中给人打下手。阿塔利的后台老板对建筑情有独钟，长期耳濡目染之下，他也对权力的象征建筑产生了兴趣。密特朗特别喜欢由立方体、球体或是锥体构成的一种古怪法式建筑风格，从太阳王路易十四的建筑，到勒杜的几何形状建筑，再到布雷[4]为牛顿设计的庞大纪念堂，乃至罗浮宫的金字塔，这种风格始终贯穿其中。在法国这样一个早在1789年便引入共和历，试图用一种合成的国教取代基督教的国家里，诞生这样的风格也是意料之中的事情。

法国人都默认建筑景观是由总统、市长以及其顾问直接决定的，真正掏钱打造这些纪念碑的纳税人的参与度非常低。在这个国家里，不论是南方的尼姆市还是北方的里尔市，每一个雄心勃勃的地方市长都抛却了法国人对新鲜事物孩子般的好奇，纷纷效仿总统在巴黎的做法，或是打造玻璃墙面的美术馆（就连这些美术馆的地板都可能是用玻璃铺就的），或是建造屋顶看起来像鲸鱼脊的高速火车站，或是建起覆盖着粉色瓦楞塑料的会议中心。修建这些政治地标时，密特朗领导的社会党还

局签订

地用于

竞选活动。

阿塔利给密特朗当了近20年的私人随从，他亲眼见证了总统为改变巴黎的面貌而在8项形象工程中投入了25亿美元。密特朗这么做，名义上是为了庆祝法国大革命200周年，实际上是为了满足自己的虚荣心和实现某些政治目的，但最为重要的则是要借此青史留名。

密特朗和前辈拿破仑三世、拿破仑一世、路易十四一样，也沉醉在美丽的梦想中，想将巴黎变成无可争议的欧洲之都，并且打造出配得上自己雄心的建筑。在他看来，戴高乐机场应当击败伦敦机场和法兰克福机场，成为欧洲最繁忙的航空运输枢纽；同样地，罗浮宫也必须超过大英博物馆，成为世界上参观人数最多的博物馆。基地组织兴起之前，让·努维尔为巴黎设计出了阿拉伯世界研究中心（IMA）。这座线条尖锐，像巴黎圣母院一般宏伟的建筑本意是使巴黎成为伊斯兰世界和欧洲对接的窗口。而位于拉维莱特公园的国家科学博物馆则是一座巨大的科学工业城，其目的则是重新定义当代博物馆的性质。

1981年，密特朗终于入主了爱丽舍宫，阿塔利也在总统隔壁分得了一间办公室。据他说，办公室里的桌子是拿破仑曾经用过的。他的弟弟伯纳德（Bernard）被任命为法国航空的总裁，也成了总统身边的“圈内人士”。密特朗自诩是社会主义者，但言谈举止间却一副王公贵族的做派。作为捍卫密特朗的卫士，雅克·阿塔利也在耳濡目染下模仿着总统的做事风格。

密特朗委[illegible]从而为他的总统[illegible]基调。其中，办公桌是按照他名字的首字母设计而成的，钢管的桌腿呈展开的“M”形，桌子时尚的外观掩盖住了内在的虚荣。但是年纪尚轻的斯塔克做事不墨守成规，所以这张办公桌可以看成是国家委派他设计的作品，旨在展现法国对才华出众的年轻人的认可。但是打造这样的桌子，似乎也在暗示总统身份极为尊贵，绝不能使用别人用过的桌子，因此必须专门为他设计一张新桌子。这张桌子上并没有象征地位和炫耀财富的传统标志，看起来富有现代感，但这仍然是密特朗追求权力的一个明确信号。对密特朗这样一心想要留下自己印记的法国独裁者来说，这件作品完美地将上述两种目的融合在了一起。

阿塔利给密特朗的建筑计划出了几个主意。他建议修建一座新的国家图书馆，里面不放书，而是收藏高科技设备。这个设想最终变成了托尔比亚克区弗朗索瓦·密特朗图书馆的四栋玻璃大楼。

如果能够修建新的银行大楼，阿塔利一定会仔细查看所有的竞标方案，为自己的银行“帝国”找一个足够华丽的新家。当年修建巴士底剧院时，密特朗委派的评审员从竞标方案中挑选出一套设计图纸，自信满满地认为它是备受尊敬的美国建筑师理查德·迈耶的作品，后来才发现其设计师是来自乌拉圭的卡洛斯·奥特[6]。卡洛斯·奥特打造的作品最终矗立在了法国革命史上最神圣的地方，但这不仅是一次不体面的过度开发，从技术层面上来说也没有成功。剧院内用计算机控制的液压升降舞台设备不像宣传的那么神奇，建筑上的覆面瓷砖多年来也一直在掉落，阿塔利想必会从这个项目的惨败中吸取教训。

密特朗[illegible]改造计划，阿塔利想必也参与了。当时为设计这座博物馆已经耗费[illegible]万法郎，但还没有一个令人满意的方案，密特朗突发奇想地将博物馆的建造任务交给了意大利女建筑师盖·奥兰蒂（Gae Aulenti）。盖·奥兰蒂不得不把老火车站改造了一番，创造了一个犹如墓穴一般的内部空间。阿塔利想必希望亲眼看看英国出版商罗伯特·麦克斯韦尔（Robert Maxwell，之后被揭露是个诈骗犯）是如何与法国谈判的，看看他是如何以投资拉德方斯区的新凯旋门为诱饵，试图从法国政府那里攫取无法想象的回报的。

但即便密特朗贵为法国总统，行使权力时也要考虑制约与平衡。建立欧洲银行，这一设想本是为了扩大法国对东欧的影响力，但密特朗仍成功说服七国集团（G7）其他成员国共同出资成立这所银行，甚至还帮阿塔利这个“四眼”小个子谋得了银行主席的职位。其代价是银行总部不能设在巴黎，要改设在伦敦，而伦敦这座城市并不准备满足法国政治集团的勃勃野心。

欧洲银行的成立给了阿塔利一个机会，让他能够实现自己的野心，虽说这野心也许暂时还没有幕后老板密特朗的大。对阿塔利来说，这所银行不是单纯的银行，它被刻意设计成了政治权力中心，并进一步成了他晋升的垫脚石。根据银行的章程，银行只能与民主政府做交易，但多年以来，“民主政府”的定义早已变得越来越灵活了。从表面上看，银行的宗旨是给推行了几十年计划经济的国家带去严谨、自由的市场经济，但法国政府向来喜欢中央计划经济，不久之前还曾将大型工业部门国有化，这些都说明在私有化问题上，密特朗的核心圈子提供不了什么有效建议。

欧洲银行建立的初衷是创建一个庞大的金融帝国，它的分行（在阿塔利心中，称之为“大使馆”或许还更为合适）遍布中欧与中亚，用欧洲银行自己的话说，就是要填补苏联解体后留下的真空地带。分行网点星罗棋布，总部大厦便是这片网络的中心。撒切尔夫人曾违心地同意了这个项目，但她绝不肯再让阿塔利修建新大厦，也不会让他轻率地打造自己的“总督府”。在她的坚持之下，英国财政部也不肯掏钱帮阿塔利打造新的总部大厦，这一回阿塔利只能认输。妥协之下，他很快又想到了一个新办法，那就是在伦敦寻找一栋足够宏伟的建筑，给这个他所谓的能“塑造新的政治和经济世界秩序的重要工具”安家。泰晤士河上古典华丽的萨摩塞特宫（Somerset House）也许可以考虑，格林尼治宫旁边的那几座巴洛克风格的楼房也还行。

但撒切尔夫人手下的官员拒绝了阿塔利，这让他很是不满，离开伦敦后还在愤愤不平。

最后，阿塔利还是租下伦敦金融区边缘的一栋大楼，这座名为“第一交易大楼”的楼房位于布劳德盖特开发区里，是SOM建筑设计事务所设计的办公楼，专供出售、出租之用。它带着一股奇特的新芝加哥风格，有点儿像早期的摩天大楼，楼顶的尖塔、巨大的凸窗，再加上塔楼，使它看起来就像是一台巴洛克风格的点唱机。这幢大楼刚刚修好，只待人拎包入住，它内部装修豪华，算得上是世界上最昂贵的写字间之一。可惜现成的办公室即使再昂贵，阿塔利也不喜欢。他想要一座能忠实反映这个新兴银行组织的地位，进而凸显他本人重要地位的建筑。

在阿塔利看来，普通的办公楼等同于死气沉沉、碌碌无为的管理者。如果你的办公室跟保险公司的没什么两样，你怎么能说服世人认真看待你呢？阿塔利命令自己的御用设计师让－路易·贝塞特（Jean-Louis Berthet）和伊夫·普奇（Yves Pochy）负责改造这栋12层楼高的大厦，将它改造成一个展示自己拿手项目的舞台，这可不是更换董事会会议室墙纸的颜色那么简单。

贝塞特和普奇施展的空间有限，房东要求阿塔利不得修改大厦外观，合同中也规定不管他怎样装修，都必须在2016年合同到期时恢复原状。即便如此，阿塔利还是大肆挖凿地板和墙体。在阿塔利心中，最重要的事便是让大楼变得足够壮观，它不仅要打动银行的员工，更要让来访者觉得自己是在与真正手握权柄的机构做交易。

壮观的建筑当然少不得庄严的门厅，“第一交易大楼”原有的门厅显然不符合要求，而且在阿塔利看来它也太小了。他拆掉了侧面的几堵墙，在天花板上镶上几面镜子，把石灰石全部换成洁白的卡拉拉大理石，门厅看上好多了。可是对追求皇家气派的阿塔利来说，这样的改造还远远不够。阿塔利又决定牺牲掉整个二楼，把它打造成极为壮观的接待大厅，下面一层的门厅则成了进入银行的“前奏”。如果把电梯设在一楼，让来访者直接乘坐电梯达到上方的办公楼层，来访者错过了二楼宏伟的接待大厅，就看不到阿塔利的用心了。阿塔利显然不会这么干，他在一楼安装了一部通向二楼接待大厅的自动扶梯。一楼摆放着一个直径1.5米的钢制地球仪，象征的大概是打破了国界和边界的世界。走过地球仪，来访者才能踏上自动扶梯，到接待大厅感受一番银行的庄严宏大。为了让人明白这不是普通的城市办公楼，阿塔利还邀请一群俄罗斯艺术家模仿意大利画家拉斐尔（Raphael）的风格给扶梯旁的墙壁画上了壁画，以彰显欧洲文化的成就。这些壁画长达200米，耗时数月才完成。

考虑到这栋楼的租金高达577英镑/平方米，牺牲掉二楼的大部分空间当然也就意味着每年要白白浪费50万英镑，但要彰显地位、突出身份，就必须这样运用空间，这就像花钱在拉斯维加斯的沙漠中修建高尔夫球场一般，虽然太过浪费，效果却最好。阿塔利在楼里修建了一个私人礼堂，这个礼堂坡度很大，配有300个座位，礼堂的墙壁是精密的玻璃幕墙，只要轻触开关便能将光线隔绝在外。礼堂旁边是银行的附属艺术馆，这也是阿塔利炫耀藏品的地方，早在银行开张之前，他便开始收集这些藏品了。

银行设立接待大厅的初衷是给来访者留下深刻的印象，这就需要让置身其中的来访者对银行既充满尊敬，又满怀期待。作为一间怀有政治野心的银行，这里的工作人员都非常忙碌，所以需要让那些不怎么重要的客人多等待片刻，让客人明白能坐在这里就已经很荣幸了。对于尊贵的客人，银行会精心设计接待过程，让工作人员带着贵客穿过走廊，真切感受银行的权力和荣耀。

走过接待大厅，便来到一个特殊的房间，工作人员会给客人配上访客徽章，然后请他们在此稍作等待。从这个房间往外看，可以将大厅下方的花园美景尽收眼底。在等待时，客人也不会觉得自己受到了冷落，反而可以仔细感受银行的宏大气势。大楼其他地方也有类似的房间，它们是配给重要董事办公室的等待区。这样的等待区充分彰显了办公室主人的重要地位。如此安排，表面上看是尊重客人，但把客人带到等待区，却也是在表明他们没有那么重要，当然，真正的贵客上门时，银行主席自会亲自下楼迎接。

在"第一交易大楼"这栋繁忙的建筑里面，礼堂并非唯一举办仪式的场所。大楼11层的地板上掘了个圆形大洞，就是为了修建官方所说的董事会会议室。这个会议室挑高两层，可容纳150人，从这里眺望圣保罗大教堂，景色十分壮观。会议室内的座位围成一圈，与阿塔利想要的会议室不太一样，他要的不是一般商业机构中常见的董事会会议室，而是议会辩论厅那样的房间。

阿塔利为什么想要辩论厅和私人礼堂，已无从得知，但对于如何经营这家银行，他早已想好了一系列复杂的章程，比如说，他要像校长一样站在前面演讲，听众则在下方不分主次地围成一圈。会议室内摆放有专门定制的软椅，椅子的骨架是用美国梧桐打造而成的，外面蒙着白色皮革。阿塔利还请伊西多尔·古德里斯(Isidore Gooderis)设计了一个雕塑。古德里斯将从废弃建筑上捡回的砖块摆放在锈蚀的钢架子上，这种陈设让人不禁想起亚洲寺院藏经阁中古老而破旧的书册。尽管董事会会议室是用心打造出来的，但这家银行真正的权力中心却在别处。

银行主席的办公室理所当然地设在顶层，旁边便是新闻处和媒体顾问的办公室，这三者就像是大厦的缩影。这里也并不是通常意义上的“办公室”。主席的办公室配有休闲座位区，里面的沙发足够8个人斜倚在上面；这里还设有一张摆着几本书的咖啡桌、一张用美国梧桐木和皮革打造而成的定制书桌；办公室里还隔出了一间可以容纳12人的小会议室、一间助手办公室和另外一间私人办公室。除此以外，这里还配有更衣室、淋浴室和私人起居室。这个办公室规模够大，造价足够高昂，阿塔利完全可以在这里接待到访的国家首脑。可以想象一下，假如保加利亚总统来这里申请资金，准备拆除年久失修的核反应堆，恐怕他也得表现得毕恭毕敬。阿塔利和法国画家富盖(Fouquet)、英国政治家沃尔西(Wolsey)以及其他皇家宠臣一样，都曾经见识过自己的赞助人在雄心壮志受到挑战时是如何暴跳如雷的，他们应该也预料到这种情景了。

贝塞特和普奇是法国社会党的住宅建筑师，他们总是在作品中用空洞的政治语言强调自己的创造性和实用性，“在设计这座大楼的时候，我们脑子里早就有了一个清晰的画面，它就像棵枝繁叶茂的大树，有树干（8部电梯），有树枝（走廊和过道），还有树叶（办公室）。”当然，他们还很喜欢吹嘘建筑的开放和透明设计，他们声称“只有会议室才需要用窗帘保护秘密”，但他们显然是忘了主席办公室四周的保护屏障了。

电梯厅要怎么建，贝塞特也有新想法：“在欧洲银行这个新机构身上，展现人类创造力时并不一定要借助其他的艺术品，利用大理石便可以。我们希望能展现大理石从开采、凿刻到磨光，从粗糙变光滑的过程。”于是贝塞特打掉了大楼里原有的石灰石饰面，并前往意大利托斯卡纳区寻找最为洁白也最为昂贵的卡拉拉大理石，但这种大理石并不太好找。设计者说，理想的材料必须简单、纯粹，“我们希望大理石能保留它的原始风貌，包括原始的颜色、矿物氧化物以及风化的痕迹。”贝塞特说，“所以我们要根据每一块石头的结构，用激光切割成好多块，然后像拼图一样拼到银行的墙壁上。”最终，仅大理石一项便花费了80万英镑，在镜面天花板的映照之下，石料的数量看起来好像翻了一番，这样设计也许是为了显得物有所值吧。

建筑原有的电梯和楼梯也不合贝塞特的意，他坚持要添加4部装饰性的楼梯，这又占用了不少宝贵的办公空间。这4部楼梯的制造材料、造型都各不相同，其中一部是用美国梧桐木打造的螺旋楼梯，另一部是实木和玻璃的锥形楼梯，还有一部是铺着木踏板的混凝土楼梯。如果你只是从四楼去六楼，或者是从五楼去八楼，而且又不想等电梯，也不愿意走消防楼梯，那走这几部楼梯或许能帮你节省几分钟时间。

贝塞特也很重视银行的文化工程，银行入口处的壁画模仿的是拉斐尔的作品，电梯厅装饰着约翰内斯·维米尔[7]作品的卡通版。这里还摆放着两尊雕塑，一座飞马雕塑大概是为了致敬达·芬奇，另一座会动的雕塑展示的是太阳系的运转，这大概是为纪念哥白尼。为了加强银行分支遍及全欧洲的印象，这里的会议室都是以欧洲主要河流命名的，如多瑙河、伏尔加河等。银行里的地毯、瓷器、玻璃器皿、垫子以及秘书的办公桌都是请人专门设计的。

这座大楼如此刻意设计，是为了塑造整个欧洲的命运。但是阿塔利从来都没有想过，欧洲大陆真的愿意让这家银行来塑造它的命运吗？就算愿意，银行为什么非得打造成意大利里维埃拉度假区夜总会那种俗艳的样子？

这也难怪贝塞特和普奇二人会把萨达姆·侯赛因视为自己最尊贵的客户。1984年，就在伊拉克独裁者萨达姆发动对伊朗的攻击前不久，他还亲自主持了巴格达萨达姆国际机场的开幕典礼。机场的设计师斯考特·布朗里格（Scott Brownrigg）和泰纳（Turner）是英国人，所以这座机场至少在外观上与英国希思罗机场的四号航站楼十分相似，因为后者也是出自这二人之手，但负责萨达姆机场内部装修的是贝塞特和普奇。行李大厅装饰着4.6米高的金属浮雕巴比伦门和萨迈拉古城的螺旋金字塔，整个大厅看起来富丽堂皇。出发大厅则采用拱顶设计，据称这是伊斯兰风格，穹顶上吊着几千盏耀眼的聚光灯。为方便萨达姆直接登机，他的私人候机室独立于出发厅之外，地面用大理石铺就，天花板上镶嵌着镜面，与欧洲银行总部大厦的设计如出一辙。

尽管贝塞特自诩是开放和民主的，但欧洲银行表现出来的却是明显的等级制度。员工办公室设在下方楼层中，采用开放式设计。主管办公区则集中在11层和12层，每人配有90平方米大小的办公室，可以按照自己的喜好装修，他们还能在私人餐厅里用餐，坐在铺着亚麻桌布的桌子边享受高级菜肴，而其他级别的员工只能在二楼的食堂就餐。

欧洲银行总部大厦的装修费用高达6000万英镑，即使建造新的大楼也不需要花这么多钱，但是，阿塔利也没有在那里享受很长时间。《金融时报》(*Financial Times*)旗下有家爱唱反调的媒体发现，虽然银行宣称自己是“乐于助人的利他主义者”，但在起初两年里，竟然安排了100万英镑的预算，以租用私人飞机接送阿塔利往来于伦敦和巴黎。“我很遗憾，但这也是没办法嘛！”面对这些数字，阿塔利依然执迷不悟。这全是虚荣心在作祟，阿塔利决心要打造出一个并不存在的帝国，他觉得仅凭自己的意志便能将它变为现实，而这些虚荣的做法，便是阿塔利宣示地位的手段。

银行的初衷是帮助东欧国家，但是批评阿塔利的人发现，他豪华的宫殿和贫困的东欧形成了鲜明对比，更荒谬的是，银行开业两年只签发了1.16亿英镑的贷款，却为员工工资、家具和装修花费了2.08亿。从那时起，他渐渐地被人排挤在外，就算他对着“不懂艺术”的盎格鲁-撒克逊人又踢又叫也无济于事，这个过程让他痛苦不已，好在还有16万英镑的离职补偿金，多少也算是一点儿安慰。

失去了弗朗索瓦·密特朗的支持，阿塔利离开银行后的日子并不好过。他先是出版了一本名为《实录》(*Verbatim*)的书，记录他和密特朗总统相处的日子，但却被控有43处内容是抄袭他人的作品。后来，法国的特别调查组开始调查密特朗与军火商的非法关系，阿塔利也被怀疑在未经授权的情况下挪用公共资金。除此之外，在法国掮客向安哥拉倒卖苏联军火的案子中，总统被控收取非法回扣，而他也被控为掮客与总统牵线搭桥，不过这些罪名都没有成立。之后又闹出了所谓的“末日经济学家事件”丑闻，一份调查报告用极为夸张的言辞指责他参与苏联走私放射性材料钚的案件，据说这个调查是联合国资助的，但联合国秘书长布特罗斯·布特罗斯·加利（Bhutros Bhutros Ghali）否认了这件事。人们最后一次听到阿塔利的消息，是他想要成为法国格勒诺布尔交响乐团的指挥，但乐队的乐师都很讨厌他，威胁说如果让这样的无能之辈来当指挥，他们便要罢工抗议。

欧洲银行没有因阿塔利而倒闭，但也只是苟延残喘罢了。自阿塔利离开以后，银行又换了三任主席。到了2003年，银行跟房东商量解除合约，想要换个小一点儿的办公楼。但在算清楚将“第一交易大厦”恢复原状要花多少钱之后，它最终还是被保留了下来。

在法国时，阿塔利的办事能力还算没有辜负人们对他的期望。他从密特朗身上学到了许多经验，而后者则是从路易十四和凡尔赛那里学来的。

纳尔逊和阿塔利都没有实现自己的目标。奥尔巴尼不可能变成巴西利亚，更不可能成为一个举世瞩目的都市。欧洲银行也成不了阿塔利心中的帝国总部。在野心的驱使之下，他们义无反顾，但与这野心相配的建筑却如此拙劣，了无趣味，毫无动人之处。不管是对纳尔逊还是阿塔利，抑或是其他一丘之貉来说，无论他们如何反驳，也无法否认一个事实：建筑本身是目的，而不是手段。

1 华莱士·哈里森（Wallace K. Harrison, 1895—1981），美国现代主义建筑师，曾任纽约联合国总部大厦设计组的总建筑师，参与设计了洛克菲勒中心、林肯中心、大都会剧院等知名建筑。

2 费尔南德·莱格（Fernand Léger, 1881—1955），法国立体派画家、雕塑家和电影制片人，被认为是新兴波普艺术风格的先驱，他曾接受过建筑师培训。

3 罗伯特·摩西（Robert Moses, 1888—1981），美国公共建筑工程规划师，被称为纽约低配版的乔治-欧仁·奥斯曼男爵。

4 艾蒂安-路易·布雷（Etienne-Louis Boullée, 1728—1799），18世纪末法国新古典主义建筑师，其最著名的建筑作品是1784年为牛顿建造的纪念碑。

5 菲利浦·斯塔克（Philippe Starck, 1949— ），法国设计师，被称为“设计鬼才”、“设计天才”、设计界“国王”等，获奖无数，他几乎囊括了所有国际性设计奖项，其中包括红点设计奖、IF设计奖、哈佛卓越设计奖等。他是简约主义的代表人物，是集流行明星、疯狂的发明家、浪漫的诗人于一身的非凡人物，其设计作品囊括了平面、产品、室内、建筑等领域。

6 卡洛斯·奥特（Carlos Ott, 1946— ），加拿大籍的乌拉圭建筑师，其作品有法国的巴士底剧院等，中国的杭州大剧院、江苏大剧院和东莞玉兰大剧院也都出自他之手。

7 约翰内斯·维米尔（Johannes Vermeer, 1632—1675），荷兰最伟大的画家之一，被视为“荷兰小画派”的代表画家。维米尔的作品大多是风俗题材的绘画，基本上取材于市民日常生活，其代表作有《戴珍珠耳环的少女》《倒牛奶的女仆》等。

Ego Unchained 不羁的自我

建筑最初的功能是为人遮风挡雨，但如今，建筑已经变成了塑造特定世界观的工具。……尽管伦佐 · 皮亚诺及其建筑同仁做了许多努力，但塑造建筑的依然是强者，而不是普罗大众，但这并不会降低建筑的重要性。

菲亚特家族最为优雅、最富魅力的元老吉安尼·阿涅利(Gianni Agnelli)的遗体在葬入家族墓地之前，曾停灵于都灵菲亚特总部。参加葬礼的除了数千名汽车工人、工人家属外，还有政治家、银行家以及实业家，他们列队走过阿涅利的棺椁，就像瞻仰中世纪帝王那样向他致以最后的敬意。或许，阿涅利这样的“无冕之王”本应在大理石礼拜堂或豪华宫殿里举行葬礼，但事实并非如此。在去世前几个星期，阿涅利还主持了一场开幕仪式，向世人展现他馈赠给这个国家的最后一件礼物：灵格托艺术画廊。这间艺术画廊由伦佐·皮亚诺设计而成，里面收藏的是过去1000年最能代表西方文化的杰作，阿涅利把一辈子费心收集来的藏品都留给了国家。从外观上看，皮亚诺设计的艺术画廊像是一个用钢筋和铝材打造的豆荚，犹如一架临时降落的直升机暂停在灵格托的屋顶上。灵格托大楼的前身是汽车制造厂里的小教堂，这座汽车厂始建于阿涅利的祖父时代，20世纪80年代才开始停产，之后就改成了由艺术画廊和音乐厅组成的后工业时代耀眼的“蜜糖陷阱”。官方从未将灵格托艺术画廊称为陵墓，但阿涅利的遗体入土之前确实曾在这里停灵。

阿涅利希望这间艺术画廊能强烈地提醒世人，古建筑是一种对抗死亡、塑造记忆的手段，也是对权力的精神病理学的一种反映。但在20世纪60年代，更为阳光的追求掩盖住了人类追求名垂青史的基本冲动以及建筑与权力之间密不可分的联系。曾几何时，人们普遍认为建筑已经挣脱了传统和习惯的桎梏。在皮亚诺及其同行的手中，建筑也被视为一种取代传统、另辟蹊径的做事手段。

纪念碑式的建筑名声不佳，人们认为建筑师常常以打造纪念碑为借口，肆意打造无用的大规模建筑。皮亚诺时代的建筑师想要将普通人的日常融入建筑，重新塑造建筑，而不是一味迎合像吉安尼·阿涅利这样富有的客户。在这样的背景下，人们开始不再追求建筑的形式，而是倾向于用建筑解决问题。皮亚诺不仅仅关注建筑外观，对技术解决方案也颇有兴趣。在他看来，建筑应该是轻巧的，它可以是暂时性和临时性的，无须背负起追求永恒的幻想的重任。他认为建筑应该服务于穷人和普罗大众，而不是国家、富人和教会。

虽然皮亚诺渴望用技术促成现代社会变革，虽然他积极投身20世纪六七十年代的政治活动，但和阿尔伯蒂[1]、帕拉第奥[2]等建筑师一样，他职业生涯中最突出的还是传统意义上的建筑。精锻钢构件、视觉轻灵的玻璃与厚重的大理石、青铜一样，都能传递出同样的信息，都能用来塑造社会中最重要、最有意义的政府机构。皮亚诺的作品最终得以呈现，依靠的不是城市中的激进分子，也不是科学，而是他与银行和保险业巨头的交情。皮亚诺为这些人打造纪念碑、艺术画廊和纪念馆，他必须负责维持这种交情，至于如何做，他早已驾轻就熟。不论是亿万富翁艾利·布罗德[3]，还是《纽约时报》的发行方，抑或是追随圣皮奥(Pio)神父的信徒，都曾到皮亚诺的某个工作室“朝拜”过。他们或者去过巴黎(皮亚诺大都在那里完成设计工作)，或者去过联合国教科文组织赞助皮亚诺的“研究基地”。这个基地建在热那亚北部海岸边的悬崖之上，居高临下，来这里的访客需要先在海边下车，然后换乘玻璃缆车爬上满是岩石的山坡，才能来到皮亚诺的隐居之所。这里的管家会穿着整齐的制服给访客端上烤鱼午餐，只要享受过这样一顿午餐，访客便知道他们选中的这位建筑师可以满足他们的一切梦想。埃尔文·塞拉斯(Irvine Sellars)是一位由服装零售业起家的房地产开发商，早在20世纪60年代，他就敢穿着当时还不流行的阔腿裤大摇大摆地走在伦敦街头。就连这样的人物也为皮亚诺的魅力所折服，他委托皮亚诺设计一座比伦敦桥火车站还要高的办公楼——碎片大厦，一心想要将它打造成欧洲最高的建筑物。

伦佐·皮亚诺与吉安尼·阿涅利相识了近25年，起初，谁也没想到两人会如此要好，阿涅利居然肯委托皮亚诺为自己修建“陵墓”。阿涅利首次委托皮亚诺及其合作伙伴，即才华横溢的工程师彼得·莱斯(Peter Rice)设计的是菲亚特汽车。阿涅利希望他们能自由畅想，探索出新的产品和装配方式，而不是只设计汽车的款式。这个任务完成之后，皮亚诺便开启了漫长的灵格托改造任务。这里原本是汽车工厂，但早已废弃。菲亚特曾是都灵最大的厂商，而这座旧汽车工厂是大教堂建成以来对城市景观影响最大的建筑。从现实来看，它是一个浩大的工程；从情感上来说，它也时刻提醒着人们菲亚特对城市的巨大贡献。菲亚特与都灵相辅相成、休戚相关，正因为如此，如果都灵这座城市深陷困境、出现萎缩，菲亚特的声望也会遭受重创。

皮亚诺不喜欢给建筑贴上自己的标签，或许也正因为如此，他的作品才能吸引追求极致、不喜欢平庸的阿涅利。若要邀请皮亚诺设计建筑，你首先要明白他新建的这座建筑可能会与他过去的作品完全不同。有些委托人不太清楚自己想要什么，对他们来说，这或许是个不利因素，但对阿涅利来说，这却是最大的优势。

皮亚诺热衷于优雅的构造和高性能的材料，这种追求所代表的热情最能引起商业巨头的共鸣，因为他们也喜欢用快艇和汽车来享受速度感。但不论皮亚诺设计出来的作品是何种外观，使用的是什么材料，实际上回应的还是最为传统的建筑冲动。这些建筑依然在诉说着权力、历史和记忆。

在人类公共关系的历史上，英国超现实派画家安东尼·布朗(Anthony Browne)的一个做法大概算得上是建筑实践领域中最不合格的自我营销行为。他曾在个人主页上发布了十几张正在施工的汉密尔顿宫的照片。安东尼·布朗将这座宫殿称为继布莱尼姆宫之后英格兰最大的乡村别墅，他还说："或许这个工程永无完工之日。这名委托人是一位国际金融家，被判过失杀人罪，要在监狱里待10年。"

穆罕默德·雷加(Mohammed Raja)一位富有、略显阴险的商人，被称为"贫民窟地主"。1999年7月的一天，天气十分炎热，住在伦敦南郊别墅的雷加听到敲门声，打开了房门。门外是两个身穿连裤服、软檐帽盖住了半边脸的人，看起来有点儿像园丁。雷加去开门时，他的两个孙子瑞兹万(Rizwan)和瓦希德(Waheed)正在楼上。两个孩子先是听到了吵闹声，然后是一声巨大的枪响。等他们匆忙跑下楼，只见爷爷雷加手捂胸口，衬衫上满是血渍。雷加的胸口中了5刀，但并没有中弹。瑞兹万和瓦希德看到门廊上站着两个男人，其中一个膝盖上搭着一把短管霰弹枪，正在填装子弹。

瑞兹万大声呼喊，叫弟弟报警。与此同时，瑞兹万看到手持霰弹枪的歹徒再次举枪，而被瞄准的爷爷手里握着一把刀，正躺在地上痛苦地呻吟着。歹徒扣动扳机，近距离射中了雷加的脸部。接着两个歹徒转身离开，驾着白色货车逃走了。后来，人们在附近发现了这辆被烧毁遗弃的汽车。

3年后，罗伯特·克纳普(Robert Knapp)和大卫·克罗克(David Croke)因谋杀雷加而在老贝利(伦敦中央刑事法院)接受审判。陪审团被告知，雷加的邻居曾经看到两个形迹可疑的人，他们驾着一辆白色货车，驾驶室顶部的扰流板上刻着"雷鸟二号"的字样。警方调查发现，案发前三周这辆货车被卖给了一名男子，但此人留下的是假地址。

这个案件相对简单。警察抓到克罗克后，将其唾液样本与从雷加前门提取的歹徒血迹进行对比。检方称，DNA检测证明血迹不属于克罗克的概率只有1/1000000000，两名嫌犯被判有罪。同时受审的还有第三个人：尼古拉斯·凡·霍赫斯特拉滕（Nicholas van Hoogstraten），这位坐拥百万家资的房地产商被控教唆杀人。案发时，凡·霍赫斯特拉滕正驱车前往伦敦盖特威克机场，准备飞往尼斯。

公诉律师大卫·沃特斯（David Waters）告诉陪审团："虽然案发时凡·霍赫斯特拉滕不在现场，但两名歹徒却是在他的教唆下杀人的。他和雷加有矛盾。"凡·霍赫斯特拉滕最后被判谋杀，判处有期徒刑10年。但他只在监狱里蹲了1年，上诉法庭（Appeal Court）便宣布此前的指控证据不足，三位法官认为，重新审判才是维持正义的最好办法，但重审案件显然不符合法律的规定，因此凡·霍赫斯特拉滕重获自由。

凡·霍赫斯特拉滕身穿皮大衣，头发蓬松，看上去就像是20世纪60年代的小摇滚明星。他特别喜欢黑色西装，还喜欢搭配黑领带和黑衬衫，偶尔还会在西装外面搭上一件长及脚踝的白色貂皮大衣。凡·霍赫斯特拉滕这个人十分不好招惹，他惯用暴力手段追债，以蔑视资产阶级生活做派自得。早年间他通过购入伦敦东南部的大量廉价公寓和房产创建起了自己的地产王国，并在打造这个王国的过程中大发横财。人人都说他不是良善之辈，他可不会温柔对待付不起租金的租户，即使交了房租的房客也没有什么清净日子。他的一处房产曾发生火灾，5名房客因此丧生。

凡·霍赫斯特拉滕很清楚自己所塑造的"人设"，很享受充斥在自己身边的恐怖气氛。审判纵火案的法官说他"幻想自己是个恶魔，以为自己是魔王派来的使者”。在苏塞克斯郡的阿克菲尔德镇，凡·霍赫斯特拉滕曾用最粗鲁的话辱骂公职人员，因为这些人想在他家土地上的人行小道穿行。凡·霍赫斯特拉滕称这些人为人渣，并公然反抗执法人员。

与普通罪犯不同的是，凡·霍赫斯特拉滕喜欢建筑，他还喜欢挑衅对手。阿涅利和凡·霍赫斯特拉滕是两种完全不同的人：一个是蹲过几年监狱的罪犯，一个是某种意义上的意大利的民族英雄。但二者却也有相同之处。在凡·霍赫斯特拉滕获释时，英国广播公司采访了他，那些判他入狱的人不仅在镜头上看到了他出狱的情景，更看到了他自吹自擂的表演、夸张的衣着和毫不掩饰的侵略性。凡·霍赫斯特拉滕与阿涅利一样，似乎也花了很长时间考虑死亡，他甚至想修建一座真正的陵墓。他花了将近20年的时间修建陵墓，在此期间曾经两度入狱，导致这项工程两度中断（第一次是因为他在英国海边小镇布赖顿纵火伤害了一名犹太学者，他说此人欠他钱），因为英国法院冻结了他的财产。

手握三代人积累的财富，阿涅利的举手投足间充满了贵族风范，在晚年被人们视为政治家，虽然战后他也曾在毒品、酒精、女人和飙车中追求刺激。而凡·霍赫斯特拉滕在16岁时便离开了校园，25岁时发了财（当然无法和阿涅利相比），从1980年开始修建自己的陵墓汉密尔顿宫。这项工程成了他人生尴尬的分水岭，此前的凡·霍赫斯特拉滕的身上带着令人印象深刻的自信，虽然这种自信里也透露着难以掩饰的虚荣，而此后的凡·霍赫斯特拉滕却成了一个罪犯，身上充斥着庸俗可笑和自命不凡的气息。

汉密尔顿宫的名字来自百慕大群岛的首府，年轻的凡·霍赫斯特拉滕正是从这里起家的。汉密尔顿宫是一大片略带后现代主义色彩的新古典主义风格建筑群，它用冷酷的精确性向人们展示了它的建造时间。它坐落于苏塞克斯郡的郊外，规模宏大，总长达180米，还有部分建筑尚未完工，部分房屋也尚未封顶。凡·霍赫斯特拉滕称这里的墙壁能像法老的金字塔那样永不倒塌，但这看起来不太可能，因为他曾说这些墙壁只有91厘米厚。汉密尔顿宫的核心部分是一座美术馆，凡·霍赫斯特拉滕说（但无人能证实这一点）这个美术馆准备用来收藏欧洲的经典艺术品。汉密尔顿宫就像是那个时代冷酷野心的化身，它想要表现撒切尔夫人和里根总统执政时期成功人士的品位和理想，但因为过于夸张，那些本应受人尊敬、白手起家的人看到它只会感到不自在。这座建筑可以被视为一种颠覆性的讽刺行为，体现了两个世界的碰撞：可敬的人和罪犯。奇怪的是，凡·霍赫斯特拉滕居然没有按自己的逻辑命令建筑师修建一座金字塔。不过由于他原本打算把这座宫殿打造成自己的陵寝，所以他也触及了纪念式建筑中一些令人不安、令人叹服但也不容忽视的本质。

初识凡·霍赫斯特拉滕时，安东尼·布朗还是布莱顿理工学院建筑系的学生。布朗与伦佐·皮亚诺不一样，但他说自己也曾为被害的雷加做过设计。他的设计并没有展现自己的风格，而是像造景建筑师那样为雇主创造出雇主想要的理想世界，但他设计的汉密尔顿宫却不是那么简单。它选址极佳，外形美轮美奂，不论是在莫斯科，还是在美国的布里奇汉普顿，富人区街道两边的别墅都千篇一律，大都配有玻璃纤维的山墙和门廊、长长的车道、一道道大型阶梯、一盏盏枝形吊灯以及巨大的车库，这也体现了人们对规模的痴迷。按照这样的标准，汉密尔顿宫实在是太简朴了。

当然汉密尔顿宫确实很大，布朗称其面积达6500平方米（这个数据基本不可信)，预算为3500万英镑。而实际上，它只有一道长得出奇的外墙，中间设有一个圆顶，两翼末端各设一个亭子。布朗说这个设计来自英国的布莱尼姆宫，而且“它也不比布莱尼姆宫小多少”。实际上，相比巴洛克风格的布莱尼姆宫，汉密尔顿宫成双成对的柱子和带开口的山墙更偏于新古典主义风格。

布朗的作品包括已故侯爵布里斯托尔(Bristo)委托他设计的建筑。这位侯爵继承了一幢正宗的帕拉第奥式的大别墅，它实际上是一件复制品，原身是两个世纪前意大利打造的一座建筑，所以实在不知道人们为什么会把这个复制品称为“正宗的”帕拉第奥式的建筑。

这位侯爵因为吸食可卡因而将遗产挥霍一空，所以名声不太好。他要求布朗为自己设计两个浴室，一个采用巴洛克风格，另一个仿照埃及浴室设计。跟这样的标准比起来，布朗为凡·霍赫斯特拉滕设计的汉密尔顿宫算是相当完美了。汉密尔顿宫的中心是一个湖泊，从湖边的船库开始，汉密尔顿宫的建筑风格从庄严肃穆逐渐变得轻巧活泼，展现出布朗对各种效果的掌控能力。可以放心委托皮亚诺设计带有明显现代风格作品的人也就只有阿涅利了，凡·霍赫斯特拉滕虽然行事激进、敢于冒险，但他也只能仿照其他建筑的样式建造自己最理想的陵墓。

凡·霍赫斯特拉滕为什么会请布朗来设计汉密尔顿宫？布朗是这么说的：“这只是在炫耀，不是吗？这种建筑就是一种宣言，一种创建纪念碑的渴望，一种原始的艺术冲动。人们往往分不清什么是惊人的作品，什么是大型作品，而大型作品往往意味着造价高昂。”

汉密尔顿宫的工期无限期延长，终究还是没能完工。即使是在凡·霍赫斯特拉滕尚未入狱时，工程进展也是困难重重，或许为强势客户打造建筑都会受到这些问题的困扰。总承包商因为一张40.7万英镑的发票报销不了，与凡·霍赫斯特拉滕发生争执离开了，后来建筑师也辞职不干了。“这工程刚开始的时候还很有意思，”布朗说，“但一开始施工，你就得和工程师妥协，然后客户又一再改变主意。这种建筑是别人的梦想，但却成了建筑师的噩梦。”

法官在审讯凡·霍赫斯特拉滕时发现了更多的事情，他让凡·霍赫斯特拉滕当时的建筑师马克·海尔顿（Mark Hylton）回忆一下客户在发现船库的立柱和地面存在重大结构性问题时的情景，海尔顿说：“我实在是忘不了他当时的反应。他瞬间暴怒，而且理直气壮。他说：‘这是谁的错？为什么会这样？’”当年建造布莱尼姆宫时，年迈的设计师凡布鲁因与雇主发生争吵而被解雇，临走之前他来到布莱尼姆宫的大门口，希望能再看一眼自己的作品，但却被赶走了。我们完全想象得出，如果布朗也想回阿克菲尔德看一眼汉密尔顿宫，他只会得到比凡布鲁更粗鲁的对待。

雷加家族对凡·霍赫斯特拉滕提起诉讼，要求查封其名下价值500万英镑的资产，由此导致他的资金被冻结。与此同时，凡·霍赫斯特拉滕还因藐视法庭而面临每周5万英镑的罚款，其前法律顾问也因为他拖欠费用而提起诉讼。

假设汉密尔顿宫能够顺利完工，那在它的主人入葬之前，凡·霍赫斯特拉滕打算用它来做什么呢？这个问题实在费解。他的孩子因为生母国籍各异，所以都分散在世界各地，不太可能来这里住。他的好朋友津巴布韦前总统罗伯特·穆加贝（Robert Mugabe）曾因为他在津巴布韦领地上的一群牲畜被屠宰，便派兵帮他驱逐了那里的合法居民，这位朋友虽然忠心，但英国政府不太可能允许这位朋友入境，因此凡·霍赫斯特拉滕也基本没有机会在这里招待他的总统朋友。

汉密尔顿宫采用乡村别墅的传统形式，说明它的主人继承了这种风格所代表的社会系统，并且想要用这个系统从容的外衣包装自己，希望别人也能如此看待自己。要做到这一点绝不像看上去那么简单，尽管凡·霍赫斯特拉滕在刻意藐视社会秩序，但如果他想让汉密尔顿宫成为高朋满座的地方，他至少也该心照不宣地认可周边的社会。

对凡·霍赫斯特拉滕而言，修建这座宫殿绝不是为了招待来宾，而恰恰相反，汉密尔顿宫是为了让他显得与众不同，世上大多数的人都籍籍无名，而凡·霍赫斯特拉滕却能凭借一己之愿青史留名。只有他的名字被世人铭记，他的存在才会变得有意义。对凡·霍赫斯特拉滕而言，这项工程完全没有实现它原有的目的。他真正需要的是伦佐·皮亚诺，或者是蒂埃里·德士庞(Thierry Despont)这样的大师。德士庞曾是建筑师，后来成了室内设计师，曾应比尔·盖茨之邀装修西雅图郊区的豪宅，两人相谈甚欢，最后就连要如何花钱、如何挑选葡萄酒、如何欣赏画作这些事情，比尔·盖茨都会向他请教。

在这个世界上，就算我们再是抵触，即便我们再有权势，也时刻面对死亡，不知自己的生命什么时候便会停止。死亡不是因为上帝之怒，如果能这么看，至少证明上帝偶尔也会眷顾一下人类。核战争这样自寻死路的行为说明我们有可能决定自己的命运，但像流浪行星撞击地球、火山爆发、未知病毒或细菌感染这样无常、无序、无意义的事件也可能导致人类的灭亡。面对死亡的无奈，建筑让人类得以享受片刻的清醒。即便这些无常、无序、无意义的事件会主宰未来的世界，即便连蟑螂也会消失殆尽，但通过建筑，我们依然有机会看到世界的逻辑、秩序和意义。

作为一种工具，建筑让我们暂时忘记我们所处世界的不确定性，如果我们能以建筑的内在逻辑衡量自己的幻想，在建筑中找到一些对应之处或可预测之处，那我们至少还能用建筑创造出有意义的幻想。当然，建筑不能在无序的宇宙中强行加入秩序，但它的确能在一定范围之内，让我们能暂时逃离宇宙的无常。建筑为我们提供了参考坐标，让我们能够定位自己在世界中的位置。早期人类喜欢在环境中刻下永恒的标记，其中大多都属于建筑，这些建筑清楚地显示出人类的一种冲动，即通过某种方式将转瞬即逝的血肉之躯和表面看似永恒的星星联系起来。由此产生的行为有很多种，例如平整不平的地面，让它和天空连成一线，这么做就像是在证明人类的智慧和难以理解的世界之间存在某种关联。除了展示出无序与有序之间的对比以外，还有什么能更好地显示人类的存在，彰显人类的智慧？

要想大自然里面画出一条能够永存于世的直线，人类社会需要掌握测量和观察技术。能在自然中画出这样的直线，也意味着智慧生物的存在，但我们真能肯定直线、平地代表的是有序和逻辑，而不是自然界中更为复杂的秩序吗？

人类有留下标记的冲动，这也可以通过宗教表现出来。古时候修造的平台是人为制造出来的连接超自然力量的最初圣地，它们的建筑语言是纪念性建筑语言的基础，从埃及金字塔、中美洲的古城到希腊的古典遗迹等众多的文化中都能见到这种建筑语言。建筑在这些地方出现，恰恰体现了人类将自己与自然现象、风景、星移斗转、四季更替等外部因素联系在一起、互相作用的愿望。这种做法就像是在大街上拦下上帝，请求他看到自己，让自己无足轻重的行为显得很是值得关注，或者像在人类断断续续的轮回之外追求更崇高的目标。

试图通过这种方式追溯建筑的根源，就像是在寻求科学研究的精神意义。但建筑同样也可以成为政治工具，帮助一个集团控制另一个集团。英格兰巨石阵可以在一年中的特定几天里，用某种方式让太阳和月亮连成一线。如果没有纪念碑和建筑，我们也就无从观察自然现象。但如果神职人员可以精确预测自然现象，他们便可以利用这些知识向无知的人展现自己的力量。更有甚者，他们还能说服无知者建造一些实体建筑，进一步加强自己的权威。

在人造建筑与自然风景之间建立起某种联系，是给人造建筑赋予意义的一种方式，暗示这些建筑属于某种体系。景观矗立于大地之上，它们比人类更为恒久。让人造物体拥有自然风景一般久远的历史，就成了人类的心理慰藉，觉得自己与某种永恒联系在了一起。建筑通过各种途径寻求意义。一些建筑师以风景和星辰为参考；也有一些建筑师从天然事物中寻求慰藉，认为自己能以晶体结构、动物骨骼或植物细胞之类的事物为出发点打造建筑形式，让建筑反映出某种内在的和谐关系，例如通过最少的材料获得最高的强度等。这些建筑师在设计中模仿天然事物的形式，显然是相信这会让自己的作品具备有序的形式及和谐的结构，能像自然生成的事物那般拥有和谐、有序之感。

除了关注自然风景中的线索以及有机事物的特征以外，建筑师还希望能找到一些方法来定义建筑本身的意义，而不是在自然现象中寻求意义。其方法便是设定一整套的定义，这套定义中的线索和符号决定了建筑师设计时要做的种种决策。例如，打造古典风格的建筑，便需要参考一系列精确的规则，这些规则定义了柱子的结构，定义了从柱头装饰到柱子比例的每一个细节。这套规则体系也规定了柱子要如何布置，建筑的每个转角要如何处理，建筑的地基和顶部要如何设计，柱子及其比例如何在建筑中和谐呈现等。对称是古典主义秩序的构成概念之一，和谐与韵律感亦是如此。寻求和谐和韵律感，就像是在世界上寻求自己的位置一般。

和古典风格相比，其他建筑风格出现的时间要晚得多，了解它们的人也没有那么多，因此这些风格的规则体系没有那么明确。要理解这些风格，往往需要与其他风格作比，或是创造一套规则来规定该风格所代表的精神价值。这些规则或许便是建筑自身的定义，是我们通向某个目标世界的途径，其秘密或许就在于使用尽可能少的建筑材料，这也就意味着在修建过程中要有一整套的决策，来决定两种材料结合在一起时会有何种效果。例如，在材料的连接之处添加装饰，既可以突出连接处，也能降低连接处加工技术的精度要求；若不加任何修饰，任由它暴露在外，反而需要具备更高的工艺技术。也有人刻意让连接处裸露在外，让建筑显得更为“真实”，当然有些“真实”不过是刻意为之或自我强加的。规则体系还规定楼梯上栏杆和扶手之间的角度要多大，墙上面的窗户要怎么开，想要通过这种方式来证明某些要素是建筑的构成部分。风格体系到底是什么样子的并不重要，更为重要的是要有这样一种风格。

窗户要开在什么地方？客观来说，这个问题并没有标准答案，我们也可以说这个问题的答案有无数个，具体答案取决于设计师为建筑体系设定的内在逻辑。或者更确切地说，因为建筑体系没有逻辑和风格，所以答案有无数个。现代建筑风格最开始出现时，只不过是某个人的偏好，然后在人们的重复使用中，它渐渐地变得越来越受欢迎。接受该风格的人越来越多，使用这种风格的建筑师也就越来越多，直到有朝一日被某种新的风格取而代之。有一种观点认为建筑师应该像生产机械化产品一般设计建筑，不应该浪费那么多的人力与精细加工。这种风格潮流风靡多年，功能主义建筑流派也是诞生于此。

理查德·罗杰斯和伦佐·皮亚诺在设计蓬皮杜艺术中心时，让建筑的管道以及支撑结构都裸露在外（用罗杰斯的话说，便是让人看得见它们），这么做其实就是在创建新的风格体系。这种风格体系的基调便是直白，将建筑的组成部分展现出来。这种风格体系也具有明显的逻辑，那就是展现存在感。置身这样的风格中，只要你暂时忘却心中的疑虑，只要你不问太多的问题，你会发现在自己置身于一个逻辑和理性清晰的世界。在这种风格体系中，就连颜色编码都自有一套逻辑：工程图纸用标准的色彩绘制电路图。但该风格的基础并不一定是基于功能性需求，而是和多立克柱式一样，属于美学体系。建筑师制定出一整套规则，只要你接受了该风格体系的基本前提，并严格遵守这些规则，就能设计出合乎逻辑的建筑作品。

风格体系可以偏向物欲，也可以注重空灵和精神。但除了建筑以外，其他学科很少能够兼顾物质和精神这两个极端。这些风格系统的表现形式有很多种，有些崇尚数字的力量。从古典建筑时期到勒·柯布西耶的年代，每个时期都有建筑师相信数字的神秘力量。从《模度》（*Modulor*）一书，从他在难懂的比例规则中徒劳地寻求逻辑、秩序与和谐的举动中，我们都能看到他对数字的迷信。而克里斯托弗·亚历山大[4]偏爱神秘主义，其他风格体系还有基于生态需求的建筑追求等。

建筑能够遮风挡雨、调节光线。从这个角度看，建筑的力量是可以衡量的。石材和钢铁比血肉之躯留存得更久。岁月流转，建筑也笼罩上了古香古色的光泽，与这里发生过的故事、生活过的人共鸣着。建筑是历史留下的标志，它体现了时间的流逝和政权的变更，所以极权主义者才会热衷于破坏掉那些让自己深感不安和受到威胁的建筑，也正因为如此，共济会才会借助伟大的建筑师上帝，用建筑来强化腐朽的共济会制度。

难怪建筑师和艺术家之间存在诸多矛盾，因为他们代表着不同的文化层次，而文化层次的高低决定了他们的社会等级。对阿涅利或凡・霍赫斯特拉滕而言，建筑师的存在意义就是打造出带有某种意义和目的的建筑，从而让他们在面向某个更广阔的世界时，依然能突显个人，展现自己在世界上的地位。

从本质上看，建筑师和客户之间的关系既复杂又重要。一些建筑师坚定地相信，伟大的建筑依赖于伟大的客户或强势的客户。当然，这种观点有点自私，意在讨好客户。另一种观点则认为伟大的建筑是天才建筑师凭一己之力打造的，两种观念都大错特错。

有些人认为客户支持建筑的黄金时代早已成为过去，另一种与之对立的观点则认为，在当代世界的压迫之下，我们生活在一个过于软弱和无力的社会中，个人意愿无法顺畅表达，团体赞助方也取代了个体客户。凡・霍赫斯特拉滕的例子向我们证明某些个体独特的意愿有多么令人不快。除了选择建筑师、支付账单以及拒绝建筑商不切实际的建议之外，客户还会在多大程度上参与建筑行为，这一点很值得我们探讨。

世上的确有那么一种人，他们因为虚荣心和控制欲作祟，名义上委托建筑师做设计，实际上插手所有的事务，但建筑师和客户的关系并非只有这一种模式。

建筑的魅力在于建造过程中所拥有的那种特殊快感，看着自己的构想逐渐变为现实，让人不由得心生愉悦。这个过程可以是缓慢而持续的，也可以是突飞猛进的，这种快乐是很难在一栋业已完成的建筑中感受到的。或许正因为如此，才会有人想要一次又一次地体验建造过程。

看着一堵墙渐渐升高，看着一个空间日益成形，这是一种建筑乐趣，但建筑的乐趣远非如此。对追求政治权力的人而言，建筑的魅力在于它表达意志的能力。不论是设计建筑还是委托他人设计建筑，都在向世人表明：这正是我想要的世界，这就是我统治国家、料理商业帝国、管理城市或经营家庭的完美场所。正是通过建筑，思想或情感转化成了现实，也正是通过建筑，我们可以按照自己的意愿而不是按照现状构建现实。

无论是从规模上看，还是从复杂程度上看，建筑都称得上是最为宏大、最具优势的文化形式。毫不夸张地说，它决定了我们看待世界的方式，也决定了人们互相交往的方式。对客户而言，建筑让他们有机会满足自己的控制欲。对某些建筑师来说，建筑让他们有机会操控他人。建筑甚至能让建筑师沉湎于“整体艺术”之中。阿道夫·路斯(Adolf Loos)曾用寓言故事讽刺这种现象。他在故事中描绘了一个可怜的富翁，他本是建筑师的雇主，但却成了建筑师审美的奴隶：

有一天，富翁正在庆祝生日，夫人和孩子送了许多礼物，富翁非常喜欢这些礼物。富翁邀请建筑师来他家帮他提些建议，帮他解决一些难题。建筑师走进房间，富翁欢喜地跟他打招呼，因为富翁满脑子都是要解决的难题。建筑师并没有注意到富翁的喜悦，而是看到了一些很不搭的东西，脸色一下子就变了。

“你脚上穿的是什么拖鞋啊？！”建筑师痛苦地问道。

富翁看了看自己的绣花拖鞋，然后松了一口气。他觉得这次自己可没犯什么错，这拖鞋可是严格按照建筑师的设计稿做出来的。因此富翁的回答很有底气。

“建筑师先生，您难道忘了吗？这可是您设计的啊！”

“当然没忘，”建筑师吼道，“可这是卧室穿的拖鞋！它们完全毁掉了这里的情调，这两团颜色绝对不能出现在这里，你自己看不出来吗？”

类似的问题，米兰建筑师厄内斯托·罗杰斯（Ernesto Rogers）也曾深有感触地谈论过。这位建筑师是理查德·罗杰斯的堂兄，他认为在用建筑表现一种文化价值和追求时，人们会过度提炼其价值和追求，我们甚至可以从社会生产的最简单的产品（如勺子）中看到整个社会、整座城市的本质。

建筑与人类的控制欲密切相关，要想确定某个空间内的生活秩序、生活类型以及生活形式，要想精心编制每一处空间内的每一项活动，就需要拥有一定的世界观，但这样的世界观里面不会有多少谦逊态度。人们普遍认为，建筑师只有设法让客户同意建造他们既理解不了也不想要的建筑，他才算成功了。这种观点是建筑行业促成的产物，建筑行业似乎把自己塑造成了一种“神职人员”，它用晦涩的建筑语言表达建筑师的思想，但它也有一种相对于其他文化形式的自卑感。

建筑既关乎生，亦关乎死。它塑造了我们的生活，即便这种影响方式不像有些建筑师想象的那般直接。建筑具有实用功能，但它本身也是一种追求，即追求一些别的东西。建筑也是一种控制欲，因为我们的私人生活环境、我们会和谁一起分享这个环境都是由它来决定的，即便这种控制持续的时间可能很短。建筑有着构造世界的力量，它将建筑师不想让我们看到的东西屏蔽在外，让我们把注意力放在精心设计的事物之上。建筑能够调节光线，它规划出了餐厅和厨房之间的联系，当然聪明的建筑师会将餐厅和厨房设计成既独立又互相联系的空间。你当然也可以在厨房写作，在浴室里吃饭，在工作室里睡觉。建筑规划出了生活的纹理，你可以选择遵从它，也可以选择忽视它。

这种生活的纹理可以是固化的思维模式，就像那位喜欢按字母顺序给孩子取名的德国建筑师弗雷·奥托(Frei Otto)所说的那般；它也可以是一种美妙的体验，就像诺曼·福斯特让司机开着路虎车送自己去搭乘私人飞机那般舒适，车中配备齐全，座位置物袋里还装着崭新的素描簿、削好的铅笔以及一部手机，以防这位大建筑师突然灵感爆发，却因为找不到纸和笔记而错过那重要的瞬间。

它还可以是一种观念，就像迪特·拉姆斯[5]那样，把设计视为支配世界的工具。拉姆斯的眼中忍受不了无序的东西，他觉得乱扔垃圾有碍观瞻，于是在乡下散步时会拎着大纸袋捡垃圾。他的办公室就像是设计界的“中立国”瑞士，房间整洁得让你觉得墙上多一个指印、地上乱扔一张纸，都会破坏它的美感。房内的每一个细节都经过精心布置，包括家具、架子上的陈列物、闹钟、收音机和收纳空间在内的每一样东西都是他亲自设计的，房间里唯一的色彩来自拉姆斯从不离手的橙色香烟盒。

拉姆斯不喜欢看到多余之物，他宁可耗尽心思也要设计出完美的产品，希望它们能不落伍、历久不衰。他设计出了最理想的计算器，周到地给它配上圆角、完美的按键和清晰的功能序列，结果却发现计算器这一整类的产品都已经过时了。他设计出了外观最为优雅、功能最为齐全的唱片机，却发现唱片机也已经被淘汰了，而且取而代之的磁带机，还有后来的激光唱片机也很快被陆续淘汰，这导致拉姆斯对控制欲和秩序的追求变成了绝望而又自欺欺人的行为，就像是在沙滩上徒劳地拦住海浪不让它卷走沙子一般。

建筑最初的功能是为人遮风挡雨，但如今，建筑（不论是私人住宅还是由街道和公寓构成的综合体）已经变成了塑造特定世界观的工具。建筑师受市长委托，仿照古罗马圆形剧场的样子设计新的综合住宅区（里卡多·波菲尔[6]就曾受数个法国城市之邀打造这样的建筑），在这样的建筑活动中，建筑师和市长的关系是一回事，建筑师和实际生活在其中的个体之间的关系则是另外一回事。尽管伦佐·皮亚诺及其建筑同仁做了许多努力，但塑造建筑的依然是当权者，而不是普罗大众，不过建筑的意义并不会因此而减少。

1 莱昂·巴蒂斯塔·阿尔伯蒂（Leon Battista Alberti, 1404—1472），文艺复兴时期的全才型人物，意大利哲学家、建筑师、艺术家、作家、语言学家、密码学家，著有建筑理论作品《论建筑》。

2 安德烈亚·帕拉第奥（Andrea Palladio , 1508—1580），文艺复兴时期意大利著名建筑师，常常被认为是西方最具影响力和最常被模仿的建筑师，著有《建筑四书》。

3 艾利·布罗德（Eli Broad, 1932— ），洛杉矶慈善家、收藏家，加利福尼亚地产和保险巨头，2015年“顶级藏家200强”榜单人物。

4 克里斯托弗·亚历山大（Christopher Alexander），1936年出生于奥地利，建筑师，“模式语言”的创始人，加州大学伯克利分校的荣誉退休教授，以其设计理论和丰富的建筑设计作品而闻名于世，著有《建筑的永恒之道》（*The Timeless Way of Building*）、《建筑模式语言》（*A Pattern Language*）和《秩序的本性》（*The Nature of Order*）等作品。

5 迪特·拉姆斯（Dieter Rams, 1932— ），德国工业设计之父，当代“简约主义”风格的代表人物、“新功能主义”的创始人和代言人。拉姆斯建立起了20世纪工业设计的标准，被誉为“20世纪最有影响力的设计师之一”“活着的最伟大的设计师”以及“设计师中的设计师”。拉姆斯提出了“少，却更好”的设计信条，他认为好的设计是创新的、实用的、唯美的、让产品说话的、谦虚的、诚实的、坚固耐用的、细致的、环保的、极简的，这被称为“设计十诫”。

6 里卡多·波菲尔（Ricardo Bofill, 1939—2022 ），西班牙建筑大师，享有“建筑鬼才”之美誉，创建有泰勒建筑事务所，曾获得十余项建筑大奖。

All the Presidents' Libraries 总统图书馆

这些人试图利用建筑来对抗无法逃避的死亡，从而让自己的生命更有尊严，或是利用建筑塑造一座城市，从而在无序的世界中寻找意义、获取慰藉。跟前辈相比，布什和里根的图书馆或许没有那么多的野心，但它们不是单纯的建筑，也具有强烈的政治意义。

除非万不得已，任何一位美国总统都不会把自己与托马斯·杰弗逊[1]相提并论，以免使自己相形见绌。布什仿照弗吉尼亚大学圆形大厅的样子给自己打造图书馆，将杰弗逊设计的总统图书馆直接“拿来”，想必有充足的理由吧。布什希望能将杰弗逊图书馆的光辉借一点点过来，将自己塑造成战争英雄和全能的国际政治家，巩固自己“合理的历史地位”，他认为这是抹去连任失败的耻辱的最有效方式。在美国建筑史上，杰弗逊的圆形大厅是一座伟大的标志性建筑，而布什版的圆形大厅则籍籍无名。杰弗逊本人既是富有天赋的建筑师，亦是品位高雅的评论家；布什只会让“设计工厂”来设计自己的图书馆，这样的工厂最擅长的便是打造千篇一律的棒球馆。弗吉尼亚州夏洛茨维尔市里，杰弗逊创建的大学是美利坚合众国初建时的代表性机构之一；而布什在大学城打造的建筑却占用了得克萨斯农业机械学院（现改名为得克萨斯农业机械大学）的90亩上好水田，自恋地歌颂自己的总统生涯。作为一名曾先后担任过中情局局长、美国驻华大使和罗纳德·里根总统副手的前总统，布什打造这座建筑的初衷是想把自己置于英雄传统中。

18世纪的领导人往往被塑造成身穿盔甲、头戴头盔、佩戴月桂叶、外披托加袍的形象，即便是最不称职的领导人也是一副英雄的模样。布什的图书馆与它们有着异曲同工之处。尽管这座图书馆力求宏伟，尽管它几乎抹去了前副总统丹·奎尔（Dan Quayle）的存在，但它无意中表现出来的坦诚却是绝无仅有的，它巧妙展示了布什一事无成的总统任期。圆形大厅这种形式的建筑至少可以追溯到恺撒大帝时期的城市纪念碑，它矗立在图书馆的前方，就像拉斯维加斯卢克索酒店门外灯光笼罩的狮身人面像一般吸引着行人的注意。布什的圆形大厅就像是一块路牌，掩映着后面仓库般的图书馆，那里一排排的书架上摆满了灰色的文件盒，每个盒子上都画着一个黑点，表明它们装的是前总统的文件。这些文件由国家档案与文件署的工作人员负责管理，这些工作人员就像是H.G.威尔斯（H.G.Wells）《时间机器》（*The Time Machine*）中的怪物摩洛克人一般，终日在地底活动，连阳光都难得一见，一天只能见到几个偶尔来此访问的学者。

每年来此参观的人大约有10万，他们想看的并不是档案仓库或库藏的文件，而是来此翻翻记录，扯扯拉杆，按几下按钮，让小孩玩玩毛茸茸的玩具狗，以此来品味和膜拜布什的人生。馆内展览由亚历山大·克兰斯顿（Alexander Cranstoun）负责设计。作为一名设计师，克兰斯顿还曾设计过尼克松的总统博物馆，也曾负责奥斯汀市林登·约翰逊（Lyndon Johnson）博物馆的重装，还曾负责设计佛罗里达州环球影城主题公园内的标志物尼克间歇泉（Nickelodeon Geyser）。这座标志性喷泉有9米多高，看上去像一支巨大的试管，里面绿色的液体不断地翻滚着。

在布什图书馆圆形大厅的前方，8根旗杆围绕成一圈，每根旗杆上都挂着一面星条旗。旗杆那边是一个色彩柔和的广场，它位于布什政府与公共事务学院的中心位置，再过去，便是一个宽敞的停车场。广场的中间立着5匹青铜骏马，它们奔驰的铁蹄下面是一道青铜制成的破碎矮墙，它代表的是柏林墙。这件雕塑作品的设计者是一位名叫威瑞尔·古德内特（Veryl Goodnight）的艺术家，她将这座雕塑命名为“墙倒之日”，说它是自由的象征。和布什图书馆里面的其他设计一样，古德内特作品的象征语言虽然强烈，却太过隐晦，无法传递明确信息，所以必须用文字表述出来。古德内特自称西方艺术家，她说自己刻意摒弃了20世纪60年代以抽象为主导的艺术流派。在学习雕塑并成为业内大师之前，她学会了簿记。今天，古德内特买下了一座牧场，在上面建起了私人工作室，源源不断地创造出以西方为主题的作品，顺便还养养水牛。据古德内特称，在柏林修造的第二座“墙倒之日”作品完成之时，中央情报局向她颁发了“自由勋章”，在文化领域，这种勋章实为罕见，也带着双重意味。从古德内特塑造的青铜马看，她似乎是借鉴了《指环王》（*Lord of the Rings*）三部曲里面的形象，这么看来，她又像是投入了以杰弗·昆斯为首的流派。杰弗·昆斯将西班牙毕尔巴鄂市古根海姆博物馆外面的灌木修剪成狗的形状，与这个作品相比，古德内特的青铜马虽然没有那么出名，却十分真诚。她还为柏林设计了一群奔腾的马雕，立于勃兰登堡门前的大道之上。想要以此来表现德国从“史塔西”（德意志民主共和国国家安全部）手中解放出来并重获统一的精神，这一举动实在是太过蠢笨。偶然来访的游客站在古德内特的雕像前，看到雕塑上杂乱的喷绘，大概会以为是无政府主义的得克萨斯肇事者拿着喷雾器在雕塑上胡乱喷出来的吧。实际上，在骏马脚下的碎墙上，那看似凌乱的喷绘是官方批准的，由艺术家按照原柏林墙上的图案精心绘制而成。古德内特曾说：“遵布什总统之意，柏林墙边所有被害者的名字都要刻在‘和平鸽’上，它们代表的是试图翻越柏林墙逃往西方自由世界却惨遭杀害的平民。”

古德内特没有说明这900多名遇害者的数据来自何方，但此数据与实际记录并不相符。在柏林墙存在的28年时间里，有记录的被害者为82名。与雕像所呈现的信息相比，雕像的尺度和打造该雕像所耗费的功夫似乎更让人难忘。古德内特解释说：“这些青铜骏马与真马一般大小，每匹重达7吨，历时3.5年方才造好。”这番话就像是在说布什政府的成就是以数量取胜，而不是靠质量来证明。为了让那些想象力不太丰富的人也能明白雕塑的内涵，她又给这座雕像加了一段文字声明："布什总统的外交技巧在柏林墙上破开了一个大洞，将整个西欧从共产主义的统治中解救了出来，冷战由此结束。"

加利福尼亚的罗纳德·里根总统图书馆也有类似的声明，这两座图书馆里都展示着一段来自柏林墙的残墙，证明自己的主人亲自赢得了冷战的胜利。里根图书馆召唤来访者"亲手触摸一段被里根推倒的柏林墙，感触里根所塑造的历史，与里根一起展望他为我们创造的自由未来"，那语言就和《圣经》一般充满了蛊惑。

布什图书馆颂扬的是美国战胜邪恶帝国的成就，但它周边的环境却泛着偏执的色彩。高速公路广告牌上的标语号召人们时刻保持警惕，它虽然已经转化成了网络口号"体会恐惧或是准备就绪"，但依然能看到小说《一九八四》(*Nineteen Eighty-Four*) 主人公温斯顿·史密斯 (Winston Smith) 的痕迹。美国大学网站上显示着美国防恐的预警级别，并且实时更新，警告准备出国的学生不要穿亮色衣物或白色袜子，也不要把衬衫的下摆耷拉在牛仔裤外面，免得被恐怖分子认出是美国人而遭受袭击。当然，如果要去的国家里，只有美国人才会将衬衫的下摆塞进裤子，那就要小心地反其道而行之。如果美国人都听从了这个警告，那长此以往，恐怕大学又要警告学生换一种做法了，最后导致最典型的美式做法就是看起来不要像美国人。身在国外，孤身一人的美国人是不敢去雅典的麦当劳的。为安全起见，圆形大厅的入口处修建了一圈抵挡汽车炸弹袭击的混凝土护墙，门上也装着金属探测器。

布什并不是知名的总统，而杰弗逊却是最有才华的哲学家兼学者，他以极低的价格从拿破仑手中买来路易斯安那。布什希望能借助总统图书馆相似的设计，来暗示自己和杰弗逊的相似之处，这种做法倒是不难理解。但是布什（或者说他的顾问）还希望自己的图书馆能够体现这一点：他虽然遵守的是美国的传统美德，但也没有完全忽视20世纪的现代化。因此，圆形大厅虽然采用古典造型，但建筑外部并没有设置古典风格的柱子，厅内的柱子也没有饰以叶形和螺旋形装饰，也都没有配备柱顶，不带有任何古典建筑特有的细节。当然，让一位前总统原样照搬或者重新阐释杰弗逊的创意，这种做法在20世纪90年代后期并不合适。在当代美国，即使是耶鲁大学精英社团“骷髅社”的成员，也必须体现大众文化的价值观。普林斯顿大学也许会大胆一些，但对布什来说，打造太过古典的总统建筑会给自己带来太重的负担，所以布什不可能找罗伯特·斯特恩（Robert Stern）、艾伦·格林伯格（Allan Greenburg）等建筑师，因为他们是少数几个仍然对古典材料感兴趣、仍在使用古典材料的建筑师。打造典型的古典建筑就等于不必要的炫富，但更危险的是，这相当于炫耀学识，任何一位美国总统或是前总统都不想被人看成是书呆子。布什图书馆的设计比古典风格更为简单，它想通过这种方式证明自己属于现代建筑，但实际上它又和古典建筑非常相像，这也证明它和传统以及传统价值观息息相关。当你半闭着眼的时候，更能体会到这一点。

布什看似不拘小节，但他常常会在言谈中透露一些自己在菲利普斯学院和耶鲁大学求学的经历，免得别人真的把他当成了牛仔。布什图书馆的设计与他的行事作风颇为相像，外立面设计处处暗示着其贵族血统。外墙上厚薄不一的石块交替使用，仿佛暗示自己源自罗马人的石墙。石墙与基座的颜色截然不同。门廊前方保留着一点点挑檐的痕迹，看起来就像是领针式的法国荣誉军团勋章。图书馆看起来确实更像是一个战利品，而不是在彰显某种建筑风格。图书馆上方露出的圆形大厅上，一排小小的方形窗镶嵌在厚厚石壁中。圆形大厅的顶部全部由玻璃打造而成，大厅内部的光线非常充足，所以设置这些窗户并不是为了采光，而是为了表明墙壁有多厚。

图书馆正面是用石头砌成的，这是凸显建筑地位的传统做法。入口上方的工字梁裸露在外，表示该建筑至少具有某些当代的审美观念。图书馆设计方是CRS建筑师事务所（Caudill，Rowlett and Scott）。这家来自得克萨斯州的建筑公司曾名噪一时，但在图书馆即将完工时，它却被名不见经传的HOK集团合并了。如果你仔细观察，便会发现CRS是如何通过细节将自己的痛苦和遗憾烙刻在这座建筑之上的。在图书馆旁边的布什公共政治学院的薄石板上，刻着这样一句话："谨以此工程向CRS完美的设计和高超的领导力致敬，CRS是建筑事业的践行者，亦是万千建筑学生的导师。"但是，最终刻在图书馆砂岩墙壁上的设计方，却不是CRS，而是HOK这三个字母。CRS有足够的修养，知道即便自己被吞并，也应当为圆形大厅设计出合适的入口，但他们也在门前设计了宽阔的门廊，还将布什的名字铭刻其上，使得图书馆看起来就像是个别扭的五星级酒店，这不太符合礼节。罗马皇帝哈德良为万神殿设计的入口配有半独立的门廊，它从圆形大厅向外延伸，上面装有三角楣饰。夏洛茨维尔的杰弗逊图书馆也巧妙地借鉴了这个设计。但在布什图书馆里，它却被简化成了一个简单的盒状门廊。这使得布什图书馆不像新古典主义作品，更像是后现代主义作品，不像是在模仿杰弗逊，更像是在模仿迈克尔·格雷夫斯的漫画版杰弗逊。

罗马皇帝哈德良的圆形大厅上面覆盖着庄严的穹顶，穹顶中央嵌着天眼。这里本是祭奠罗马众神的圣坛，后来变成了拉斐尔的陵墓，最后成了短命王朝意大利王国的家族陵墓。杰弗逊创办弗吉尼亚大学时，教室和图书馆里的每一根柱子都是这位前总统精心挑选的。布什的圆形大厅却没有这般花心思，只是在黑灰色的大理石墙面上刻下了捐款人的名字，这些名字采用带衬线的字体，用大写字母写就，最早采用这一字体的是两千年前的图拉真凯旋柱。美国企业募捐者别具匠心地将它应用于此，这样无须庸俗地标出每位捐赠人的捐款数额，人们便知道每个人到底捐了多少钱。捐款栏里面有一栏赞助方的名字，分为个体赞助方和团体赞助方，再后面则为创始人的名字。捐款栏的最后一栏是总统内阁和圈内人物的名字，图书馆落成时，这些人都曾亲临开幕式现场，当时图书馆附近的跑道上停满了私人飞机。这些名字包括《华盛顿时报》基金（图书馆展示的报纸全都来自此报社）、阿曼苏丹国、科威特公民以及阿联酋副总统兼总理阿勒纳哈扬（Al Nahyan）和阿拉伯联合酋长国人民。当然，这里也少不了哈里伯顿基金会，它所属的公司在第二次海湾战争中大放异彩，让小布什的副总统发了一笔横财，中华人民共和国政府也以赞助方的身份名列其中。和图书馆陈列的上千件藏品一样，这个名单也在诉说着两位布什总统的人生和故事，只不过比起展品，它的语言更为直白。比如说，名单上的哈兰·克劳（Harlan Crowe）是图书馆的财务主管，据《纽约时报》报道，在2004年总统大选时，此人曾秘密雇佣人去肆意诋毁候选人约翰·克里（John Kerry）的战争经历。

其他总统图书馆的墙上也同样刻着惹人厌的名字。例如，吉米·卡特（Jimmy Carter）就曾把花花公子基金会写在亚特兰大总统图书馆的赞助方名单上，里根图书馆也将罗伯特·麦克斯韦尔的名字高高挂在上头，时至今日依然没有擦除。据说这位跌落神坛的英国媒体大亨是以色列情报机构摩萨德的间谍，关于他的死亡，也是众说纷纭，不知道他从私人豪华游艇“吉莱纳小姐号”坠入地中海是失足、自杀还是他杀。在其死后不久，他非法侵占员工养老金的事情便被曝光了。有些捐赠墙的设计甚至比这还拙劣，当然，凭借自己对建筑的了解，CRS还是有能力避开最明显的错误的。

林登·威尔逊建筑事务所（Langdon Wilson）便没有那么聪明。他们曾成功地仿照庞贝古城别墅的式样为加州马里布市设计出了第一座盖蒂博物馆，但在他们修建的尼克松图书馆暨纪念馆中，捐赠墙两侧各有一道通向男女厕所的门，看起来就像是放大版的《玩偶之家》中的天气预报员一样分列左右。尼克松图书馆不是国家认可的总统图书馆，这里珍贵的藏书寥寥无几。就像入口标示牌上写的那样，“这是美国唯一一座不花纳税人一分钱的总统图书馆”。这是因为尼克松的档案（包括磁带）均被美国国家档案馆和记录管理局收走，放在了马里兰州的一个藏馆里。

设计完盖蒂博物馆以后，林登·威尔逊建筑事务所又设计了许多作品，其中包括塔可贝尔大楼，但这时候的他似乎江郎才尽了。设计尼克松图书馆时，林登·威尔逊采用的是盖蒂别墅的布局，图书馆四周围绕着一片开满黄紫色花朵的花圃，外设倒影池，旁边便是尼克松出生的乡村小屋。如果你愿意，花上40美元就能在图书馆商店里买到一面丙烯酸纤维材质的美国国旗，旗子约1米宽、1.5米长，带刺绣镶边，纯美国制造，还曾在尼克松旧宅上空飘扬过一天。国旗还配有“正品认证书”：“如果你想在证书上填入尼克松人生中的某一特定日期，请告诉我们。”

尼克松图书馆里的工作人员都是志愿者，他们身穿运动夹克，更愿意称自己为讲解员。他们对待访客格外友善，实际上做的事情远超出讲解员的职责范围。他们会给你介绍某个房间里总统乘坐过的林肯轿车，告诉你当年人们是怎么把它运到莫斯科，这样尼克松和基辛格便可以坐在车内与勃列日涅夫进行谈判，从而避开美国大使馆内无处不在的电子窃听器，“当时使馆里的一位俄罗斯男子参与了防范克格勃(KGB)的工作，他说使馆人员都知道克格勃在这里安装了东西，只是一直都没找到罢了。”图书馆的正中间，是一个世界领导人大厅，里面随意摆放着一些石膏雕像，这些屹立已久的雕塑看起来不像安然坐在待客室里的客人，倒像是一群被困在电梯厅里的人。这些“客人”都是尼克松亲自挑选的，个子最高的那位是戴着法国军帽的戴高乐，比较矮的那位是戴着礼帽的丘吉尔，毛泽东的背后是联邦德国第一任总理康拉德·阿登纳(Konrad Adenauer)和拎着手提包的以色列总理果尔达·梅厄(Golda Meier)。讲解员热情地向来访者介绍那些陌生的面孔(时至今日，知道这些名字的人也不太多了)，解释这些真人大小的塑像是怎么塑造出来的，它们身上“真正的衣服”是怎么穿上的，上面的铜色又是怎么涂上去的。

尼克松图书馆里，最令人感动的是一个手提箱，里面装满了从越战战俘身上搜来的战利品，其中包括破旧的狱服，上面打着不同颜色的补丁，看起来就像是日本高级时装设计师的杰作。箱子里面还有卡纸做成的牙膏盒和印着斯大林头像的香烟盒——红十字会里的越南人最喜欢的东西。在图书馆里，我们还能看到尼克松与媒体界扭曲的甚至可以说是病态的关系，最能体现这种关系的是一面展示墙，上面展示的是尼克松在任期内43次登上《时代周刊》封面的事情。事件标题大都带有不光彩意味，但展示墙的文字说明却自豪地写着“比谁都多”。图书馆里还存有一小块月岩和一套美国宇航局的太空服，与宇航服配套的太空靴表面镀着一层银光，看起来就像是从附近五金店里买来的舞台靴。图书馆最有启发意义的展品是H. R.霍尔德曼(H. R. Haldeman)起草的备忘录，它冷冰冰地提醒人们尼克松对航天事业的一贯爱好。这份备忘录压在玻璃板下，概述了如果第一次登月遭遇失败，总统需要做的事，备忘录中还有为总统电视讲话准备的手稿。手稿上写着："尼尔·阿姆斯特朗(Neil Armstrong)和埃德温·奥尔德林(Edwin Aldrin)是英勇的战士，他们知道自己没有重返地球的希望，但他们深知自己的牺牲承载着人类的希望。"如果登月失败，总统会在做此讲话之前给两位遗孀打电话。他会说："牧师会用海葬的仪式祈祷他们的灵魂早日安息。"

且不论尼克松的这些高瞻远瞩，但他建设这座图书馆的初衷便是要证明水门事件并非证据确凿。图书馆最多只肯承认"总统对窃听事件并不知情，手下的一些人向他掩盖了真相"。尼克松在参加1960年的总统竞选时，为了打击竞争对手肯尼迪，曾大肆操纵伊利诺伊州和得克萨斯州的选票。他一厢情愿地想要摆脱此项指控。尼克松在这次竞选中落败，但他说自己宽宏大量，没有向法庭提起诉讼，也免于重新计票。展览最后，穿过一条黑漆漆的走廊，你会在尽头看到一架直升机，这架来自白宫停机坪的直升机仿佛在宣告"我从不轻言放弃"，并暗示"在经受真正的考验之后，伟大才会到来"。

这里更像是一座圣殿，一座有点儿潦倒的圣殿。相比之下，布什图书馆设计得更为精巧，呼应了布什圆滑和市侩的特点，时至今日，这种特点在美国这个无情而强大的政治工具中依然占据主流，它代表的是循序渐进的政治程序，旨在避免用过于激进的做法挑战公众的耐心。

再看看布什图书馆的圆形大厅，里面除了捐赠者的名字、售卖戴维营风格防风夹克的商店、盖着总统印章的杯子、门口欢迎来访者的布什和芭芭拉纸人以外，只剩下空荡荡的大房间，这是对并不在场的布什总统的完美比喻。

圆形大厅这一建筑形式虽然有所欠缺，但与它代表的含义相比，建筑的外观还算威严。展馆的主体是一个高高的工棚，天花板上的空腹梁和锻压金属覆面板裸露在外，下方空间仿照赌场精巧的设计，刻意制造一种扣人心弦的效果，向人们逐一展现布什当政的年代。展厅曲折的动线就像迪士尼乐园一般拥有令人难以抗拒的吸引力，带着朦胧的真实感，让人感受不到建筑的空间感。

穿过门厅往右拐，映入眼帘的是一架“复仇者”鱼雷轰炸机，它吊在屋顶的钢梁上，以高空后滚翻的姿势定格在空中，这也是军机室内展览常常采用的姿势。1944年9月的那一天，布什正是驾驶着这个型号的战斗机，从“圣·哈辛托号”航母起飞，炸完一座日本广播电台后，在太平洋上空遭遇袭击。这架飞机当然不是当年的那一架，墙上玻璃展示柜内挂着的降落伞也不是当年救了他一命的那顶，而是同一批次的产品。布什套着救生衣在海上漂了几个小时，随海浪漂向自己刚刚轰炸过的小岛。幸运的是，他没有被鲨鱼吞掉，也没有遇上日本巡逻艇，而是被美军潜艇“长须鲸号”救了上来。展品中有一个潜艇舱口盖，暗示的便是布什获救的经历。布什在解说词中写道：“我曾距离死亡一步之遥，但上帝宽恕了我。”

再转过一个大弯，是另外一个精心安排的展品：一架20世纪40年代晚期生产的“沃利策”牌管风琴，循环播放的磁带演奏着“欢快的吹号手”。管风琴旁边是一辆1947年产的斯蒂庞克牌汽车。当年

“布什从耶鲁毕业后，驾驶着同样型号的汽车穿越整个美国，前往得克萨斯州开启新生活”。

比起布什图书馆的建筑师，博物馆的室内设计师克兰斯顿足够聪明，不会让展品设计显得过于露骨。自从林登·约翰逊的夫人强迫戈登·邦夏把奥斯汀的约翰逊图书馆打造成白宫椭圆形办公室的模样后，后来的几任美国总统都纷纷采用同样的做法，这似乎已经成为惯例。只有布什是个例外，他觉得自己应该大胆创新点，所以他采用的是戴维营月桂苑的造型。邦夏刚开始设计约翰逊图书馆时，认为复制椭圆办公室的做法太没品位，所以一开始不肯如此设计，后来图书馆渐渐形成，大家都觉得里面已经没有足够的空间容纳整个椭圆办公室，但约翰逊夫人一直不肯放弃。压力之下，邦夏硬是把一个略略缩小版的办公室安在了图书馆里面。办公室墙壁的假窗上是得克萨斯的阳光。奇怪的是，这个办公室与博物馆的其他部分毫无关联。20世纪60年代发生校园枪击惨案之后，博物馆的窗户都装上了防弹玻璃。

这些“山寨”的椭圆形办公室都有一个共同点，那就是要让参观者心生敬仰之情。它们是国家圣地，都被玻璃板保护起来了，至少也有带穗子的红色粗绳拦着观众，以免有人做出“冒犯”的行为。图书馆禁止人们跑到“山寨”总统办公桌的后面偷偷拍照，也不允许任何人在这里刻下“×××到此一游”的痕迹。唯一有点不一样的是肯尼迪图书馆，这个图书馆与约翰·肯尼迪当年的椭圆形办公室一样，很像鲍比·肯尼迪(Bobby Kennedy)担任司法部长期间的办公室。你来此参观时，可以走到办公桌后面，仔细观赏墙壁上的蜡笔画，那是他的孩子绘制的；你也可以近距离看看一顶瘪瘪的白色钢盔，当年派往密西西比州牛津小镇的联邦执法官有300人之多，头盔的主人便是其中之一。这里还收藏着一封詹姆士·梅雷迪斯（James Meredith）写的信，读起来十分感人。作为美国历史上第一位黑人大学生，梅雷迪斯写信给保护自己的联邦执法官，告诉他们自己顺利毕业的好消息。总统图书馆那么多，但只有这座能够像这封书信和这顶头盔一样，给人以别样的感觉。

椭圆形办公室的主人换了一个又一个，每次都要重新布置或装修一番，唯一不变的是总统办公桌的位置。它背对着窗户，遥望着另一端的壁炉。如何让家具服务于政治，从办公室的装修便可见一斑。卡特将一对沙发背靠背放在办公室中间，其中一张正对壁炉，另一张面朝办公桌，每张沙发两边再各放一把扶手椅。这般布置，便可以招待不同地位的客人，正常情况下，访客进入办公室的流程是这样的：官员毕恭毕敬地走进办公室，总统站起身，握手、拥抱、吻脸（当然也要考虑这种礼节是否符合来访者的文化习俗）；接下来，总统请来访官员在面朝办公桌的沙发上就座，总统坐在办公桌后，随行人员则坐在两侧的椅子上；会谈完毕，地位较低的来访者离开办公室，余者进入第二阶段的会谈。接下来，为了有助于解决某些棘手的问题，或是为了展现双方的热情，大家会站起身来，坐到壁炉前的沙发上。总统也会从自己的办公桌后面起身，与客人肩并肩地坐在一起。这似乎是已经形成了一个传统，就像跳求雨舞那般神圣。用卡特自己的话说，“邓小平来华盛顿拜访我的时候”，就是这么一个流程。在这样一个“神圣仪式”后，即便没人记得刚刚说过的话，又有什么关系呢？

里根担任总统时，椭圆办公室的设置更为常态化，没有那么多的仪式感。办公室的中间横摆着两只三人沙发，总统能从办公桌直接看到壁炉，他曾在此接待了特蕾莎修女、戈尔巴乔夫、撒切尔夫人和贝鲁特人质事件的代表。

林登·约翰逊显然不太喜欢在办公桌前工作，他的办公室里铺着墨绿色的地毯，上面摆着一把摇椅和脚凳，摇椅旁边是一张咖啡桌，拉出一块抽拉板就能看到免提电话，这便是林登·约翰逊的权力宝座。肯尼迪的总统办公室里面则摆放着舰船模型和游艇比赛的纪念品，古巴导弹危机期间，这个办公室有了更多的功能，成了一个安抚民心的演播室。观众只看得到发表电视讲话的总统，却看不到总统秘书伊芙琳·林肯(Evelyn Lincoln)的日记本。翻开日记本，在1962年10月第一周的那一页里，记载着一个令人难以置信的时间安排：总统要在凌晨5：19分开始，做3分钟的电视演讲。当天早晨，国家安全顾问乔治·邦迪(George Bund)也在电视上露了两次面，第一次从6：18分开始，持续7分钟，然后是国务卿迪安·腊斯克(Dean Rusk)及参议员泰德·肯尼迪(Ted Kennedy)露面，接着邦迪在6：31开始第二次露面，时间为3分钟。

比尔·克林顿(Bill Clinton)也曾参观过肯尼迪、卡特和约翰逊总统图书馆里的“山寨”椭圆形办公室，但他并不是很喜欢。在修建阿肯色州小石城的克林顿图书馆时，他对建筑师詹姆斯·波尔夏克(James Polshek)说：“如果不能做到最好，干脆不做。”要做到最好，这意味着办公室里要有真正的窗户，让天然的阳光射进屋内。“他坚持要有自然光。”波尔夏克说，“白宫里的椭圆形办公室方向朝南，我们的建筑则相反，正面是朝西，四面都能采光。”与其他图书馆不同，克林顿的椭圆形办公室是建筑的真正组成部分，而不仅仅是一处背景。图书馆里面有一个椭圆形的柱形结构纵贯整座建筑，下方是入口大厅，三楼便是这个椭圆形办公室。

布什图书馆的基调要如何奠定，这个问题让设计师很是困扰。布什是盎格鲁－撒克逊新教徒的后裔，属于美国的上层社会，在肯尼邦克港的家族庄园长大，高中毕业于以“克己奉公”（Non Sibi，拉丁语，意为“无私”）为校训的菲利普斯学院，大学就读于耶鲁大学。博物馆是要彰显这种高贵的背景呢，还是要像他一贯声称的那样，把他塑造成自力更生的得克萨斯人？最终图书馆选择了后者。曾经担任菲利普斯学院棒球队队长的布什，把政治和公共服务的艺术比作普通民众的游戏。他认为：“政治给你带来的刺激，就和体育一样。政治辩论或立法危机的情形，和套桩比赛的最后一掷没什么两样。”图书馆里停着一辆斯蒂庞克汽车，当年布什横穿美国驾驶的便是这个车型。这个展品为图书馆添加了一些色彩，它旁边还有一份文字讲解，上面写着：“为庆祝自己的新生活，乔治·布什在阿比林城外吃了一顿午餐，买了一份当地的啤酒和炸牛排。他之前从未听说过这道菜，但自此这成了他最喜欢的美食。”图书馆的展品让我们更了解布什，我们甚至知道了母亲对他的影响。用他自己的话说：“母亲教会了我最基本的道理，‘不要炫耀，多考虑他人，善待他人’。这些话让我获益匪浅。”

展览逐一呈现了布什的职业生涯，用一系列标志性的展品来凸显他人生中的亮点。图书馆内有一个用胶合板制成的国会圆顶模型，一座白宫实物模型，还有一座类似我们在老式高档中餐馆里看到的东方宝塔，象征的是布什在中国的日子。尼克松图书馆也有类似的设计，这并不奇怪，因为这两座图书馆的设计方是同一个公司。布什担任美国驻北京联络处主任时，中方曾赠送了一辆自行车，这辆自行车如今也陈列于此，它看起来还很新。描绘1985年布什与邓小平会谈场景的，则是一张挂毯，这是上海红星绒绣厂的两名设计师根据会谈的情景，耗时53天制成的作品，其寓意与古德内特小姐设计的骏马颇为相似。布什担任联合国大使的岁月，则是采用得克萨斯偏远地区的人们常用的办法，用一排联合国旗帜来表示。图书馆里还挂着很多布什参加宴会的照片，但没有一张是他在日本东京当着主人的面呕吐的场景。

来到布什图书馆，你还可以看到一处仿照“空军一号”总统座机而建的展厅，参观者可以坐在里面，扣上安全带体验一番。展品中还有一只沙漏，象征的是第一次海湾战争，你可以将它翻过来，看着沙子向下倾泻，就像布什当年那样等待战争时刻的到来。图书馆里还摆放着一些人体模特，它们身穿军装，浑身喷成银白色，看不出性别和民族，20世纪80年代克兰斯顿重新装修约翰逊图书馆的时候也采用了同样的设计。在布什图书馆里，参观者还可以看到夜视镜中的科威特沙漠。从图书馆往外走的时候，参观者还会看到一艘香烟摩托艇，这是布什在20世纪70年代买下的赛艇，当时是为了凸显自己运动达人的形象。离开图书馆之前，参观者还能拿到一封印有布什总统和第一夫人签名的定制信函。

布什图书馆的展品和其他总统图书馆一样，也包括一些外国高官赠送的礼物，从这些精心挑选的展品看，在盟友眼中，美国总统的品位并没有随着时间的推移变得更为成熟。例如，墨西哥人送了一幅迭戈·里维拉（Diego Rivera）的画作给约翰逊，布什收到的礼物是一套马鞍，弗郎索瓦·密特朗甚至给尼克松送了一件法籍乌克兰艺术家索妮娅·德劳内（Sonia Delaunay）的作品，不知道收到这件礼物时尼克松的心情如何，可惜没有相关记录。布什图书馆里的最后一个展区是一个以现代艺术为主题的画廊。我在那里看过里克·凯利（Rick Kelly）的"自由反思"（Reflections of Freedom）展览，其中包括凯利精心绘制的画作《胡叔叔倒霉的一天》，以明显的苍白无力为基调，画面上一堆奇怪幻象，与萨达姆·侯赛因宫殿里的陈设一样庸俗不堪。

罗纳德·里根图书馆丝毫没有标榜贵族价值观，里根原想将图书馆建在斯坦福大学的帕洛阿托校区，具体馆址都已选定，设计图纸也已出稿，但就像当年哈佛大学反对肯尼迪图书馆入驻一样，里根也遭到了斯坦福大学的拒绝。后来，总统决定屈尊接受一位房地产开发商馈赠的土地，将自己的总统图书馆建在洛杉矶郊外西米谷旁的山顶上。天上是不可能掉馅饼的，在加利福尼亚这样的地方，里根接受这块土地当然也要付出一定的代价。在洛杉矶圣莫尼卡区以北一个小时车程的地方，居民住宅渐渐变少，就连商场和汽车旅馆也带上了一些教堂的风格（mission style），街道的名字也都变成了各个前总统的名字。沿着总统大道开向图书馆，会路经罗斯福大道和艾森豪威尔大道，这两条街道都非常新，仿佛建好之后就从未使用过一般。来到山顶，地势逐渐向下倾斜，旁边山谷中清理出了很多工地，准备建造崭新的住宅小区和豪华别墅。

从外观看，里根图书馆就像是一个大庄园，漂亮的开放式小院四周围着一道长廊，里面点缀着几条颇有乡野感觉的长凳，再加上罗马风格的波形瓦、烟囱、粉墙，显得典雅而别致。通向图书馆的路上矗立着一尊已故总统里根的铜像，雕像身穿工装裤，脚蹬牛仔靴，院子一角停放着闪着黑色光泽的林肯座驾。入口大厅两侧是整齐的树木，修剪得和塑料花木一般精致，室内地板上铺陈着陶砖，让人觉得自己好像走进了一个墨西哥餐馆。博物馆粗糙的天花板砖和踩上去有静电摩擦般声音的蓝色地毯让人觉得自己仿佛置身机场酒店的会议室，墙上贴着电影《君子红颜》(*Bedtime for Bonzo*)的海报，地上摆着一张餐桌，这里展现的是里根和夫人南希第一次见面的场景，但这里并没有里根第一任夫人简·惠曼(Jane Wyman)的照片。图书馆的通用电气剧场(General Electric Theater，里根曾演过同名电视剧)则放映着《伟大的吉佩尔》[2]的电影片段。

跟布什图书馆相比，里根图书馆更为朴实，但却更有魅力。看到里根在1994年确诊阿尔茨海默症之后写的公开信，再强硬的反对派也会潸然泪下。里根仿照白宫的模样在这里打造展区，但解说材料里面的实物照片却显示，这个仿造的场景和白宫原场景之间存在巨大的差别，让人不由得质疑前者的真实性，但正是因为这个差距，才让人们感觉这幼稚得可爱。

在里根图书馆里，很多展品看起来都很陈旧，就像是从阁楼里翻出来的废物一般，但它们却带着一种朴实的亲和感。在这里，你可以见到里根大学时代穿的带字母的毛衫、他遇刺后从医院返回白宫时穿的毛衣，枪击事件后警卫给白宫送了好几件防弹背心，其中一件也成了图书馆的展品。这些展品旁边还放着一张X光片子，上面可以看到打入他胸膛的子弹。图书馆里摆着一台电视机，电视中的里根正热情地和戈尔巴乔夫交谈着，电视机后面的墙角则看似随意地摆放着一枚巡航导弹模型。休斯飞机公司制作的仿真原型机是“星球大战”计划的一部分，这些原型机如今也摆在一张桌子上，其中包括微型车辆传感器和为航天飞机设计的反卫星红外传感器。这里还摆放着几个M1艾布拉姆斯型坦克模型和布雷德利战车模型，说明里根很关注提高美国陆军装备的事情。这些武器的生产商对里根万分感激，他们想必十分愿意把实物捐赠给图书馆，好在图书馆抵住了诱惑，没有接受他们的馈赠。

建成后的里根图书馆风景优美，再加上选址优势，它展现出了一种天然去雕饰的建筑魅力。但为了安放总统座机“空军一号”，图书馆又扩建了一座教堂风格的停机楼，致使其魅力大受影响。这架专门为里根和其他几位总统定制的波音707飞机曾是数位美国总统（其中包括里根）的座驾，它几乎和图书馆一样大。因为它的出现，里根图书馆似乎成了古代撒克逊勇士的坟墓，而这架飞机就像是陪葬那些勇士的船只和战车。图书馆的确是里根总统的长眠之地，但长眠于图书馆的总统并非只有他一位，德怀特·艾森豪威尔也把陵墓建在了堪萨斯州的总统图书馆里面。

总统图书馆出现的时间并不久，但它们向我们揭示了美国政治阶层的建筑偏好，让我们看到建筑的政治用途和建筑风格的扭转。总统图书馆起源于富兰克林·罗斯福，他亲自在纽约州北部海德公园的自家别墅旁边设计了一座图书馆，后来这座图书馆经议会表决收归国有。从此以后，每一位卸任的美国总统都会给自己修建图书馆。海德公园的图书馆代表的是舒适的居家生活：一排看似谷仓的建筑覆盖着护墙楔形板，以U形包围着中间的花园。图书馆主体建筑为两层，因为屋顶的木瓦斜度较大，所以看上去要比实际矮得多。罗斯福的图书馆并不宏伟，但却反映了这位总统不平凡的一生，他在应对20世纪重大事件的同时，还坐在轮椅上抗争小儿麻痹症，不过他从来都不肯坐在轮椅上拍照片。自他之后的总统图书馆都呈现了有趣的反差：越是平庸的总统，越是爱修建宏伟的图书馆。特别是杰拉尔德·福特，在密歇根州南北两端都有以他名字命名的建筑。国会后来决定限制卸任总统的相互攀比，不让他们竞相修建规模庞大的纪念碑，国会通过立法规定，卸任总统不但要自筹建造图书馆的资金，在联邦政府接管图书馆之前，他们还要负责图书馆20%的运营成本，如果图书馆的建筑面积大于6500平方米，还将征收额外罚金。可惜这项措施效果不太明显，罗斯福的图书馆仅有区区2800平方米，而肯尼迪图书馆的面积却将近9000平方米，克林顿的图书馆更是多达12000平方米。

除了罗斯福图书馆以外，几乎每座总统图书馆都采用这样或那样的古典风格。杰弗逊在夏洛茨维尔市打造的圆形大厅采用万神殿的风格，其原型来自富有建筑天赋的罗马皇帝哈德良。后来他的圆形大厅又成了布什的模仿对象，不知道布什是否意识到这种建筑形制的渊源。20世纪60年代美国最大的建筑设计事务所是SOM，该所最重要的建筑师戈登·邦夏受林登·约翰逊之托，负责设计奥斯汀市的约翰逊总统图书馆。当时邦夏没有以罗马建筑为原型进行设计，而是采用希腊风格。约翰逊图书馆矗立在红河街上，看起来就像是美国航空航天局构想中的得克萨斯卫城。整个建筑群沿山坡而建，由3个完全对称的结构组成，俯视着下方大学的草坪。图书馆主体就像是无窗的大盒子，从内到外都由意大利进口的石灰石打造而成，这遭到了当时国内推崇贸易保护主义的采石场业主的强烈反对。在得克萨斯蓝天的映衬下，阳光下的白色建筑显得那么耀眼，围绕建筑的倒影池波光粼粼，水波反射的阳光照在白色的墙壁上，即使在冬日也白得刺眼。图书馆一侧是约翰逊公共事务学院，它的墙壁并没有采用石灰石饰面，而是采用仿旧的混凝土饰面，这显然是为了向赋予他生命的“至圣所”致敬，免得图书馆抢了后者的风头。建筑的基座里面设有一个能容纳千人的礼堂。主体建筑的墙壁略带弧度，看上去就像是帕特农神庙下方的环壁，墙体表面上装饰着更多精巧的石灰石，水平石板和竖向石板交错搭配，每块水平石板上面都压着三块竖向石板。建筑上方的挑檐很深，使得墙体的上部都笼罩在阴影之下。主体结构下面嵌着镀铬钢板，让人不由想起多立克柱式的三角槽排档和排档间饰。在邦夏的建筑师同仁眼中，这是个精心设计的细节，而邦夏想借此证明自己对古典风格的应用是如何的炉火纯青。但实际上，人们眼中的邦夏向来是强硬的现代派建筑师，按照他自己的说法，如此布置仅仅是由于功能需要，与历史无关。为增加混凝土屋顶上梁体的强度，里面插入了八根钢筋，并配有锚固用的金属片。为了让建筑显得更加对称，邦夏又在锚固处多加了一个金属片，至少他自己说这么做是出于对称的考量。

抬头仰望图书馆，只见侧面的墙体呈一定的曲线，接近地面处略微外扩，中部内收，顶部再次外扩，使人联想到古典柱式对锐边的排斥，这种设计虽然不全是古典设计，但也相差无几，让人不由想起古典建筑的圆柱收分曲线。图书馆看起来并不漂亮，也不可爱，它的主人也是如此。据邦夏回忆，第一次面见总统时，他们开车前往约翰逊的庄园看奶牛。他说：“约翰逊正在庄园里修建一个活动板房，我们走进去参观，他说自己准备在卧室一侧的墙上开个窗户。我对他说，这样一来就没地方放床铺了，窗户得开在那边，但他说不行。我暗自猜想，他这么说是不是在试探我，是想确定我是个阴柔的装饰师还是个真正的‘直男’。”

约翰逊图书馆看起来就像一座陵墓，或者说像是“土星”火箭项目的组装车间。而实际上，和邦夏一起打造这项工程的还有建筑师布鲁克、格雷贝尔(Graeber)和赖特，这些人除了帮约翰逊设计庄园和私人广播站以外，还曾参与设计休斯敦的载人航天中心。

用邦夏的话说，约翰逊是个“积极进取的大人物，为伟大的社会变革带来了法制。而罗斯福图书馆那样的建筑，绝不会让人联想到约翰逊这样的人物，因为只有更有气概的建筑才配得上后者”。约翰逊图书馆植根于雅典式的民主建筑，但给人以强烈的威严之感，跟其他常见的图书馆相比，这座建筑彰显出更多的魅力。图书馆的选址位于于校园中轴线的一端，邦夏因此决定扩大工程规模：“就算是用来收藏橡皮圈，也要建得足够宏伟。”

邦夏之前曾设计过耶鲁大学的拜内克古籍善本图书馆，设计奥斯汀的约翰逊图书馆时，他吸取了前者很多的经验教训。从物理意义上说，图书馆可以只是储藏书籍的地方，但是邦夏成功地打造出了一片宏伟的内部空间，将图书馆变成了一件建筑杰作，而不是简单的展馆。这个空间挑高八层楼，从地面直通顶部，天花板上雕着巨大的总统图章，两部大理石楼梯蜿蜒而上，营造出极为震撼的视觉效果。邦夏认为：“这是一座纪念碑式的建筑，因为总统图书馆应能彰显总统的地位和总统文件的重要性。”

图书馆大厅中最引人注意的便是图书，在一面大理石边框的方格子里面，排列着一整面墙的图书，或者说排列着一个个盒子，盒子外面包裹着红色的粗麻布，里面装着约翰逊总统的文件，每个盒子都带有金色的总统印章，在聚光灯的照射下熠熠发光。无须语言和符号，我们便能清楚地感受到这栋建筑的身份。约翰逊图书馆让人一见难忘。吉米·卡特的建筑师在亚特兰大打造卡特图书馆时，也曾模仿过它的设计，但他只是敷衍地将一箱箱文件放在玻璃舷窗后方，让人感觉这是在东施效颦。占据图书馆大部分公共空间的是展览品，但邦夏显然不希望让展品夺取参观者对他创造的宏伟空间的注意力，所以他把展品都挤在一个半地下室中，就像是事后想起来了才匆忙把它们塞进去一般。

虽然在是否要仿建椭圆形办公室的问题上，约翰逊和邦夏二人意见相左，但要设计这座总统图书馆，SOM却是最为合适的选择，因为这个公司代表了美国的某种兴衰。这个建筑师事务所由路易斯·斯基德莫尔（Louis Skidmore）创立，邦夏于1937年加入该公司。随着美国作为超级大国的地位日渐稳固，SOM也发展成了世界上最大的建筑设计公司，正是它奠定了美国现代资本主义的外观。它为曼哈顿设计了多个作品，其中包括花园大街的利华大厦，这是世界上第一座由玻璃和钢材构成的摩天大楼；为洛克菲勒家族设计的大通银行总部大厦，占据两个街区；还有海丰银行大厦和美国钢铁公司大楼。SOM还为芝加哥修建了西尔斯大厦和汉考克大厦。这些神气的高楼借鉴了密斯·凡德罗的审美方式，但真正奠定20世纪五六十年代北美城区建筑风格的，却是SOM。不仅如此，SOM还将美国的形象推广到了全世界。每到一处，这个公司便为当地追求现代化的政府和企业打造出用钢铁和大理石构成的现代建筑。他们的作品包括机场、办公大楼、商业中心和酒店，那些野心勃勃的城市在SOM的手下全都变成了一个模样。在这些大楼里面，SOM为白领阶层设计出敞开式的“厂房”，里面被隔成了一个个的小格子，个个都配着五轮转椅。他们还为统治阶层设计了华丽的办公室，里面摆放着纯手工打造的办公桌，两侧挂着专门设计的挂毯，再加上柔和的灯光、中国人物雕塑和光滑的硬木摆设，显得十分尊贵。办公室地上铺设着绒毛没过脚踝的长绒地毯，室内的皮革饰品全部用原色染成，镀锌的家具则来自包豪斯。或许这样的权力幻景打动了密特朗的顾问，即年轻的雅克·阿塔利。

SOM的作品充满自信，尽显美国这一注定要站在世界之巅的国家风范。但随即便发生了美国在越南战败、60年代贫民区纵火案频发以及总统遇刺等事件，这一系列事件摧毁了美国的自信和战无不胜的形象，SOM的自信也轰然倒塌。在经济方面，SOM也因为越战以后的经济危机和石油危机而饱受打击，但更大的打击则是精神上的创伤，它再也不可能打造出像邦夏那样的建筑。邦夏一代人的审美呈现出既神气又低调的风格，这种风格不是简单的矫揉造作，邦夏及其同仁将之视为一种必须遵守的道德。时代发生变化，人们不再将现代主义视为进步力量，而是把它视作一种反动倾向，追求声望的企业领袖看不上它，反对重建城市的激进主义者也排斥它，这种情况下，SOM变得无所适从。

林登·约翰逊在1968年放弃谋求连任，SOM则在70年代末期涉足后现代主义风格，想要找到未来的发展方向，二者之间存在一个时间差。这时候的邦夏依然活着，他奚落SOM的晚辈说："在我看来，戴维·蔡尔兹（David Childs，当时SOM纽约事务所的主管）根本就不算是建筑师，他只是一名规划师，只会给每个东西都套上后现代主义的外衣。"

在建筑事业高唱凯歌的那个年代里，邦夏设计的约翰逊图书馆算是SOM最后一件充满自信的作品，而馆内的展品则反映了一个已经丧失乐观和信心的美国，它开始懂得要表现出一些谦逊。这种谦逊的性格在约翰逊身上几乎看不到，但他主政期间发生的一系列事件，让美国经历了太多伤痛，因此奥斯汀的约翰逊图书馆无法呈现布什图书馆那自信满满的基调。肯尼迪遇刺后，时任副总统的约翰逊乘坐飞机从达拉斯飞往华盛顿，飞行途中，他将手放在杰克·肯尼迪的《圣经》上宣誓就任总统一职，这本《圣经》如今也静静地躺在图书馆的一个玻璃盒子内。另一个玻璃箱里面放着一枚MK82,500磅的多用途炸弹，1964年美军在北越投放最多的便是这个型号的炸弹。馆内展出的一些有关公民权的照片也同样令人毛骨悚然，其中一张照片拍摄的是密西西比法庭里的白人女性专用卫生间。这样的事本该发生在19世纪，但约翰逊图书馆的这些照片却让我们看到同样的事情在我们这个时代依然存在。值得称赞的是，约翰逊图书馆的展品还包括签署“伟大社会”(Great Society)计划文件时使用的钢笔。

约翰逊图书馆在很多方面都体现了总统与建筑师的品位冲突，或者更确切地说，显示的是总统和阿瑟·德雷克斯勒(Arthur Drexler)的冲突。德雷克斯勒是现代艺术博物馆建筑设计部的主任，最开始负责图书馆室内展品的便是他。后来落汤鸡间歇泉的设计者亚历山大·克兰斯顿对展品进行了大刀阔斧的撤换，为了迎合美国人的新口味，他将自己惯用的银色塑像也搬到这里，摆成美国士兵的姿势，这将图书馆原先低调奢华的风格破坏殆尽。在图书馆大厅中，庄严且略显华丽的双楼梯下尴尬地停放着一辆1968年产的加长林肯大陆轿车。不远处还立着一个按照约翰逊的形象打造的机器人，这是尼曼百货公司捐赠的展品，机器人头戴斯泰森宽毡帽，一脚踩在拴马桩上，轻触按钮，它便会向世人展示自己的技能。机器人面前摆着两张密斯·凡德罗设计的巴塞罗那椅，这显然是来自上一个设计潮流的物件，把它们摆放在机器人面前，就像是两个愤愤不平的俘虏，似乎也暗示着开沃尔沃轿车的精英阶层不得不放弃自己的品位，屈从于大众的意愿。

在邦夏接受约翰逊委托前5年，肯尼迪图书馆的修建计划便已经启动了，但约翰逊图书馆都已经开放很多年了，贝聿铭设计的肯尼迪图书馆才刚刚完工。自从图书馆选定贝聿铭为建筑师以后，这座图书馆还两度更换地址，三次修改设计方案，无数次推迟开放日期，十五年之后，图书馆才对外开放。图书馆坐落在哥伦比亚角填海而成的土地上，俯视着波士顿以南的大海。尽管工程进程无比漫长而又艰难，但这座图书馆并不是贝聿铭的代表作，有这样的结果其实也不奇怪。但对贝聿铭而言，肯尼迪图书馆确实算是一项重要工程。贝聿铭曾师从于逃难美国的包豪斯派建筑师马歇·布劳耶和瓦尔特·格罗皮乌斯。正是通过设计这座图书馆，他才从纽约流氓开发商威廉·泽肯多夫手下的室内设计师变成了更有名气的总统御用建筑师，成了国家领袖眼中的红人，这些自负的政治权贵包括想要改造罗浮宫的密特朗、准备修建柏林历史博物馆的赫尔穆特·科尔（Helmut Kohl）等。肯尼迪图书馆让贝聿铭得以沉醉在金字塔形的建筑中，在之后为密特朗工作的10年间，他还多次采用这种建筑形式。在克林顿图书馆建成之前，肯尼迪图书馆是唯一一座大胆拒绝古典风格的总统图书馆。

如今，“9·11”的悲剧让世贸中心废墟重建项目成了众多建筑师趋之若鹜的对象，同样地，肯尼迪充满魅力的一生和悲剧性的结局也引得当时的建筑师竞相角逐图书馆的建设项目。来自世界各地的建筑师在一个周末齐聚波士顿的一家酒店，这些建筑师包括从芬兰赫尔辛基飞来的阿尔瓦·阿尔托、自东京赶来的丹下健三、从米兰过来的佛朗科·阿比尼[3]，甚至还包括从英国赶来的巴兹尔·斯宾塞[4]，这些建筑师被引荐给总统的遗孀，但除了一番精心安排的谈话之外，只剩沉闷。他们来到这里，到底是为了向总统遗孀提供建议还是表示慰问？抑或是寻找工作机会？斯宾塞回忆起当时他们被一段肯尼迪的笔记感动落泪的情景，这是总统派建筑师设计一座联邦建筑时留下的笔记，笔记中引用了古希腊政治家伯里克利(Pericles)的一句话："我们不要模仿他人，而要启发其他人。"一开始时，肯尼迪的夫人杰奎琳·肯尼迪想要选择路易斯·康(Louis Kahn)，但据卡特·怀斯曼(Carter Wiseman)说，因为鲍比·肯尼迪强烈反对她充满诗意的幻想，这个选择最后没能实现。密斯·凡德罗当时也在，但他在谈话中表现得过于冷淡，杰奎琳觉得他对这份工作并不感兴趣，就连邦夏也被列入了考虑范围。

最后杰奎琳·肯尼迪决定选用当时还不到50岁的贝聿铭，她来到贝聿铭的办公室，这里的墙壁被特意刷成白色，收拾得非常整洁，显然是为接待杰奎琳而刻意布置的。经过仔细的探讨，杰奎琳做好了决定。肯尼迪去世之前，曾亲自到查尔斯河沿岸查看图书馆的地址，以后这里将会是哈佛校园的一部分。贝聿铭受命为该项目的建筑师后，哈佛大学考虑到清除该场地上的火车货运站太过麻烦，又提供了另外一处场地。后来工程一再推迟，反对者也越来越多，他们称这座总统图书馆是"肯尼迪的迪士尼乐园"，图书馆每年将给哈佛大学带来200万游客，这会给学校造成沉重的负担。学校最终改变了主意，收回了赠予的场地。200万游客，这个数字显然是太过夸张，目前最受欢迎的总统图书馆是约翰逊图书馆，但它之所以吸引游客，是因为它是唯一一座免门票的总统图书馆。但即便如此，它的参观者也从未超过20万。

马萨诸塞州立大学提供了另一处场地，该场地位于波士顿以南孤零零的滨水地带，下方是一个排污口。肯尼迪图书馆和邦夏设计的约翰逊图书馆一样，不是依靠展品吸引游客，而是利用建筑来吸引参观者。刚走进这里的时候，是看不到水面景色的，只有当你走过图书馆中心十层楼高的凸出玻璃结构后，水景才会迎面而来。馆内的扬声器播放着高雅的肖邦钢琴曲。走上入口的平台，站在黑色花岗岩地面上，入目的是一个挑高的空间，巨大的美国国旗悬挂在屋顶的钢管上，如瀑布一般垂下，透过这片空间往外看，便是蔚蓝的大海。极目远眺，还能看到波士顿的摩天大厦，喷气客机正盘旋着准备降落到洛根机场上。这座建筑既是总统图书馆，也是纪念碑："谨以此纪念美利坚合众国第35任总统约翰·F.肯尼迪以及通过政治艺术追求更美好世界的人们。"

图书馆竣工之时，贝聿铭的设计已不像之前那么纯粹了。但更糟糕的是，它在1979年便已过时了，建筑形式和内容之间的平衡也被打破了。邦夏可以无视所有人的反对，将总统图书馆打造成真正的图书馆，但贝聿铭和设计师伊万·切尔马耶夫[5]却只能在图书馆中加入诉说总统政治生涯的内容。肯尼迪图书馆的这种设计思路也成了后来总统图书馆的模仿对象。这座图书馆的参观之旅从电影院开始，走在去往电影院的路上，你看到的是一片灰色玻璃，后面摆着一艘约8米长的单桅帆船，这是肯尼迪15岁生日时父母亲送给他的礼物。图书馆的历史还不到30年，但看起来却像一座老建筑，贝聿铭为图书馆设计的黑色棱柱、白色立方体和圆柱体看起来就像是法老时代的几何结构。

跟古埃及的几何结构相比，这座图书馆当然没有那么古老，但它那映衬在蔚蓝天空下的突兀的形状，让人不由想起那些现代运动标志性建筑的黑白照片。

12月的一个星期六，我拜访了肯尼迪图书馆，此时距离肯尼迪遇刺身亡已经整整40年了。肯尼迪心爱的游艇存放在了鳕鱼角的故居中，那是它冬季的停放地点。图书馆门前的三面旗帜印着肯尼迪名字的首字母大写“JFK”，一群天鹅从旗杆上方飞过，但旗帜丝毫不动，仿佛在刺骨寒冷的天气里凝固了一般。图书馆里面的游客寥寥无几。大门外边的出租车里坐着一位索马里司机，正在收听空军封锁叙利亚边境地区一个伊拉克小镇的消息。

图书馆让人觉得它像是来自久远的过去。电视机模糊的屏幕上正放着1960年总统大选的景象，在那个年代里，政治家的演讲尚值一听，歌手法兰克·辛纳屈（Frank Sinatra）也还唱着“人人都为杰克投票”的歌谣，肯尼迪兄弟还戴着丝质高帽参加了就职典礼。图书馆的墙上挂着的日常文件向我们展示着一个日渐消失的世界。其中一个展厅的墙上贴着几张纸，上面印着“仅供观看，未经解密，严禁复制”的字样。我仔细阅读了其中的一份文件，惊讶地发现那是来自赫鲁晓夫（Khrushchev）的信，这显然是他的肺腑之言：

总统先生，试想一下，你用实际行动回击了我方的最后通牒……总统先生，对我方发起挑战的人是你。是谁让你这么做的？你凭什么这么做？……你已经放弃了理智，一心只想恐吓我方。

总统先生，我不同意你这么做，我想你也一定能意识到我是对的……面对美国船只在公海上的强盗行径，我们不会只是作壁上观。我们将被迫采取一切必要和有效的措施来维护我方权益，我们有正当的理由这样做。

6天后，针对同一事件，美国驻莫斯科大使馆将赫鲁晓夫的第二份文件的翻译稿转交给了肯尼迪，这份文件传递的信息更为绝望。直到1968年之后，这份文件才被中情局解密，文件开头这样写道："人人都需要和平，如果你真的关心世界人民的福祉，我想你会明白这一点的。只要你们还没有丧失理智，就知道不仅应该珍惜自己的生命，更要珍惜自己人民的生活。当然，我们社会主义者更明白这一点。总统先生，我对世界的命运并非无动于衷。我曾经参加过两次战争，所以我知道战争在没有席卷城市和村庄，并播种下死亡和毁灭的种子之前，是不会结束的。"

在肯尼迪图书馆的最后一个展区中，房间的墙壁被刷成了黑色，它代表的是肯尼迪遇刺的日子，1963年11月22日。这里展示的不是刺杀的场景，而是记录葬礼的照片，图书馆之旅也只能以这种方式结束。从这里往外走，经过哈罗德·麦克米伦[6]和戴高乐一身黑衣的照片，路过兰尼米德《大宪章》纪念碑的照片（在它的见证下，1965年英国将纪念碑及其周围1英亩的土地赠给美国），最后走出黑房子，进入一个挑高10层的开阔大厅，从这里可以仰望蓝天，远眺大海和波士顿的天际线。这一路走来，你会觉得自己仿佛参加完一场葬礼那般释然。转身便能看到一行字，那是肯尼迪在就职典礼上的讲话："凡此种种，不会在100天内完成，不会在1000天内完成，也不会在这个总统任期内完成，甚至在我们的有生之年也无法完成，但让我们现在就开始奋斗吧！"

在菲利普·约翰逊第一次赢得普利兹克建筑奖并拿到该奖颁发的亨利·摩尔（Henry Moore）奖章和奖金20周年之际，普利兹克家族说服白宫举办了一场周年庆。庆典上，比尔·克林顿将伦佐·皮亚诺介绍给各位来宾，这对皮亚诺日后的事业发展颇有助益。

事实也证明，当年的克林顿总统对建筑非常关心。在第二个总统任期即将结束时，克林顿开始规划自己卸任后的生活，想得最多的便是怎么修建自己的总统图书馆。他曾受邀出席布什图书馆的开幕典礼，但他不喜欢布什图书馆的建筑形式，所以在离开时克林顿暗下决心，自己的图书馆一定要与众不同。

几个月后，克林顿说："我希望打造一个舒适的图书馆，但也要显得庄严。"普利兹克建筑奖的获得者不少，其中有两位曾设计过总统图书馆，一位是逝于1990年的邦夏，另一位便是贝聿铭。

克林顿肯定也参观过这两位建筑师打造的总统图书馆，在他心目中，华盛顿最优秀的现代建筑是贝聿铭设计的国家美术馆的扩建工程，最好的总统图书馆是肯尼迪图书馆。但是，请肯尼迪图书馆的建筑师来设计自己的图书馆，可能又会显得自我膨胀了，所以克林顿在琢磨邀请其他的普利兹克建筑奖得主来设计自己的图书馆。总统图书馆是具有象征意义的工程，显然不能邀请国外的建筑师。根据各种传闻，国内包括罗伯特·文丘里(Robert Venturi)、菲利浦·约翰逊、理查德·迈耶在内的其他获奖者都不太合克林顿的心意，就连弗兰克·盖里也不能让他满意。克林顿总爱问这些建筑师一些奇怪的问题：你觉得巴西毕尔巴鄂的博物馆怎么样？你觉得20年后的钛金属会是什么样子的？当然，向克林顿游说的人也确实不少。著名导演史蒂文·斯皮尔伯格(Steven Spielberg)当时在汉普顿新建了一栋别墅，设计师是查尔斯·格瓦德梅(Charles Gwathmey)，所以斯皮尔伯格便说查尔斯是个不错的选择。迪士尼执行总裁迈克尔·埃斯纳曾请迈克尔·格雷夫斯、弗兰克·盖里、罗伯特·斯特恩、安托内·普雷多克[7]和矶崎新等人为自己设计建筑，改造"米老鼠王国"，他也推荐了许多建筑师人选。但最后，克林顿的室内装修设计师提议找詹姆斯·波尔夏克谈谈。波尔夏克当时刚刚设计完纽约自然历史博物馆项目，和民主党也没什么交情。克林顿明白自己要的是什么，他想像吉米·卡特那样，以自己的图书馆作为自己职业生涯的跳板，成为一名独立的国际资深政治家。

就项目规划而言，卡特图书馆比布什的要好得多，只不过它的建筑过于死气沉沉，让人感觉压抑。卡特图书馆位于市郊，周围是林木茂盛的居住区，所在区域满是舒适的别墅和景观花园。每到星期六的早晨，为孩子操劳不已的中产阶级的主妇便会带着宠物狗来这里散步，放松一下心情。这里距离亚特兰大市中心很近，距“可口可乐世界”和马丁·路德·金（Martin Luther King）的历史纪念馆也不远。比起建筑，卡特图书馆更看重风景，图书馆门前的停车场有点远，参观者进入图书馆，先得经过一个对称的大花园。花园里面点缀着几个小池子，两侧设有白色的长椅和绿色的藤架，这里看起来就像是退位帝王的隐居之地。园内一处警示牌上写着游客要着装整齐才能入内，这有点煞风景。这条路看起来很是庄严，但路尽头一圈老式的圆厅就暗示其与弗兰克·劳埃德·赖特风格没有丝毫联系，它们就像宇宙大爆炸后产生的毫无意义的噪音。左边的两个圆厅比较大，分别是博物馆和图书馆，右边五个较小的圆厅连为一体，卡特的办公室便设在这里面。建筑前方是一系列的园林和湖泊，眺望远方，可以看到亚特兰大的摩天大楼。展厅内部的布局很是蠢笨，展品布置也不甚合理。展馆入口处是一个可容纳250人的影院，与展馆背靠背挨在一起，里面循环播放着博物馆的介绍影片，这样的设计显然是高估了参观者的数量。展示墙彰显了这位前总统作为和平使者和人权卫士的身份，他邀请并不存在的人群，“当你们来这参观时，想一想我不得不做出的那些决定，想想这些决定有多重要，然后到镇民大会上和我讨论讨论”。可惜卡特想象中游客济济的场面并没有出现，这个镇民大会看起来不过是个阴气沉沉的圆形大厅，比布什的圆厅更没有说服力。厅内只有5个人坐在长椅上，闪烁的电视屏幕上，身着橙色衣服、面孔模糊的卡特正在面对镜头做演说。

在卡特的总统图书馆里，没有装扮成士兵的人形雕塑，广播中没有播放摇滚乐曲。馆内的一块天鹅绒上画了一幅特别可怕的景象，那是沃德·詹森（Vald Jensen）的作品。这里还有一张午餐桌，那是1979年邓小平访问美国时用过的桌子，这两个展品告诉人们卡特曾于2002年在挪威首都奥斯陆获得了诺贝尔和平奖。实际上，这里展示的餐桌只有半张，只是因为它靠着镜子摆放，看起来才像是一整张。展厅的另一个角落里摆放着一台笨重的自动投票机，在它诞生的那个年代里，人们还靠举手来表决呢。这是在卡特与里根竞选总统时才设计出来的机器。这里的展品还包括各州县投票办公室展区、自由党展区和安吉拉·戴维斯（Angela Davis）展区。或许是因为这座图书馆直白得过分，它看起来反倒像是卡特的反对派设计出来的作品。

克林顿也希望修建一个兼具图书馆和办公室功能的建筑，但人们没想到的是，他居然放弃了自己的老根据地哈来姆，而选择了小石城，因为后者拿出1700万建馆资金劝说他把图书馆建在小石城。但不管怎么说，最终他也和其他总统一样，拥有了让人一见难忘的图书馆，而且这座图书馆是少数几座建在市区的总统图书馆，更难能可贵的是，它的存在让一处日益衰败的城区实现了复兴。它就像一座悬挑在河上的玻璃桥，可以将整个城市的壮丽景色尽收眼底。

“我们在1999年受邀来到白宫，”波尔夏克说，“在椭圆形办公室里讨论了90分钟。我们带了一位小石城的合作者，他们相处得很融洽。克林顿问：‘建筑师会在餐巾纸上画建筑草图吗？你会吗？’波尔夏克告诉他这些都是虚构的，‘但我们有时候也会这样做，总统先生’。”

波尔夏克不会冒险让工作溜走的，他可不会只画一张草图，他和合作者设计了3套不同的方案，绘制成图并制作成精致的模型，以便向看不懂建筑图的客户解释自己的设计，“我们向总统展示方案的那一个晚上，发生了科伦拜校园枪击案。总统迟到了，他进来的时候双眼发红，神情很是激动。他开口便说：‘就在我们说话的时候，他们却在屠杀我们的孩子。’他把我们带入地图室，给了我们45分钟陈述方案。”

波尔夏克建议不要使用小石城提供的未开发空地，因为这么做太简单、太平淡无奇了，“我们最终决定将图书馆建在等待重新开发的铁路用地上，利用图书馆来促进当地的发展。”这块场地曾经见证过悠久的工业历史：河流两岸曾是联合太平洋公司和岩岛铁路公司的所在地；横跨在阿肯色河之上的是一个有百年历史的乔克托桥，这桥如今已经废弃，成了一处充满魅力的工业遗迹。但是，他们很快便发现这块场地旁边是一家强烈反对修建总统图书馆的地方报社，《阿肯色民主公报》(*Arkansas Democratic Gazette*)。波尔夏克向克林顿提供了3种图书馆概念策略，看总统是想把图书馆设计成公园别墅、校园还是大型单体建筑。选择好整体策略后，接下来就要解决如何实现这一策略的问题。第一种方案是沿着阿肯色河岸修建图书馆，但这样似乎不能充分利用整块场地，“我们灵机一动，不谋而合地想到图书馆可以横跨河流，这样一来，图书馆的正面就是朝向西方的市区，你可以在这里欣赏河上风光，从横跨河流的6座桥上尽情享受小石城的美景。”

克林顿图书馆包括一间博物馆、一个大型会议室和数间克林顿基金会办公室。图书馆横跨在阿肯色河上，就像是一座桥梁。这样设计，既是依势而建，也带有克林顿想要的象征意义。在设计具体细节时，克林顿便不时提起玻璃桥的概念，“出于政治原因，也可能是出于某些从未明说过的原因，他特别关注开放性的建筑空间，所以他希望图书馆能充满阳光，”波尔夏克说，“国家档案和文件管理局（NARA）认为图书馆只要被打造成内部空空的大盒子便行了，但克林顿明白工作人员不可能像鼹鼠一样在黑漆漆的洞里工作。因此他在设计时，将工作人员的办公室设在了顶层的楼阁里，让他们能充分享受阳光，而把图书存放在藏书室中。”

这些总统图书馆具有明显的不足之处，但它们仍然是这些总统梦寐以求的纪念碑。这种纪念碑具有悠久的历史，可以追溯到古埃及亚历山大图书馆乃至更遥远的过去。这些总统想要在历史上留下永恒的印记，他们这种做法，和古埃及祭师伊姆霍特普[8]、古罗马元首奥古斯都、法国皇帝路易十四和拿破仑三世没什么两样，当然，弗朗索瓦·密特朗更是其中的一员。这些人试图利用建筑来对抗无法逃避的死亡，从而让自己的生命更有尊严，或是利用建筑塑造一座城市，从而在无序的世界中寻找意义、获取慰藉。跟前辈相比，布什和里根的图书馆或许没有那么多的野心，但它们不是单纯的建筑，也具有强烈的政治意义。

总统们在这里展示自己多年来得到的“战利品”，展示自己在战争和公共事务中的英勇表现，庆祝自己领导着美国击败了一个个敌人。与此同时，人们也会不安地将他们与罗马帝国晚期那些试图神话自己的皇帝相提并论。如果有总统崇拜，那总统图书馆必然是这种个人崇拜的发源地。但和古代纪念碑相比，总统图书馆所处的是另一个时代，这里的人们并不相信世上有永恒的印记。或许是因为我们已经看过了太多的历史，见过了太多的遗迹，所以我们不再将建筑看成是国家信仰的外在表现。尽管这些图书馆都承载着总统们的雄心壮志，但除了邦夏在奥斯汀修建的“城堡”约翰逊图书馆以外，大部分图书馆看起来都十分脆弱，仿佛一阵风便能将它们吹散。但大多数总统图书馆根本无法胜任他们应该扮演的建筑角色。

法国总统并不打算效仿美国总统。跟布什相比，法国近代史上最霸道的总统弗朗索瓦·密特朗对个人图书馆的兴趣要大得多。1995年12月底的一个早晨，密特朗从病床上爬起来，医生给他注射了吗啡，以缓解胰腺癌对他的折磨（三个星期之后，他便因此病去世了）。他慢慢地穿上日益宽大的西服，在浮肿的脸上扑了一些粉，以便上镜时显得有精神。他乘车来到巴黎东部工人阶级的居住区托比亚克（Tolbiac），主持法国国家图书馆的开幕式。这座图书馆计划藏书1000万册，为此需要安装长达39公里的书架，但当时只有18万册，所以图书馆显得空荡荡的，图书馆的工作人员也要再过两年才会全部到位。密特朗对此并不介意。这座图书馆的构思来自密特朗本人，他不顾法国学者的强烈反对，一意孤行打造出了这座图书馆。

在密特朗总统生涯的最后几年里，“死亡”一词时时萦绕在他心头。他经常邀请哲学家来爱丽舍宫共进晚餐，结果这些哲学家发现他们与总统的谈话总是不可避免地变成对死亡的探讨。密特朗并不关心图书、读者或馆员，他只在意能否在临终前看到自己的纪念碑落成。他亲自选定了经验不多的建筑师多米尼克·佩罗（Dominique Perrault）。

当密特朗知道自己时日无多时，便筹集了5亿美元以加快施工进程，他希望能在离世前亲眼看到这座刻着他名字的当世最现代的图书馆，在它那雄伟壮丽的玻璃楼中感受到无限的满足。

密特朗向来喜欢欧氏几何，罗浮宫的金字塔和拉德芳斯商务区的立方体都是他的心头好，现在他又打造出了自己的图书馆。这座图书馆中间是一个下沉式花园，花园四角各矗立着一座高达18层的大楼，俯瞰着下方的塞纳河。除了没把自己的陵墓设在里面之外，这座国家图书馆和拿破仑长眠之地荣军院的相同点是再明显不过了。佩罗起初准备把图书放在四座大楼上面，把读者区安排在大楼底部，但为使珍贵的古籍免受阳光伤害，馆藏区就不得不放在大楼底部，可这样一来，塞纳河泛滥时古籍又有被浸泡的危险。佩罗的设计并不合理，而要想赶上总统规定的工期，佩罗根本来不及修改设计。为了如期完工，密特朗不惜牺牲了佩罗的声誉。

1 托马斯·杰弗逊（Thomas Jefferson, 1743—1826），美国第3任总统、《独立宣言》起草者。

2 吉佩尔，里根的昵称。

3 佛朗科·阿比尼（Franco Albini, 1905—1977），意大利著名建筑师、设计大师。

4 巴兹尔·斯宾塞（Basil Spence, 1907—1976），苏格兰著名建筑师。

5 伊万·切尔马耶夫（Ivan Chermayeff, 1932—2017），美国当代著名平面设计大师，肯尼迪的哈佛校友。

6 哈罗德·麦克米伦（Harold Macmillan, 1894—1986），英国保守党政治家，在1957—1963年间任英国首相。

7 安托内·普雷多克（Antoine Predock, 1936— ），美国建筑师，善于将结构、位置、自然光线、当地文化以及人文特征等融入一个普通且和谐的背景之中，这是他进行设计的显著特征。

8 伊姆霍特普（Imhotep，约前2700—前2601），古埃及圣贤，法老左塞尔的臣子，修建了第一座金字塔，被称为世界上第一个留下名字和印记的建筑学家和医生，被奉为古埃及的医学之神。

A Tomb at the Drive-in 汽车影院里的坟墓

宗教向来都把建筑视为宣传工具，借它来创造共同的身份认同感。宗教建筑的设计，会让信众觉得自己是整个宗教团体的一分子，从某种意义上说，它发挥了展现神圣真理的作用，正因为如此，几大宗教都特别关注建筑的朝向。

理查德·迈耶设计的水晶大教堂访客中心有点儿像宝马经销商银灰色的店铺，这里是欣赏橘郡高速公路美景的最佳位置。访客中心三楼的地上放着一堆乱七八糟的东西，看起来就像是承包商留下来的建筑垃圾。仔细看，你才会发现柏油地面上的皴裂纹、沥青补丁、防潮沥青纸以及下方撑着这一堆“垃圾”的木架子都是精心设置在光滑的大理石基座上的，仿佛在告诉大家，这并非垃圾，而是神圣的遗迹。事实上，先人确实曾经在这里行走过。旁边快要脱落的纸片会告诉你这堆柏油原本是一块屋顶，来自现已拆除的橘郡汽车影院小吃店。1955年3月的一个星期天，罗伯特·舒勒（Robert Schuller）牧师站在这个屋顶上举行了自己的第一次布道仪式。

为了给礼拜仪式做伴奏，舒勒夫妻通过分期付款买下一架教堂管风琴。那天早上，他们驾着旅行车，载着管风琴来到了汽车影院，舒勒刊登在当地报纸上的广告吸引了50个人前来参加礼拜。停车场呈扇形展开，信众们坐在普利茅斯车或双厢别克车里面，低垂着脑袋聆听广播里牧师愉快、乐观的布道。在这堆大理石基座撑起的“遗迹”旁边，一个有机玻璃盒子放置在底座之上，盒子里是一个用来收集善款的盘子，里面堆着一些1955年的老版纸币，大都是面值1分、25分和1美元的，还有少数几张5美元的钞票，总共是83.75美元，这是舒勒第一次募捐到的全部款项。

在某种程度上，舒勒给建筑带来的影响，不亚于美国脱口秀主持人奥普拉·温弗瑞（Oprah Winfrey）对美国文学的影响。他强有力地告诉世人，宗教是如何依靠建筑来传道、鼓励信众以及战胜对手的。今天聆听罗伯·舒勒牧师周日布道的人依然很多，只不过舒勒的地位已今非昔比，这在一定程度上应该归功于他主动与著名建筑师交往，积极开发建筑师的宣传潜力。第一次露天布道距今已有十年之久，舒勒也从橘郡露天影院搬到了加利福尼亚的加登格罗夫地区，他委托理查德·诺伊特拉[1]设计了一座教堂，他宣传这是世上第一座汽车教堂。舒勒的信众越来越多，教堂扩建后依然不能满足信众的要求，他只好在附近修建了第二座教堂，这便是享誉全球的水晶大教堂。这座教堂建成于20世纪70年代，由菲利普·约翰逊负责设计，看上去就像一座巨大的玻璃冰山，教堂里几英亩的花园构成了舒勒自己的梵蒂冈城。现在，理查德·迈耶又在花园中建起了一座新的鼓形钢结构建筑，以供做完礼拜的访客消遣。

教堂里随处可见充满乐观、富有教育意义的《圣经》格言，这些格言全部都是英语，但在酷暑中辛勤劳作的教堂园丁、清洁工却用西班牙语低声交谈。教堂的门口是一座神圣家庭（指圣婴耶稣、圣母玛丽亚、圣约瑟等）的雕像，它造型笨拙、呆滞死板，和约翰逊优雅漂亮的水晶大教堂一点儿也不搭。但是在教堂所在的场地四周，同样呆板的艺术品不下几十件，大门口的这座不过是其中一件。钟楼下方设有一个圆形房间，围绕它四周的栅栏由彩色大理石柱构成，房间的门则由玻璃制成。房间内摆着一尊救世主雕像，如果不仔细看，你可能会把这尊自动旋转的雕像错认为是一幅全息图，实际上，这个雕像是用透明的有机玻璃镂刻而成的。舒勒既然能选择如此复杂的方式给建筑赋予宗教目的，既然能将建筑当作用宣传教堂的有效工具，他又怎么可能相信这些东西是单纯的艺术品呢？罗伯·舒勒牧师似乎并没有意识到这些问题。作为一名神职人员，舒勒从不会为故作谦虚而心生愧疚。在人们心中，舒勒这样的牧师即便在谷仓一般的教堂里也可以布道，而实际上，舒勒一直在哄着自己的信众掏钱，用这些钱来打造更加宏伟、更有野心的教堂。“作为爱荷华州的乡下孩子，我对伟大艺术和建筑的热情从何而来？”舒勒在自传中毫不谦虚地说道，“我不能随便打造建筑，它必须荣耀上帝，它必须和其他美好的事物一样，能给世人带来永恒的愉悦。”

舒勒也承认自己曾被香港牧师温德尔·卡森（Wendell Karsen）有关水晶大教堂的一则寓言深深刺痛过。据舒勒说，卡森在写给《教堂先驱报》（*Church Herald*）的这则寓言中，想象全世界的穷人都来到加登格罗夫瞻仰水晶大教堂，结果却在光亮的玻璃墙上看到自己的身影，被自己可怜的样子吓了一大跳：“其中一个人捡起石头，朝着自己的身影砸了过去，其他人也群起而攻之，最后教堂变成了一堆废墟，饥肠辘辘的人们将教堂洗劫一空，所有的食物和尚未烹煮的食材都被他们拿来填肚子。”

舒勒安慰自己说，卡森这么写是因为他不了解自己。信众的捐款表面上是花在了教堂建筑上，实际上都用在了正途上，养活了教堂的建筑工人。带着这样的念头，舒勒很快便摆脱了伤痛。“不管卡森是出于什么原因写下这样的寓言，像他这样的评论家实则犯了一个错误，那就是忽略了纪念碑式建筑在宗教历史中所扮演的角色。法国的沙特尔大教堂和巴黎圣母院、英国的威斯敏斯特教堂、罗马的圣彼得大教堂，这些教堂建成至今已经几个世纪了，却一直在激励着我们。”这话说得不错，但由他说出来却像是在自抬身价，将他委托菲利普·约翰逊设计的水晶大教堂与那些举世闻名的教堂相提并论，拔高了这座由猪肝色大理石基座和弯曲空间结构组成的教堂的地位。

理查德·迈耶在曼哈顿设有办公室，其内部四壁雪白，制图人员被迫挤在一个个小隔间里干活，以腾出空间来展示迈耶的作品。我问迈耶有没有和舒勒讨论过艺术问题。

“没有,”他笑得有些僵硬,“没有呢。”

“那你是怎么满足这位客户的需求的呢？”

“当时我被授予美国学术成就学会的年度最佳成就奖，在去杰克逊小镇参加晚宴的时候，他也在那里，所以有了交集。他这个人特别热情，精力十足，不少人都被他吓退了，但我还挺喜欢他的。”

舒勒是一名基督徒，但他说自己的神学主要是研究个人责任心和提高个人自我修养。在迈耶打造的访客中心里，墙上挂着0.3米高的镀铬铁字，这些文字讲述的不是耶稣的苦难，而是舒勒布道的内容。来访者听取舒勒的布道时，得到的不是更高层次的精神感悟，而是“点滴积累，水滴石穿”的鼓励和“艰苦的时光终将过去，坚韧的人们必将苦尽甘来”的承诺。

迈耶不是基督教徒，他也不认为访客中心是宗教建筑。游客中心本是为了提供一个公共空间，让访客在布道前后能有个消磨时间的地方，免得访客下了车、出了教堂便无所事事。访客中心上面是一个小型礼拜堂，一个阳光明媚的白色空间。这里并没有设置神坛，但墙上刻着《新约圣经》中一些令人振奋的语句，室内有几十把摆放成U形的办公椅，窗外是一片墓地。与下面那些更引人注目的空间相比，小礼拜堂显得毫不起眼，而它是整栋建筑的主要功能区。

迈耶的建筑给人以明媚、优雅的感觉，与室内的一些东西有些格格不入。迈耶给地板铺上了高雅的地毯，却因为主人想要借助它们传递令人厌恶的感情而失去了那种美感。在小吃店屋顶碎片的旁边是一片展示区，摆放着几座比真人还大的青铜像，看起来有些吓人。这些青铜像的原身是近年来拜访过加登格罗夫的部分传教士，他们着装不一，就像是全世界的基督教派在这里齐聚一堂一样。其中，比利·葛培理(Billy Graham)的雕像身穿西装，脚踩厚跟鞋；第一位尝试在电视上做福音传道的富尔顿·J.施恩(Fulton J. Sheen)主教则穿着红衣主教的整套行头，帽子、斗篷和戒指一件不少，显得十分华丽；站在他旁边的便是有些刺眼的舒勒塑像。这么安排，似乎是在暗示：为教堂的创建者提供安息之所也是访客中心的修建目的之一，但室内的陈列物和博物馆模样的建筑外观很不搭。单看这些陈列物，你会觉得它们无比庸俗；但在白色墙面、暗色材料的衬托之下，你的先入之见就会发生转变，你开始尝试用另一种方式来理解它们。美国优雅和庸俗的两个世界很少出现在一起，但在这里，它们却以令人费解的方式出现在了一起。

在从某种意义上来说，访客中心并不是宗教建筑，对此舒勒也未完全否认。他曾数次提到这是一座“鼓舞人心的博物馆”。进入这里，访客会拿到一个小册子，上面写着：“你正站在一场历久弥新的布道中间。”但在怀疑论者的眼中，它和理查德·迈耶式博物馆的大厅一般无二，它挑高的空间、英雄主义的建筑姿态、柯布西耶式的几何图案，与迈耶为美国亚特兰大、法国法兰克福、西班牙巴塞罗那以及其他大城市打造的博物馆没什么两样。博物馆是现代世界的一片圣地，我们已经习惯了博物馆在现代世界扮演的神圣空间的角色，所以看到一个半宗教空间试图看起来像一个博物馆我们也不会太吃惊。访客中心东边的墙壁是一面巨大的玻璃，玻璃墙前面一条白色的钢结构坡道呈之字形通向屋顶，建筑外部有许多室外楼梯和悬挑阳台，风吹日晒下不可避免出现了风化。多年来，迈耶一直喜欢使用这种设计，就算是闭着眼睛也能设计出来。

访客中心大门采用滑门设计，让大半个一楼空间都沐浴在阳光里，充分享受美丽的花园景色。你大概觉得这里应该摆上勒·柯布西耶经典的钢结构黑皮扶手椅，但实际上，你在这里只会看到仿古家具和普通的沙发，你在吉隆坡香格里拉酒店的大堂里喝茶、吃三明治的时候，四周摆放的也是这样的家具。访客中心的矮桌上摆着鲜花，那是“斯特林家族慷慨捐赠”的礼物。这里没有像其他迈耶建筑那样放上克里斯蒂安·波尔坦斯基[2]的艺术作品，也没有挂上何塞·克莱门特·奥罗斯科[3]的油画，甚至连迈耶最爱用的理查德·塞拉的雕塑也没见到，只是挂着一张罗伯特·舒勒的肖像画，它是莱特·哈里斯（Lyt Harris）和维妮塔·哈里斯（Venita Harris）夫妇馈赠的礼物。画中的舒勒满头银发、脸色红润，身披牧师长袍，若非长袍上面有着紫色和蓝紫色的图案，你可能会以为它是从哪位守旧的大学校长那儿借来的呢。实际上，舒勒自己的长袍和其他神职人员的没什么两样，也配着常见立领和领结，只是衣领上多了两块皇家紫。

访客中心里面还有很多元素与现代博物馆相似，但这些元素都经过了巧妙的修饰。访客中心和博物馆一样，也设有一个小咖啡馆，只不过它被设计成美食广场的样子，取名为“神迹咖啡馆”（Miracle Café）：“我们为星巴克骄傲”。这里还设有一个商店，但它售卖的并不是常见的印象派明信片和现代派家具的微模型，而是“上帝的健康计划”（具有延年益寿的功能）、紫色和粉色天鹅绒的水晶大教堂休闲西装、刻有“上帝爱你，我也爱你”字样的水晶大教堂罐装薄荷糖、理查德·迈耶设计的玻璃器皿等。每隔半个小时，便有一名身披红色外套的向导领着一群游客参观这里的艺术藏品以及教堂园区的标志性建筑。这里还设有一个售票处，如果你想去广场那头参加水晶大教堂的仪式，便可以在此预订座位。当然，和美国其他的博物馆一样，这里也设有一面捐赠墙，只不过它上面高调地写着捐赠者的名字。捐赠墙设在商店的旁边，在这面白色的花岗岩墙壁上，刻着“支持本工程的捐赠者”的名字，上面刻着：“这是一座坚信一切皆有可能的国际中心（大家都如此称呼访客中心，但它的建筑师除外），它的创建者们是那些第一时间站出来拥抱这个世界级建筑梦想的人们。他们每个人都承诺至少捐1000美元，正因为他们的慷慨解囊，我们才能邀请21世纪最有名的建筑师理查德·迈耶来实现这个梦想，请他为我们的教会打造一个永恒的建筑——水晶大教堂。”对于一个对自己、对信仰如此自信的组织来说，这句铭文显得很是奇怪，透露着一丝惴惴不安。对舒勒牧师而言，最重要的事情便是宣告加登格罗夫是世界之眼，是上帝眷顾之地。

如果有谁没赶上第一时间捐款，也不必着急。除了这堵捐赠墙之外，还有一堵用透明水晶砖打造的墙体正在修建中。在灯光照射下，这堵水晶墙泛着微微的粉色光泽，向导带着游客来到这里，请大家“欣赏它高贵的光芒，只要向这栋宏伟的建筑捐献500美金，你的名字便能镌刻在这里，请加上你的名字吧”！建筑里面的不锈钢铭文随处可见，其中一句铭文快乐地宣告：“钱不是问题，观念才是！”这句话与捐赠墙倒是很搭。可是看看四周，屋顶三角桁架裸露在外，展示区的空调管道赫然可见，看来舒勒仍需要筹集捐款来完成这座“鼓舞人心”的博物馆。

大厅顶部三个大型聚光灯大概是整个访客中心唯一隐含宗教意义的设计：它们代表的可能是（也可能不是）“三位一体”的概念。对理查德·迈耶而言，在神圣建筑中使用灯光效果尚可接受，而建筑中其他带有宗教意味的元素都被客户折腾成了令人不忍直视的肤浅之作。

在过去近2000年的历史中，即使是最简陋、最粗糙的基督教堂，也会利用显而易见的象征和意象，让虔诚的信众在建筑以及室内陈列的艺术品中读到宗教信息。但不论是明显的象征符号还是神秘的文字，不论是教堂的朝向还是它的布局或细节，我们都可以进行不同层次的解读。而舒勒的教堂则不同，它仿佛是一本用大号字体印成的书，专门为弱视者设计。它正适合当前这个年代，没有给人留下值得怀疑或个人解读的空间，也没有任何微妙之处，它将宗教安慰直接变成了人人看得懂的动画片、电影对白或者是朗朗上口的广告词。

“有梦便能成真。”舒勒把宣传册发到游客的手中，邀请他们前去感受所谓的布道建筑，“每座建筑都在对外宣告自己的信息，但这座振奋人心的新建筑宣扬的是积极乐观、敢想敢做、坚信一切皆有可能的思想，为这样的布道打造建筑，在世界上尚属首次，请你在参观的时候铭记这一点。现在，我们从《圣经》的诗句开始布道。现在，我们站在了理查德·迈耶打造的辉煌大厅里，请大家仰望那闪闪发光的不锈钢字句，品味耶稣基督永恒的话语。”

在独自阅读这些圣言的时候，你会看到无数的大写字母、感叹号和耀眼的形容词。看完之后，小册子便会建议你离开这里，吃点东西或者买点什么（每次布道结束，它都是如此建议）。这里什么都有，美食广场和商店能够满足你的一切需求。

舒勒出生于一个信仰荷兰归正会的美国农家，生来带有独特的保守偏见。年轻的时候，他感受到了上帝的召唤，立志要将宗教从农场传播到不信神的城郊地区，并将芝加哥作为布道事业的起点。因为对共产主义过于软弱，他还曾一度与全国教会理事会决裂。但苏联人却用实际行动做了“回馈”：在将列宁格勒大教堂改造成无神论博物馆后，苏联人把舒勒描绘成了一个邪恶的剥削者，骗取群众的钱财来修建自己的教堂。长大后，舒勒成了一位在公路上传播福音的传道者，比起同时代的传教士，他对普世价值有着更为深刻的理解。他放下了偏执，开始和教皇、犹太拉比、共产主义者接触，水晶大教堂中甚至还保存着一张戈尔巴乔夫发呆的照片。舒勒的观念很开放，他看中了两名建筑师，其中菲利普·约翰逊是个公开出柜的同性恋者，而理查德·迈耶则是一名犹太人。

“不要说自己是荷兰归正会或基督教卫理公会的牧师，”面对那些想要向牧民传播福音的初级牧师和想在南加州新兴的无教堂郊区传播福音的牧师们，舒勒曾经这般告诫道，“扔掉这些标签，就说你们来自社区教堂。”这是他的成功之道。每到星期天的早晨，他的信众便从洛杉矶各处涌入加登格罗夫，各式各样的小汽车塞满了教堂外面的车道。水晶大教堂里面坐满了信众，他们在这里聆听牧师讲道，或者更准确来说是在这里观看牧师“表演”。基督教有线电视频道将布道制作成“权能时间”(Hour of Power)节目，向全世界传播。舒勒声称，每周观看该节目的观众多达2000万。

“权能时间”的观众特别多，就和奥普拉·温弗瑞的脱口秀一样火热，那些怀着政治目的或想要推销书籍的美国人纷纷求上节目。政治家杰拉尔德·福特和丹·奎尔、艺人查尔顿·赫斯顿(Charlton Heston)、企业家雷·克拉克(Ray Kroc)、上将诺曼·施瓦茨科普夫(Norman Schwarzkopf)都曾上过这个节目，甚至连设计师菲利普·约翰逊也担任过节目的嘉宾，在节目中厚颜无耻地吹嘘自己在设计教堂时怎样得到了神的启发。

水晶大教堂的占地面积年年扩大，不停地蚕食着周围的橘子林、核桃树和林边的一排排房子，每次扩张都吞掉了不下4万平方米的土地，甚至连当地的商业中心也被它征用了过来。这一切都是因为捐赠者的捐款，为了记录这巨额的款项，加登格罗夫的街道上都铭刻着捐赠者的名字，每个名字四周都围绕着一个边框，犹如水晶大教堂的平面图一般，这种效果，与好莱坞格劳门中国剧院门外的星光大道很是相似。

每到复活节，“复活节之光”活动的座位便供不应求。活动当天，场内满是活畜、飞舞的天使和专业演员，这里一天至少会举办8场演出节目。对舒勒而言，场面是越大越好。聚集于此的人变得越来越多，也只有宗教活动和体育盛会才能让市郊出现如此盛大的场面。而这些人又带来了更多的捐赠者，帮舒勒建造出更宏伟的教堂。据舒勒说，水晶大教堂拥有世界第五大的管风琴、全世界最大的十字架和建筑史上最长的石墙。这么说当然不对，这位见识颇广的牧师看来还没有见过中国的万里长城。不过他如此敢于夸海口，给唐纳德·特朗普指点一番吹牛的本领应该是绰绰有余了。

从高速公路上远看教堂，入目的景象尤为壮观。这种外观设计是舒勒吸引信众的关键策略，只有吸引来更多的信众，教堂不断增加的座席和停车场才能有用武之地。驾车穿越橘郡，路旁爬满常青藤的隔音板挡住了大部分风景，只能看到一些带高塔的建筑屋顶。一路走来，入目的也只有屋顶。沿公路一路向南，你可以看到一些凌乱的综合大楼和商场，远处丹尼尔·里伯斯金和弗兰克·盖里设计的商业中心被它们挡在后方，只若隐若现地露出一点。继续往前开，便能看到喜来登大酒店，它被打造成了迪士尼城堡的模样。再走不多远，便能看到迪士尼了，它高耸的塔楼刷着斑斓而又柔和的色彩，看到迪士尼，你便知道舒勒的“梵蒂冈”就在前方不远处了。车子开过阿纳海姆城，你可以一睹米老鼠王国里面的热闹场景。美国的高速公路就像是极速赛车的车道，窄得吓人的混凝土高架桥向四面延伸开去。往左看去，你看到的是天使体育馆，它的门前立着两个巨大的橙色棒球帽雕塑。往右看去，入目的便是水晶大教堂。教堂里覆盖着镀铬钢板的钟楼出自约翰逊之手，与教堂的主建筑隔得有点儿远，在橘郡这片平坦的土地上醒目地宣告水晶大教堂建筑群的存在，和1.6千米之外的迪士尼乐园塔楼一样抢眼。在高速公路上是听不到教堂钟声的，但舒勒就是要修建这座钟楼，因为它不仅仅是一个指路牌，也是一块广告牌。洛杉矶不断向外扩张，这座钟楼便是教堂对城市扩张所做出的反应，它在城市的天际线中加入了新的传统元素。水晶大教堂对面是“希望之塔”，这是一栋矮胖的淡黄色建筑，设计者为理查德·诺伊特拉。该建筑顶部是一个小礼拜堂和一个硕大无比的十字架，舒勒的办公室便设在这里。教堂建筑群中最新的建筑便是迈耶设计的鼓形访客中心，它坐落在诺伊特拉和约翰逊的作品中间。

在教堂动工之初，舒勒便本能地意识到他需要一些东西来让他在竞争中脱颖而出。在早期的布道活动中，橘郡的汽车影院算是很不错的据点，但不久这里便开发成了一座新城，不再是城市的郊区，所以舒勒想要修建一座能够容纳更多信众的教堂，以满足布道会规模不断扩大的需求。

摩门教徒在盐湖城打造规模庞大的摩门寺庙群，向世人宣告自己的存在；基督复临安息日会教徒建造了数量庞大的、类似弗兰克·劳埃德·赖特风格的教堂，它们像加油站一般遍布全球；而早在8个世纪之前，西多会便已确立了本派教堂和修道院的独特风格。同样地，舒勒也需要建筑师来帮助自己，以最令人难忘的方式将自己的布道传递给全世界。舒勒希望这座永久性教堂能体现当年露天布道的历史，也就是说教堂要大量使用玻璃，营造出一种露天感。随着信众的数量越来越多，雇佣著名建筑师设计教堂，也有助于坚定信众的信念。美国小城市的银行也常常采用这种做法，它们需要让自己的大楼保持一种平衡，既要足够气派，让顾客觉得自己的存款安全有保障，但又不能过度使用科林斯柱和大理石，以免客户觉得银行是在挥霍客户的存款。

理查德·诺伊特拉曾上过《时代周刊》杂志的封面，他喜欢谈论自己对大自然和户外活动的热爱。名人效应再加上他满口做作的哲学言论，让舒勒牧师对他产生了兴趣。舒勒带着自己的“露天教堂”草稿，驾车去他的办公室拜访他。据舒勒说，他的开场白便是问诺伊特拉：我为什么要选择你呢？这位出生于奥地利的建筑师马上回答：“雇了我，你的教堂永远都不会过时。”一句话就打动了舒勒。

多年来，诺伊特拉为加登格罗夫打造了4项工程，其中包括玻璃墙教堂本身、一个会议室、一栋钟楼、一栋头顶巨型十字架的办公楼。但这些都不算他最优秀的作品，因为在设计它们的时候，诺伊特拉已经江郎才尽了。但结合这些建筑的背景，它们确实也具有一种高贵感，这种感觉时至今日仍不曾褪色。对那个时候的橘郡而言，它们已经算是最富有文化内涵的建筑了。

舒勒一直宣称教堂的设计多多少少有他的功劳。从访客中心布置的展品来看，舒勒“非常熟悉理查德·诺伊特拉这位信奉‘生态现实主义’的当代伟大建筑师。他们俩通力合作为世人带来一种全新的、独特的教堂建筑，将教堂内外空间融为一体”。诺伊特拉对舒勒说，教堂的线条应“干净、锋利、笔直”，所以教堂里见不到半块彩色玻璃。这跟舒勒预想的教堂不一样，但自从建成，舒勒就把它视为了自己的一部分，最后连约翰逊设计的教堂也没有使用彩色玻璃。

诺伊特拉设计的“希望之塔”由几堵毛石打造的竖墙构成，诺伊特拉采用超现实技巧挖空竖墙的底部，让建筑看起来就像是悬浮在空中一般。作为一座宗教建筑，这座高塔显得格外不自然。诺伊特拉不是舒勒的信众，但舒勒对此毫无芥蒂，只要这位建筑师喜欢阳光和大自然，只要他有足够的名望，舒勒便满意了，因为这些东西才是舒勒建筑的主题。舒勒一直不肯放弃露天布道的念头，时常怀念当年站在汽车影院小吃店屋顶上布道的情景，因此他要求建筑师的设计要体现这一点。

菲利普·约翰逊后来在加登格罗夫打造的建筑，也都是以此为基础的。展览馆的简介写道，水晶大教堂的创意可以用舒勒的祷告词来概括：“主啊，如果我们必须要修建新的圣殿，请让它拥有玻璃墙和玻璃屋顶，请让我再次看见蓝天和大树吧！”人们从水晶大教堂外面是看不到它白色的钢结构的，所以走进教堂的时候，你会觉得自己是站在一片白云之中。能够在20世纪70年代选择约翰逊，舒勒算是相当有远见了。当时约翰逊的事业即将步入高峰，舒勒知道如何从他身上获取自己想要的东西。一开始，约翰逊设计的是一座比较传统的教堂，舒勒并不是很感兴趣，他真正想要的是能够一鸣惊人的东西，约翰逊也明白了这一点。建好的水晶大教堂成了约翰逊最上镜的工程之一，有关约翰逊建筑和舒勒教堂的广告很快便见诸媒体。广告宣传，再加上约翰逊本身的名望，使这座教堂一时间名声大噪，人们很快便忘记它的主人出身边缘化的教派。

舒勒和约翰逊的第一次见面是在约翰逊的办公室里，舒勒带着自己画的草图来到这里，跟约翰逊述说自己与诺伊特拉合作的经历，那时候约翰逊还以为他是一名建筑师，到这里来是想找份工作。舒勒告诉约翰逊自己想要什么：一座至少能容纳3000人的教堂，其建筑要与诺伊特拉的希望之塔、钟楼和办公楼保持一致，不能有冲突。舒勒还说自己暂时没钱建造这座教堂，当然上帝肯定会送钱来的。同时，他还拿出一笔银行贷款来支付约翰逊的费用。不久以后，舒勒在教堂的20周年庆典上开始了募捐行动。他站在台上，对着7000名听众描述未来，他高高举起约翰逊设计的建筑模型，说："只要有100万美元，它就会变成现实。"这笔钱很快便筹到了，但教堂所需的资金数量和技术难度都远超舒勒的想象。要在这个地震多发的地区修建一座全玻璃结构的教堂，这本身就已经够难的了，更麻烦的是，当时加利福尼亚正准备实施建筑节能规范，这座教堂显然不符合节能要求。但最后，舒勒还是成功了，他筹到了足够的资金，也解决了复杂的施工问题。在水晶大教堂的助力下，舒勒一下子便压过了自己的竞争对手，在日益激烈的电视布道竞争中取得了胜利。教堂内部曲折的钢结构框架直接裸露着，外部则覆盖着精美的玻璃幕墙，这就像是舒勒对未来充满信心的面孔。正如舒勒反复强调的那般，这是"世界一流的建筑"，不是过气的乡下教堂。那些囊中羞涩的牧师、那些曾经盛极一时的布道者本就面临着重重困难，水晶大教堂的出现更是将他们远远地甩在身后。诺伊特拉为舒勒设计的建筑带有毛石铸就的墙体和外露的锥形钢龙骨，但在约翰逊的作品映衬下显得黯然失色。

加登格罗夫的"梵蒂冈"就像博物馆那般不断扩大。不同的是，这里做决定的不是在会议室里吵个不停的理事，一切都要由舒勒"咨询"过上帝再决定。水晶大教堂的书店里，代售的罐装薄荷糖堆得高高的，这些模仿"上帝之食"打造出来的食品就像布鲁明戴尔百货店里的商品那样，装在一个个小小的购物袋里面，袋子上还印着银色浮雕状的水晶大教堂图案。有时候教堂的电话答录机会莫名其妙地蹦出一句“上帝爱你”，就像是在跟你做保证一般。这样的设计当然很好笑，但教堂的建筑却不会给人这种感觉，就像理查德·迈耶所说的那样，谁能想象失去建筑的加登格罗夫会变成什么样子？

从表面看，水晶大教堂魅力十足、充满自信，让你不由自主地相信它代表的是一个不容小觑的教派。但如果你参观过洛杉矶新建的天神之后主教座堂，即使是草草地看一眼，你也能意识到这些新成立的教堂还要努力多久才能赶上罗马主教的教堂。建于19世纪的圣外比安纳教堂在地震中遭受毁灭，原址上建起了天神之后主教座堂。这座教堂俯瞰下方的高速公路，高速路的另外一侧便是弗兰克·盖里设计的华特·迪士尼音乐厅。这座教堂的每一处细节都透露着分量、权威和财富，那是拥有长达2000年历史的教派所独有的魅力。天神之后主教座堂的设计方是西班牙建筑师拉菲尔·莫内欧[4]，其职业生涯的起点是与约翰·乌松(Jorn Utzon)合作设计的悉尼歌剧院项目。这座教堂的修建也充分体现了建筑对宗教经久不衰的作用。这是一种尝试，它试图在洛杉矶这样一座新型的、极端分散的城市中心，为创建教堂这一最古老的城市机构提供一种范例。教堂似乎在暗示洛杉矶的西班牙色彩越来越浓厚，但从资金来源看，传媒大亨鲁伯特·默多克(Rupert Murdoch)的赞助也体现了当代城市中的权力变换。有人认为建设天神之后主教座堂是把钱浪费在虚荣和自我营销上，而不是用来解决穷苦百姓的燃眉之急，因此对它大加鞭挞，从这一点来看，它的遭遇和水晶大教堂很是相像。

天神之后主教座堂的建筑师是欧洲人，所以这座教堂也在尽力调和欧洲教堂的传统构造和加利福尼亚当代的世俗生活。教堂的下方是4层的停车场，信众可以乘坐电梯从停车场直达教堂。莫内欧为教堂设计了一个步行广场，但这个广场孤零零地设在高速公路一边的山崖上，与公路看似近在咫尺，却完全隔绝。莫内欧曾乐观地把这条双向六车道的柏油公路比喻成一条现代的河流，但他自己似乎也不太相信这个美好的比喻。在设计教堂时，他刻意将教堂与公路隔离开来，尽可能降低公路对教堂的影响。这样一来，教堂就像是一座带有围墙的修道院，给人一种逃离外部、自我封闭的幻觉，而不像积极参与城市生活的宗教中心。

天神之后主教座堂的大小和舒勒的水晶大教堂差不多，也能容纳3000人。教堂实际上是一大片建筑群的一个组成部分，这片建筑群还包括大主教和常驻牧师的住宅、秩序井然的会议中心、围绕花园四周的办公室以及约45米高的钟楼。在钟楼的衬托下，双层步行广场是那样暗淡。

莫内欧故意不把教堂的入口设在街道一侧，而是让游客先进入下层的封闭式步行广场，让他们踩着富丽堂皇的楼梯来到上层广场，然后再步入教堂，朝着长椅和圣坛走过去。如此设计，是为了让信众能踏着西班牙石灰岩打造的台阶拾级而上，从黑暗走向光明，一步步从世俗世界走入神圣之所，体验一场个人的精神之旅。

教堂的礼拜仪式都是人们非常熟悉的内容，但又有着恰到好处的创新。这里的信众不像进入传统教堂那样从正对着圣坛的西侧进来。教堂设有两道回廊，一个回廊引导游客游览一系列的侧礼拜堂，另一个回廊则通向地窖。

莫内欧既想重现欧洲宏伟的石砌哥特风格建筑，也想把加利福尼亚的地方特色和加州本地的传统融合进来。教堂厚厚的土黄色混凝土墙代表的是西班牙殖民者早年在洛杉矶定居点里修建的教会建筑。默多克本来希望它能成为精心雕制的作品，但最后的成品却显得大而无力。建筑内部，通向教堂主体的通道蜿蜒曲折，这么设计，显然是想要营造一种令人期待的感觉。主入口位于圣坛的一侧，从这里出发，需要走上长长的“朝圣之路”，再拐一个大弯，才能看到圣坛。阳光从顶部带有纹理的雪花石膏板中滤过，投在圣坛之上。如果来访者有充足的时间，就能够顺着教堂肃穆的环境调整自己的心情，体会这个设计所带来的神圣气息。从教堂北端的回廊沿着一道楼梯往下走，便来到了地窖。地窖的窗户上镶着彩色玻璃，它们产自20世纪20年代的德国，是从这块土地的旧主人圣外比安纳教堂中抢救出来的。地窖里的壁龛和坟墓像公寓楼里面的公寓那般明码标价。几个颇有地位的牧师透露了一些来这里看墓地的人，说预定墓地的人最近多了起来。教堂里常规的宗教艺术并不能唤起人们多少情感共鸣，跟水晶大教堂里平庸的艺术品相比，它们也没有好多少。

宗教圣殿和剧院的设计有相通之处。在传统教堂的中殿里，过道的两旁是一排排面朝讲道坛摆放的长椅，这种布置可以让信众忘记自我。而在圆形剧院中，一排排的座位面对面摆放，则是让观众更能意识到彼此的存在。今天的剧院之所以抛弃舞台拱门的设计，也是出于同样的原因，其目的就是让台下的观众感觉自己能够更积极地参与舞台活动。但是要达到这样的效果，建筑师能发挥的作用也是有限的，在很多设计中，不仅仅是那些将墨守成规视为重中之重的守旧派觉得自己是在蓄意引导下产生了信仰，其他人也会有此种感觉。

宗教艺术可能已经沦为例行公事和毫无生气的机械生产，典型的代表便是大量毫无审美追求、缺乏艺术信念的十字架。但与充满新意却又可能带来混乱的东西相比，令人熟悉的平庸之作反倒让人觉得安全。至少在过去的一个世纪中，众多空虚贫乏的当代宗教艺术已引起了基督教知识分子的担忧。法国多明我会的玛利－阿兰·高堤耶(Marie-Alain Couturier)神父曾在20世纪40年代发起过一场复兴神圣艺术的运动，他认为20世纪后半叶教堂之所以会丧失魅力，部分是因为教堂和创新艺术脱节。与教堂相关的雕塑以及整个宗教艺术都太过封闭，缺乏新观念和信念。比较谨慎的天主教徒也发现了这个问题，但他们担心引入当代艺术会给教会带来一定的风险。为了打消这种忧虑，高堤耶神父率先做出示范，让大家看到引入当代艺术会带来哪些成果。在他的力推之下，教会委托亨利·马蒂斯[5]装修圣保罗德旺斯(St Paul de Vence)教区的小礼拜堂，并重新设计该教堂神父的祭服，随后世界各地纷纷仿效此先例。同样也是在高堤耶神父的推动下，勒·柯布西耶受邀设计了他职业生涯中最重要的两项宗教工程：位于法国东南方的朗香教堂和多明我会的拉图雷特修道院。他的尝试给当代宗教建筑带来了新的模式：以具有鲜明雕塑风格的形式，塑造带有圣殿和封闭感觉的建筑，合理利用自然光凸显或弱化建筑结构，营造出虚幻和神秘的感觉。

高堤耶神父的做法让世界各地的天主教区都大受鼓舞，他们开始和更具前卫意识的建筑师合作。越来越多的天主教会尝试通过建筑来融入当代世界，这种变化从理查德·迈耶在罗马近郊打造的千禧教堂(亦称仁慈天父教堂)便可见一斑。为庆祝第二个千禧年的到来，梵蒂冈决定邀请建筑师设计该教堂，迈耶在国际竞标中脱颖而出，打败了包括弗兰克·盖里、彼得·埃森曼在内的众多建筑师。捷克共和国圣母修道院的僧侣们也改变了自己的观念，他们委托约翰·包笙[6]修建的修道院是过去一个世纪以来东欧的第一座新修道院。

“光帮助我们体验所谓的神圣感。”迈耶将心灵升华委婉地说成了神圣感，用词十分生动。在迈耶设计的千禧教堂中，三片弧形的墙体包裹着一片空间，阳光穿过上方的天窗照进室内，他说这些光线形成了“明亮的空间感”“一道道阳光构成了上帝显身的神秘幻觉”。对迈耶而言，“千禧教堂展现了天主教堂的现代性，证明他们为适应这个变革时代而做出的努力”。但迈耶也发现，跟为舒勒设计教堂的工作相比，为罗马设计教堂似乎更为困难，“舒勒非常积极地参与工程开始和收尾阶段的设计工作，他或许会中途改变主意，但你很清楚自己在做什么，与梵蒂冈合作时你却不明白要做什么。”迈耶说他和罗马方仅有过一次争吵，双方对于圣坛十字架要如何设计起了争执，“我想采用简单的几何造型，教会则坚持十字架上必须有耶稣的象征。我认为梵蒂冈的地下室里肯定有16世纪的十字架可供参考，但我们选择以一个19世纪的十字架为原型打造新的十字架。”

宗教向来都把建筑视为宣传工具，借它来创造共同的身份认同感。宗教建筑的设计，会让信众觉得自己是整个宗教团体的一分子，从某种意义上说，它发挥了展现神圣真理的作用，正因为如此，几大宗教都特别关注建筑的朝向。世上所有的清真寺都必须朝着一个方向建造；人们普遍认为基督教堂喜欢将圣坛置于建筑的东端，面向耶路撒冷和太阳升起的方向。教堂十字形的平面设计则源自耶稣在十字架上受难的形象。

清真寺里面禁止出现人类形象，而基督教的态度则不一而足。

历史上曾多次出现反对偶像崇拜的教派，各个教派的清教徒也曾谴责宗教艺术中的偶像，认为它们属于偶像崇拜或是亵渎神明之举。同样地，建筑风格也和宗教运动捆绑在了一起。19世纪时，某些改革者认为哥特风格的尖顶就是正宗的基督教建筑，认为希腊或罗马古典风格的神庙与异教徒密不可分，令人万般厌恶。

许多宗教流派都需要模仿已有神庙或教堂的样子打造新的宗教建筑，锡克教和印度教信众移民西欧后，便按照印度寺庙的建筑形式和细节打造一模一样的建筑，有时候，他们甚至还从印度次大陆请来技艺高超的工匠修建新寺庙。人类想要通过神圣的建筑来勾勒天堂的景象，定位自己，留下印记，用风格独特的建筑形式来承载宗教信息，而宗教建筑的朝向、建筑与自然现象（以太阳光为主，但也包括星星）的关系便是人类在这方面最早的尝试。

但从某种角度看，人们也利用建筑来营造氛围：营造一种空间感、期待感，或者说敬畏感，让信众觉得自己仿佛脱离了世俗世界，在某一刻步入了天堂。我们不能把这看作是舞台艺术，否则就等于揭露了这种神圣氛围的产生机制，这也意味着这种体验是有刻意操控的结果，是剧院里不怎么“真实”的舞台艺术，宗教信仰如果要想保持公信力，就不能被视作是变戏法。

仰望光明是一种象征性的召唤，让你联想到天堂，让个体显得更为渺小，让你忘却理性思考，只关注本能的亲身体验。对建筑师而言，刻意营造神圣的气氛，就意味着要无情地审视营造这一氛围的过程，这种做法只会给信仰带来打击，因此在宗教建筑中传统比创新更为重要。可是，机械地复制传统的建筑形式，最后只能导致宗教建筑不断没落，失去其魅力。

规模大小体现了建筑的重要程度，地理位置亦是如此。不论是基督教的教堂、伊斯兰教的清真寺、犹太教的会堂，还是佛教的庙宇，这些宗教建筑都喜欢建在显眼的地方，规模也都很大。除此之外，特殊的材料和技术也可以散发强烈的神圣气息。修建哥特式教堂所需的特殊技术掌握在少数人手中，昂贵的石料、神坛上的金叶子、青铜大门和马赛克装饰品也为少数人所掌控。一些清醒的、富有牺牲精神的教派，如震教派、贵格会、西多会等，却反其道而行之，它们试图通过克制和质朴来创造一种认同感。

宗教建筑是一切建筑的源头，它的技术、智慧和材料都承载着世俗内容和精神内涵，它们塑造了建筑的当代角色，也让我们能更好地理解建筑语言。

1 理查德·诺伊特拉（Richard Neutra, 1892—1970），奥地利裔美国建筑师，被认为是最为重要的现代建筑师之一，加州棕榈泉的考夫曼别墅使他享誉国际，诺伊特拉称其为“健康别墅”。

2 克里斯蒂安·波尔坦斯基（Christian Boltanski, 1944— ），法籍犹太艺术家，著名的雕塑家、摄影艺术家、画家和电影制作人，2001年获得德国凯撒林奖。波尔坦斯基的第二所也是中国的唯一一所心跳博物馆落在了重庆武隆。

3 何塞·克莱门特·奥罗斯科（José Clemente Orozco, 1883—1949），墨西哥“壁画三杰”之一，是20世纪墨西哥艺术史上最为重要的艺术家之一。

4 拉菲尔·莫内欧（Rafael Moneo, 1937— ），西班牙建筑师，建筑理论家、教育家，曾荣获多项国际大奖，包括国际建筑师协会（UIA）金奖、普利兹克建筑奖、威尼斯双年展终身成就金狮奖等。

5 亨利·马蒂斯（Henri Matisse, 1869—1954），法国著名画家，野兽派创始人。

6 约翰·包笙（John Pawson, 1949— ），英国建筑师、空间设计师，有“极简主义之父”之称，他很注重空间的开阔感，厌恶杂乱，房间里不允许有任何装饰物。

The Uses of Culture 文化的运用

今天，我们把博物馆视为知识和文明价值的宝藏，但博物馆扮演的角色向来具有浓厚的政治色彩。它的面世，是个人虚荣心、金钱和国家政策共同作用的结果。

纽约古根海姆博物馆的弗兰克·盖里回顾展卖出了32万张门票，为博物馆开馆50年来的最高纪录。博物馆的核心部分是一个炫目的螺旋形展馆，展品陈设沿着螺旋形廊道一路往上。这个展览名为回顾展，实则是博物馆馆长托马斯·克伦斯（Thomas Krens）为盖里举办的加冕仪式，帮他戴上“当代最重要的建筑师”的桂冠。克伦斯将盖里与迈克尔·乔丹（Michael Jordan）和弗兰克·埃劳德·赖特相提并论，这做法看似随意，却是别有目的。如此比较，既称赞了盖里，又夸奖了自己。如果把盖里说成是世上最重要的建筑师，那显然就意味着克伦斯是最重要的客户。

克伦斯上任之前，古根海姆博物馆规模不大，收藏不算丰富，声名也不甚显著。他入主博物馆仅仅13年，便将其打造成了一个世界一流的“艺术广场”。他将古根海姆博物馆的气质定位在拉斯维加斯的百乐宫赌场和路易·威登博物馆之间。能有此成就，很大程度上要归功于盖里奇特的建筑。克伦斯将盖里捧成了建筑界的明星，反过来，盖里也让克伦斯成了世界上最让人津津乐道的博物馆馆长。不管是好是坏，没有一个机构比古根海姆博物馆更能体现文化在当代经济中的用途及作用。

克伦斯的成就，还包括成功地在西班牙毕尔巴鄂建起古根海姆博物馆分馆，在纽约和柏林创办分支机构，只不过后面两座分馆没有像毕尔巴鄂馆那般引起轰动。他不顾互联网泡沫破裂的后果，筹集了2000万美元资金筹办古根海姆网站Guggenheim.com。在《玛萨斯图尔德生活》（*Martha Stewart Living*）杂志网站前主编的帮助下，将这个网站打造成了一个旨在让博物馆变得富有的商业网站。他还在拉斯维加斯赌场同时开幕了两座古根海姆分馆，这预示着高雅文化和大众文化之间的冲突即将爆发。与此同时，克伦斯还计划在东京、台中、里约热内卢、萨尔茨堡、圣彼得堡、爱丁堡等地修建更多的古根海姆分馆。

盖里建筑展之后，克伦斯便不可避免地走上了下坡路。不到一年，古根海姆博物馆受托管理委员会主席便公开威胁说，如果克伦斯不能消灭财政赤字就得走人。于是，克伦斯开始大幅削减财政预算，他裁掉了100个员工，取消或推迟计划中的展览。古根海姆的拉斯维加斯分馆设在威尼斯赌场内，这座由雷姆·库哈斯设计的铁锈色方形钢铁建筑生命短暂得可怜。纽约苏荷区的古根海姆分馆也被新的普拉达门店取而代之，耗资甚巨的Guggenheim.com网站也如昙花一现般转瞬即逝。东河沿岸，由盖里负责设计的新古根海姆博物馆先是无故中止，最后完全取消。参观毕尔巴鄂馆的游客数量也直线下降，就连英国航空也取消了从伦敦直飞毕尔巴鄂的航班。

盖里回顾展结束仅仅10天，世贸中心的双子塔便遭到恐怖袭击。人们常说，古根海姆博物馆命运之所以出现巨变，是因为它亦是此次恐袭后遗症的受害者之一。但实际上，即便没有基地组织，博物馆也早已举步维艰，其中的种种迹象在盖里建筑中上便可见一斑。这次展览展现出来的傲慢、自恋，让我们看到一个自负满满的机构是多么渴望荣光。馆长和打造它的建筑师互相吹捧，这让古根海姆博物馆偏离了它“追求文化”的初衷。

请克伦斯担任古根海姆博物馆的馆长，就像是邀请年轻的激进派时装设计师来拯救濒临倒闭的服装店一般。克伦斯上任后的“第一把火”便是拿掉古根海姆博物馆陈旧过时的产品，选择最新的作品，他开始出售马克·夏加尔[1]和阿美迪欧·莫蒂里安尼[2]的画作，购入潘扎·迪·布马(Panza di Buma)的概念艺术系列作品，还委派新建筑师建造文化旗舰博物馆，此举引发了极大轰动。

盖里和弗兰克·埃劳德·赖特不一样，他喜欢用嘲讽的口吻表示自谦，这一点在美国建筑师身上很少见到。很多建筑都充斥着晦涩的建筑语言，人们常常误以为这种晦涩便是当代建筑的理念，但是盖里对此不太感兴趣。对于盖里来说，最快乐的事情莫过于待在工作室里面，拿上一支黑色的软铅笔，在黄色的绘图纸上画图纸。但是，盖里和蔼可亲的外表之下，隐藏着更为复杂的性格，正是因为这种性格，他才会在代表作中采用那般特异的材料。

盖里出生于1929年，原籍加拿大多伦多，原名弗兰克·欧文·戈德堡(Frank Owen Goldberg)。很多建筑师都喜欢给自己改名，如查尔斯-爱德华·纳雷(Charles-Edouard Jeanneret)就曾改名为勒·柯布西耶，路德维希·密斯(Ludwig Mies)也曾改名为密斯·凡德罗，盖里也给自己取了个新名字，只不过其他人可不是因为岳母的提议而改名的。刚改完名字，盖里便后悔了，但为时已晚，他是不可能再改回去了。比起改不回去的名字，盖里在移民美国之后，倒是有机会重归加拿大籍。据他说，有一次他和加拿大总理让·克雷蒂安(Jean Chrétien)通长途电话，正聊着冰球，总理邀请他重新入籍加拿大，盖里答应了。

盖里的经历和路易斯·康、贝聿铭有些相似，建筑生涯早期默默无闻。他曾跟随维克多·格伦设计公寓楼、珠宝店、商业中心等建筑，但这些只称得上是民用商业建筑。工作之余，盖里开始尝试制作硬纸板家具。20世纪80年代，盖里喜欢上了鱼形意象，那时候的作品包括日本的鲤鱼形餐馆、巴塞罗那海边的冲孔金属鱼雕刻，这些作品似乎预示着非凡的作品即将诞生。但直到知天命之年，盖里依然没有打造出有影响力的作品。他常常为自己的作品道歉，变得和艺术家一样小心谨慎。为什么要设计鱼形建筑?“我不知道，大概是因为我喜欢鱼吧。”但在另外一些场合中，他又回忆起自己的童年，说妈妈每到周五便会买一条活鲤鱼回家，等他玩够了再拿来做晚餐。

洛杉矶是盖里的另外一个重要灵感之源。盖里的作品形状奇特、布局诡异，看似杂乱无章，却反映了建筑诞生的背景。如果你身处的环境也满是高速公路、大型广告牌、礼帽或热狗形状的汽车餐馆，恐怕你也不会有什么念头去设计高雅的建筑。盖里便是以这种背景为方向探索建筑的。但洛杉矶的众多潜在客户还是比较喜欢那些四平八稳，不那么特立独行的建筑，对他们而言，盖里的理念太过前卫。很久之后，城市里的权力掮客才发现，比起普通的艺术藏品和慈善基金会，盖里的建筑更能彰显他们的成功。在洛杉矶无休止的社会地位之争中，盖里的建筑将其他作品远远抛在了身后，就连沃霍尔[3]的肖像画真品也难以望其项背。盖里设计的建筑没利尔喷气机那么贵，但却要稀罕得多，要得到它，也需要付出更多的时间、精力以及恭维。这些企业大亨什么都不缺，但他们仍想找东西来慰藉自己，他们告诉自己说，在古根海姆博物馆馆长这样的权威人士口中，盖里是可以和弗兰克·埃劳德·赖特相提并论的建筑师，这般有名的建筑师却愿意花费宝贵的时间来设计我家的卫生间，来协调我家游泳池和起居室的空间关系，想想都觉得棒得不得了!

尽管委托盖里设计房屋的人越来越多、越来越频繁，但让盖里郁闷的是，他等了那么长的时间，才拿到老家的一个重大民用工程，而且后来找他设计的洛杉矶老乡也依然寥寥无几。洛杉矶现代艺术博物馆的设计项目落在了矶崎新的手中，让盖里懊悔的是，自己当初也参与了竞争，却没有获胜。而负责设计洛杉矶盖蒂博物馆的则是理查德·迈耶。后来他总算在洛杉矶接到了一个重要项目，即华特·迪士尼音乐厅。但不幸的是，这个项目的地基刚刚挖好，便因资金不足而停工了。盖里也参与了天神之后主教座堂的竞标，却败于拉菲尔·莫内欧之手。后来洛杉矶郡艺术博物馆想要找个合适的建筑师，但据盖里说，这一次是他自己没参加竞标。而实际上，盖里没有参与竞标的主要原因是，不论洛杉矶郡艺术博物馆的馆长安德里亚·里奇（Andrea Rich）邀请哪位建筑师承担此次设计，该项目的实际客户都是亿万富翁艾利·布罗德（Eli Broad），而盖里之前和艾利相处得不甚愉快。

毕尔巴鄂的古根海姆博物馆让盖里的地位扶摇直上，超出了洛杉矶所能给他带来的极限。他的设计引起了极大的轰动，因为它根本就不像博物馆，也不像人们往常理解的建筑作品。博物馆在毕尔巴鄂的河岸边拔地而起，笼罩在大桥和河堤之上，屋顶覆盖的钛钢面板并不平整，它看上去不像是建筑物，更像是撞毁的火车，或是一个变异版的悉尼歌剧院。

这座博物馆最大的成就在于它改变了这座城市，毕尔巴鄂曾是一摊脏乱、衰败的工业死水，恐怖主义肆虐整座城市，每天只有几趟国际航班往来这里。在古根海姆博物馆的助力之下，毕尔巴鄂发生了变化，富有的美国人也愿意来此度周末，007电影也有一部把首映式放在了这里。但需要说明的是，毕尔巴鄂的历史并非城市文明发展的必经之路。普通的博物馆常常披着“修养”和“学术”的外衣，而毕尔巴鄂馆则剥离了博物馆的诸多修饰，揭露了外皮之下的自大和做作。在毕尔巴鄂馆身上，形式不再是功能的附加物，而是服务于想象力。

借助一系列外物来促进经济转型，毕尔巴鄂并不是第一个这么做的城市，这种做法可以追溯到各个教派竞相争夺圣物的时代。当年，不论是穆斯林什叶派，还是天主教，各个城市为了吸引大批的朝圣者过来朝拜，并以此带动经济发展，所以竞相抢夺各自教派的圣骨，修建精美的神祠供奉圣骨。20世纪30年代，德国财政部部长鲁茨·什未林·冯·科洛希克（Lutz Schwerin von Krosigk）伯爵想要削减重建柏林计划的资金，希特勒却让施佩尔不必理他。希特勒说："财政部部长根本就不明白50年后，我的建筑会给国家带来多大的收益。想想路德维希二世（Ludwig II）！他不惜耗费巨资修建宫殿，当时人人都骂他是个疯子，再看看今天，有多少人到上巴伐利亚就是为了看它们一眼啊。单单门票一项的收入，就已经超过了建筑成本。将来全世界的人都会来柏林看我们的建筑。我们只需要告诉美国佬这个大会堂花了多少钱就可以了，可以把成本往高里说一点，把10亿说成是15亿，这样他们就会抢着过来看世界上最昂贵的建筑。"这么看，元首还真算得上是毕尔巴鄂效应的发明者。

古根海姆博物馆的盖里回顾展之所以有这么大的启发意义，是因为你可以透过展览，看到凝固在建筑下方的种种痕迹，它们诉说着在那个特别浮华的年代里人们所追求的一切，这些追求就像是孕育它们的时代背景那样，也面临着不可逆转的变革。这次展览表面上看是一次回顾展，实际上展示的却是20世纪90年代的狂妄、自大和贪婪，它反映了世界各大城市以堂吉诃德般的狂热追求城市地标的野心。这里是新兴经济体中自私自利的强盗资本家[4]的奖牌屋，这也展现了建筑和艺术之间最原始、最痛苦的尴尬关系。难怪当人们把盖里说成是建筑师兼艺术家时，他曾经的朋友兼合作伙伴理查德·塞拉（Richard Serra）会感到那么不舒服，"在我们这个时代，建筑师更像是主宰，"塞拉在电视采访中说道，"我画的雕塑图比弗兰克·盖里画的建筑图好得多。可现在风光无限的却是弗兰克，还有那些把他吹捧成艺术家的评论家，可笑！”

文化领域中，建筑的地位很是微妙。建筑以最直观的方式体现文化和大众价值观。建筑拥有辉煌的历史，是治国之道的核心。但在20世纪后半叶的大部分时间里，占据文化高地的却是文学和音乐，建筑则处于边缘化的地位。之所以如此，是因为建筑精英把自己的领域缩小到了极致，他们倾向于打造令人难以理解的建筑，在自己与世界之间竖起了一道屏障。

盖里之所以能成功，不仅仅是因为人们对美术馆的兴趣逐渐超过艺术品，更是因为作为一名建筑师，盖里修建的美术馆里即便没有艺术品，也能吸引大批观众，这是否会让盖里的建筑模型身价倍增？

古根海姆博物馆的风光是建立在脆弱的泡沫之上的，人们当时并没有立即意识到这一点。这是对时代精神的一种升华，这种升华简洁得不太真实，最后只能消散于无形。安然公司是盖里回顾展的主要赞助方，这也是该公司最后一次慷慨赞助文化活动，展览结束后不久，它便爆出了史上最大的企业诈骗丑闻。公司垮台前几个月，安然董事长兼首席执行官杰夫·斯基林（Jeff Skilling）为博物馆的展品目录写了一段引言，用词极尽炫耀，这篇文章是如此令人尴尬，以致让人以为古根海姆会把剩下的册子都销毁掉。“安然公司和盖里先生一样，一直在探索真理时刻。也就是在这个时刻，解决问题的功能性方法被注入了艺术性，从而产生了真正的创新解决方案。每一天，安然都致力于这种探索，通过质疑传统来改变商业模式，创造将塑造新经济的新市场。弗兰克·盖里最让我们欣赏的，正是他身上和我们一样的挑战精神。这种精神给我们带来无限鼓舞，希望它也能给你带来同样的启发。”最终，斯基林和手下的几个主管在休斯敦认罪伏法，在导致数千名员工失业，给无数股东带来经济损失之后，他们只能在铁窗中度过漫长的“真理时刻”。

盖里回顾展中，最重要的展品是盖里为新的古根海姆博物馆设计的华丽图纸。这是一座占地超5.3万平方米的巨型建筑，它将高高地矗立在华尔街的尽头，俯视东河。当时的市长朱利安尼(Giuliani)刚将这块土地赠送给克伦斯，并且承诺会提供一些金钱资助，这说明此项工程当时已是势在必行，它不是构思中的白日梦，而是很有可能变成现实。盖里回顾展最庸俗、最明显之处便是，它可以被视作为新建筑筹集资金的活动。为了吹捧自己的建筑师，在这项工程还未开建时，克伦斯便把它当作盖里最辉煌的博物馆作品展示出来。在这座准备建造在市中心的古根海姆博物馆里，盖里设计了一条条穿孔的金属带，它们像瀑布一般垂下来，悬挂在参观者的头顶上，像是在诉说着当代建筑文化的本质，诉说着它和权力之间的畸形关系。但在展出的一系列模型中，这座博物馆并非唯一一座采用这般设计的作品。建筑师要想将自己的秩序感强加给心存抗拒的外部世界，这些冷冰冰的建筑模型并非最好的办法。20世纪60年代，盖里刚刚开始和克拉斯·欧登柏格(Claes Oldenburg)、理查德·塞拉展开合作。那时他制作的纸板家具带有刻意打造的粗糙感，这打动了两位合作者，也让二人不知不觉地抛弃了工具人或销售助理的身份，转而踏上了追求作品表现力和艺术性的道路，盖里回顾展上的这些模型也和纸板家具一样有刻意为之的粗糙感。

展品目录中有一个名为“里维斯豪宅”的模型，之所以称之为“豪宅”，是因为“住宅”一词不足以展现它的宏伟。这个建筑模型包括一个亮闪闪的蓝色鱼形结构、一个摩尔风格的高耸圆顶、几匹红布和几道条形的金属箔，看起来就像是硬拼在一起似的。这项工程原本只想请建筑师改造俄亥俄州林德赫斯特市的一栋房子，但工程面积不断扩大，最后变成了一座总面积近4000平方米的梦幻宫殿，但这一项目还是在10年后流产了。这座未建成的豪宅占据了目录的12个版面，仅次于占了14页的毕尔巴鄂古根海姆博物馆。盖里委婉地说，里维斯工程让他有机会进行探索，帮他奠定了今后作品的基调。

委托弗兰克·盖里设计房屋的业主是一个与众不同的群体，但这些人明显缺乏自我怀疑的精神。里维斯豪宅的主人是彼得·本杰明·里维斯(Peter Benjamin Lewis)，他于1998年成为古根海姆基金会受托管理委员会的主席，2005年被迫辞职。辞职之前，他以私人名义向博物馆捐赠了7700万美元。里维斯当选主席后，克伦斯便对外宣称："在古根海姆博物馆渐渐成长为世界最大的文化机构之时，彼得必会给我们带来具有启发意义的视野，让古根海姆博物馆在21世纪茁壮成长。"里维斯确实是一位魅力非凡的人物。他名下有一艘长约77米的游艇，名为"独行侠"，船上足足可以容下18名船员和一个船上游泳池。他毫不掩饰自己对大麻的喜爱。也正是因为这个嗜好，有一次在过境奥克兰机场的时候，缉毒犬嗅到他手提箱上的大麻味道，一下子突然变得极为兴奋，这让他在新西兰的监狱过了一晚。里维斯甚至还曾对前进保险公司的员工说，他会像纳尔逊·洛克菲勒那样一直坚持工作到生命的最后一刻。后来因为血管疾病，他左膝盖以下被截肢了。从那以后，他便养成了一个习惯：会客的时候把假肢取下来压在大腿上。他之所以有此种种怪癖，大概是继承了博物馆创始人所罗门·古根海姆(Solomon Guggenheim)及其德国男爵夫人希拉·瑞贝[5]的遗风吧，这位男爵夫人曾坚定地认为良好的牙科技术是通往心灵健康的大门。

1965年，里维斯的父亲开了一家汽车保险公司，当时有员工100人，年入600万美元。在里维斯的经营下，这家公司在2003年已发展成为坐拥14000名员工、48亿美元年收入的大型企业。据《福布斯》杂志统计，里维斯个人的财富达到14亿美元。博物馆的展品目录中写道："因需求不断增加，超出了房屋结构所能承载的极限，这项房屋改造计划很快便被放弃了。"里面的"需求"一词很有意思，仿佛是一群严谨的工程师在努力解决设计中存在的一系列严肃的功能性问题，让人觉得这些问题就像是无法改变的物理定律一样。

里维斯豪宅代表的是里维斯对建筑的痴迷，而盖里对此并不认同，他说："里维斯不断地扩大项目。"里维斯要求设计一个能停放10辆汽车的车库，盖里对此从善如流；后来里维斯又说要建一个储藏室来存放自己的艺术藏品，设计只得再次改动；之后里维斯又提出要建一个私人博物馆，最后又说要给博物馆馆长、策展人和图书馆留出一些空间，所以博物馆的规模再次扩大。当然这座宅子还配有最先进的安保系统，其中包括紧急避难室、逃生地道等，这里甚至还要有存放波斯地毯的空间，所以设计一而再再而三地修改。

盖里面对的是一种特殊的犹豫，因为过于富有而犹豫不决，里维斯不知道自己是需要一间客房还是两间，不知道是不是要将车库建在遥远的前门，然后停车冒雨走回家，以及其他种种虚荣、神经质、缺乏安全感的表现。面对这些问题，即使是伟大的建筑师也难免造出荒谬可笑的建筑。

在里维斯眼中，重建这座房屋，至少有部分原因是为了报复克利夫兰的当权派。里维斯计划邀请室外雕塑巨擘克拉斯·欧登柏格为自己的花园打造一个近23米高的高尔夫球袋状的雕塑，要让隔壁的梅菲尔德乡村俱乐部看得清清楚楚。里维斯觉得在半个世纪以前，这个俱乐部曾侮辱过年仅12岁的他。他说："有个同学约我去那儿游泳，结果第二天他告诉我说，俱乐部的人因为他对犹太人过于友好而指责他。"里维斯早年也曾委托出生于克利夫兰的菲利普·约翰逊为自己设计一处小旅馆，但这事最后没有办成，这可能反倒是件幸事。

里维斯将建筑师的展示环节视为马戏表演，"每次去见他，他都会派一个摄制组跟拍。有一回在他过生日的时候，他把设计模型空运到了宴会现场，还邀请了俄亥俄州州长等嘉宾，"盖里说，"我只得再做一次展示，向参加宴会的人员介绍这栋房子。"这个和儿童游戏围栏一般大小的模型，是盖里特意为这种情况准备的。

每次看到工程造价，里维斯都会被吓到，于是工程便一而再再而三地中止。每每此时，他便会过来找盖里，说自己对这座宅子是多么认真，建筑师重启该项目是他一辈子最重要的事。建筑预算一路走高，从500万美元变成了2000万，后来又提高到6500万，甚至达到了8000万。最后，就连里维斯的儿子也参与了进来，盖里说："他在我们的办公室里工作了3个星期，就说我们在偷他们家的钱。"

里维斯当时早已离婚，孩子也都长大成人。房子里设计这么多房间，根本就不可能同时住满，不知道要耗费多大的精力才能把它打造出来，即便真能建起来，也只不过是博物馆里的老古董。美国泛滥的肥胖症不仅撑大了人们的腰围，也给建筑带来了相当的影响。里维斯的摄制组倒是成功地录下了这座未建成的里维斯豪宅，杰瑞米·艾恩斯[6]还为其配上了充满敬意的旁白。

沿着古根海姆博物馆的螺旋形画廊往上走，再转一个弯，便是盖里为保罗・艾伦[7]打造的音乐体验馆。这位曾经与比尔・盖茨共同创建微软的企业家对吉米・亨德里克斯[8]的音乐作品十分着迷，因此拿出2.4亿美元的巨资，邀请盖里为自己设计西雅图的音乐体验馆。继续往前走，你便能看到克利夫兰凯斯西储大学魏德海管理学院里彼得・B.里维斯（Peter B.Lewis）大楼的模型，这也是盖里应里维斯之邀设计的作品。与最终流产的里维斯豪宅不同的是，它最终得以建成。

这座大楼的色彩不像里维斯豪宅那般艳丽，造价也不如它昂贵，但它对传统建筑几何形式的摒弃仍足以引发轰动。这座大楼以里维斯命名，是因为他捐了3690万美元的钱。但对于里维斯而言，这显然并不是什么愉快的经历。他原计划捐赠1500万美元，后来建筑成本从2500万飙升至6170万，在他人的劝说之下，他最终拿出来的钱比原计划多了一倍不止。他并不是舍不得把这笔钱拿给盖里，但费用超支确实把他和大学的关系搞得很僵。古根海姆的盖里回顾展刚闭幕，他便对《克利夫兰诚报》（*Cleveland Plain Dealer*）抱怨说，凯斯西储大学是一所“日益没落的病态大学，它必定会把克利夫兰卷入漩涡”。里维斯要求大学的受托管理委员会对董事会进行重组，将成员数量减少一半。若做不到这一点，他就要抵制该大学在克利夫兰举行的每一项慈善活动。

但后来，里维斯也不是很关心克利夫兰的事情，从他对高尔夫俱乐部的态度上看，他和这座城市的关系一直都不怎么好。20世纪80年代，他曾想让盖里为自己的公司修建一栋50层的大楼。这座大楼的设计模型就摆放在克利夫兰的里维斯寓所里，但奇怪的是，这个模型并没有出现在古根海姆的盖里回顾展上。当时唐纳德・贾德[9]、理查德・塞拉和克拉斯・欧登伯格都参与了这栋大楼的设计，最终设计出来的作品就像是一个正在阅读报纸的摩天巨人。这座大楼最终没有建成，据里维斯透露，部分原因是揭幕仪式上的一位嘉宾的轻蔑言论让他深感受辱。“有种被忽视、被蔑视、被排斥、被嘲笑的感觉。”里维斯说，后来他便把这个项目给取消了。几年后，里维斯对一位记者说，他非常生气，想把那个显然不认识他的人扔下楼。

作为古根海姆受托管理委员会的主席，里维斯的要务本该是解决古根海姆的问题，解决它因持续扩张的经济模式而引发的问题。克伦斯曾孤注一掷地在柏林、毕尔巴鄂打造古根海姆博物馆的分馆（这些分馆变得越来越难以驾驭），还计划将古根海姆的旗帜插到世界各地，他认为全球连锁的博物馆形式能分摊展览成本。本想依靠大型巡回展吸引大批观众，帮助博物馆消灭财政赤字，实际效果却不尽如人意。博物馆毕竟不是出版商，无法通过国际合作印刷来增加印数、降低成本。放贷方也不喜欢旷日持久的展览，各个分馆能分摊的成本也远没有克伦斯预想的那么多。虽然古根海姆举办了各种令人眼花缭乱的活动，但年收益还是不足以维持预算。无奈之下，古根海姆只能不停地寻求新的资金来源。曾有一次，克伦斯为了一个房地产开发商家族手中的几百万美元，差一点就把博物馆改名为勒弗拉克·古根海姆博物馆了。好在反对声太大，尴尬之下，勒弗拉克家族只得改变捐赠条件。后来，克伦斯为了1500万美元而把博物馆的圆形大厅租给乔治·阿玛尼（Giorgio Armani）举办服装展，又为了拉赞助把这个大厅租给宝马公司举办车展，人们普遍认为这种做法拉低了博物馆的格调。但是这些意外之财只是暂时缓解了博物馆的财政危机。建造毕尔巴鄂古根海姆博物馆时，巴斯克政府赞助了2000万美元，除此之外，巴斯克政府还承担了员工工资、运营费用和采购预算等费用。但纽约的古根海姆博物馆，为了支付其2001年到2002年间的费用，就只能求助于捐款了。在过去的两年间，为了支付各项费用，博物馆卖掉部分艺术藏品获得了1400万美元，古根海姆董事长罗恩·佩雷曼(Ron Perelman)个人也注入了2000万资金。拉斯维加斯的展馆没有像克伦斯预想的那样带来丰厚的收益和大量的顾客，古根海姆网站的失败又让客户的2000万美元打了水漂。博物馆策展人的口袋空空如也，无法按计划举办展览，而克伦斯只关心如何筹集资金以把模型运到远东地区，诱惑新的合作伙伴修建新的古根海姆。他就像巴伐利亚的路德维希二世那样，为了修建一座又一座城堡而掏光自己的国库。克伦斯似乎十分乐意把董事会的席位也拿出去拍卖，价高者得。据里维斯称，如果他许诺捐款翻倍，便能取代佩雷曼成为受托管理委员会的主席。里维斯说："这个工作是我买来的。"博物馆的扩张大计早已漏洞百出，但克伦斯仍执迷不悟，仍在高谈修建新分馆的白日梦，最后走到了山穷水尽的地步。"适可而止吧，"里维斯公开宣告，"古根海姆的财务管理一团糟。它先是吃过去的老本，后又给未来画大饼。我可不会说好话哄人，我只会威胁。"里维斯看完2003年的预算，便给克伦斯下了最后通牒："要么滚回去做一份真正的计划，要么滚蛋。"里维斯就是这样解释自己的地位的。在里维斯的威胁之下，克伦斯削减了古根海姆2003年的预算，比上一年减少了13%。打完巴掌之后里维斯又给了一颗甜枣，他拿出1200万美元清偿债务，但他说得很清楚，这个钱不能用来修建花里胡哨的建筑。如今，里维斯谈起修建新博物馆的提议时，便会说："如果是请弗兰克·盖里来设计公共建筑，而且是把地址选在纽约市中心，只要你们能筹够75%的资金，剩下的25%我来负责，但是我有条件，不能把博物馆的钱花到新建筑上。"

但似乎这话没对克伦斯起什么作用，或许就像他自己所说的那样，“筹集资金盖房子可比筹钱办展览要容易。建筑是永恒的，赞助方更相信建筑的价值”。这个想法得到了弗兰克·斯特拉[10]的肯定。斯特拉也认为客户喜欢建筑，因为“他们知道自己不会被骗。他们可不愿意花600万美元购买凡·高(van Gogh)的作品，他们私底下觉得只有实实在在的房产才物有所值”。

虽然纽约市中心的古根海姆博物馆计划最后难逃流产的命运，但克伦斯仍执迷不悟，一味沉迷于机场、建筑师、建筑模型以及与野心勃勃的市长的合作中。他与里约热内卢市长签订了一份合同，准备邀请法国建筑师让·努维尔修建一座古根海姆博物馆巴西分馆，这座博物馆大部分建筑都将没于水中，之所以选择让·努维尔，是因为盖里和克伦斯无法就费用问题达成一致。这项工程原预算为2.5亿美元，克伦斯却愚蠢地在公开场合暗示古根海姆只有4000万美元的预算。工程很快便停滞了下来，里约热内卢人对此很不满，他们质疑在一座被贫民区包围的城市中，耗费这么多公共资金修建博物馆是否道德，再说里约热内卢和毕尔巴鄂不同，毕尔巴鄂原本就有一座建筑造诣颇高的现代艺术博物馆，旅游业也很繁荣。里约热内卢法院宣判这项交易不合法，古根海姆受托管理委员会也投票否决了该项目。克伦斯还与中国台湾签订过类似的合同，准备邀请扎哈·哈迪德为台中市设计一座博物馆。在克伦斯的构想中，这座博物馆可以吸引更多的游客，但台中市的机场并没有开通国际航班，市民意机关也不支持这个方案。虽然克伦斯一直都很乐观，但古根海姆依然陷入了严重的财政危机，摆在克伦斯面前的只有两条路：财政危机继续恶化，克伦斯只能满世界找人签订权宜的交易，免得债主上门讨债；或是继续不可自拔地沉迷于建筑，不去管那燃眉之急。里维斯自己对建筑也是万般着迷，他哪里管得住跟自己臭味相投的馆长啊！不管克伦斯选择的是哪条路，古根海姆的批评者都已开始发难，尖锐地质问如果博物馆不能如期偿还债券会出现什么样的后果，最终会不会危及博物馆的艺术藏品？在发现里维斯并没有惩罚克伦斯，里维斯本人还在2005年辞去了主席一职，批评者对古根海姆的诘难就变得越发尖锐了。

和里维斯不同的是，收藏家埃利·布罗德（Eli Broad）当真邀请过弗兰克·盖里给自己设计住宅。这座宅子坐落在洛杉矶高尚住宅区贝莱尔的山坡上，占地约18亩。布罗德和里维斯一样喜欢高调的艺术，里维斯给自己造了个近23米高的高尔夫球袋，布罗德便邀请理查德·塞拉打造了一座重60吨的雕塑，取名为“没问题”，用平板卡车一路从东海岸拉到加利福尼亚，安置在自家花园里。但是布罗德住宅的模型也没有出现在古根海姆德的回顾展上，因为盖里忍受不了布罗德的“微观管理风格”。如果我们能像成立沃霍尔基金（Warhol Foundation）那样，也成立一个盖里基金来考察盖里现有作品的出处，那布罗德的宅子可能是最受质疑的。

洛杉矶首富布罗德发家致富靠的是房地产，他修建的廉价住宅遍布3个州，为了降低成本，建造的时候恨不得从每个石头缝里都抠出钱来。布罗德很清楚自己想要什么样的宅子，只是自己设计不来而已。但他也没有耐心等盖里画完施工图，便不管不顾地自己开工、自个儿建好了房子。如此一来，盖里便立即宣布这项工程和他没有关系。即便如此，也拦不住布罗德在摄影师面前炫耀新宅子。“美国多数大型企业都是靠故步自封的经理来管理，”他吹嘘说，“这些人更喜欢住在传统的房子里面，对过去的艺术作品更感兴趣，但有进取心的企业家会更喜欢新的思想，他可能更偏爱当代艺术和当代建筑，这些东西代表的是创造力和活力。”

布罗德的钱比里维斯多得多，《福布斯》杂志根据他在两个经济领域里的成就：一是KB住宅建筑公司（KB Home Corporation）建造的住宅楼，二是阳光美国（SunAmerica Inc.）售卖的养老金产品，估计他的财产高达34亿美元，也有人说他的财富可达50亿美元。如今布罗德把自己说成是一名风险慈善家，也就是说，凭着自己的钱以及自己与洛杉矶前市长理查德·里奥丹（Richard Riordan）的私交，这座城市都得听他的话。他成功发起了一项运动，说服洛杉矶联合学区的选民发行了一种债券，用筹来的资金建造新学校，这也是该市过去30年来唯一的一所新学校。他还参与了现代艺术博物馆的建设，但工程建设期间出现了很多问题，一位负责募捐的重要人员辞职离开，还有一名受托人拒绝解雇他之前请来的建筑师矶崎新，因此布罗德和博物馆打起了官司，要求博物馆退回他赞助的100万美元，但这些困难都没有难倒布罗德。在邀请蓬杜·于尔丹（Pontus Hulten）担任博物馆馆长时，布罗德发挥了重要作用，但于尔丹没过多久便辞职离开，这也和布罗德有点儿瓜葛。现在，他又准备把格兰大道打造成洛杉矶版的香榭丽舍大街。

如果说里维斯是因为太有钱而变得优柔寡断，导致计划中的房屋一直都未能建成，那么布罗德就是完全相反的人，他非常清楚自己想要什么，他想在建筑上烙下自己的名字。密歇根州有一个以他的名字命名的艾利·布罗德商学院和管理研究生院，加州大学洛杉矶分校（UCLA）有一个布罗德艺术中心，加州艺术学院里也有一个布罗德和伊莱·布罗德中心、一个布罗德大厅以及一个布罗德生物科学中心。布罗德艺术基金会收藏了不下700件藏品，它们来自100位当代艺术家，其中的杰出代表人物包括昆斯、沃霍尔、巴斯奎特(Basquiat)、谢尔曼(Sherman)、霍尔茨(Holzer)、萨尔(Salle)等。但迄今为止，该基金会一直没有打造固定画廊来展示这些作品。他只是用这些藏品来吸引世界各地博物馆的注意，这个过程让他很享受。布罗德基金会官网上写道："《艺术新闻》(*Art News*)将布罗德评为世界十大艺术收藏家之一。"但是，能得到这么多藏品，不是因为布罗德拥有独到的艺术眼光，而是因为他有钱。《洛杉矶时报》(*LA Times*)更是尖锐地讽刺他的做法是"购物，而非收藏"，因为他只收集知名艺术家的作品。他和纽约现代艺术博物馆、惠特尼博物馆、海默博物馆、高等艺术博物馆等博物馆的董事会都有往来，最近还和洛杉矶现代艺术博物馆(LACMA)的董事会建立起了联系。每一次交往，布罗德都梦想着要修建自己的建筑，想着找机会以自己的形象打造地标性建筑，即便发现自己不会如愿以偿，也依然一往无前。

就算布罗德的宅子没能进入古根海姆的盖里回顾展，但因他对回顾展上的主要展品，即华特·迪士尼音乐厅影响深远，所以他依然是此次展览的后台。布罗德参与了这座音乐厅的筹款活动，但他也引发了另外一个矛盾，因为他企图抢夺盖里的施工把控权，盖里一怒之下威胁说：如果失去设计的控制权，他就撂挑子不干了。布罗德还曾绕过纽约古根海姆博物馆，将自己的部分藏品直接借给毕尔巴鄂馆做短期展览，这一行为显然是故意针对克伦斯，因为如果不经过纽约馆，克伦斯就拿不到一分钱。布罗德还在洛杉矶前任市长理查德·里奥丹、一位富翁朋友(此人的洛杉矶别墅也出自盖里之手)、美国驻欧盟前大使罗克韦尔·施纳贝尔(Rockwell Schnabel)等人的陪伴下，亲自飞往毕尔巴鄂。

2001年年底，雷姆·库哈斯到洛杉矶现代艺术博物馆董事会演讲，希望能解决博物馆因藏品杂乱而导致的问题，其实库哈斯最想吸引的董事便是布罗德，库哈斯很明白怎样才能让人记住自己的展示。这一回，他在演讲中不时地亮出一些词卡，以此吸引听众的注意。他先是亮出一张写着“DISOBEY”(叛逆)的词卡，暗示自己不是墨守成规的人；接着又亮出“LACMAX”(洛杉矶现代艺术博物馆至上)一词，介绍他拆除该艺术博物馆现有建筑，代之以新单体建筑的构想。

库哈斯面无表情地说，要解决博物馆的问题，这便是最经济的办法。布罗德已经年近古稀，他决心打造一座地标性建筑，想在有生之年享受到在里面漫步的美妙感觉。这一大胆举动，正是为了迎合布罗德这样的人。但是谈判持续了一年，洛杉矶现代艺术博物馆放弃了库哈斯的方案。布罗德的手段再强硬，也筹不来打造新建筑所需的款项，而且即便他再富有，也不可能一力承担所有费用。布罗德拿出了1200万美元的捐款作为项目的启动资金，并为洛杉现代矶艺术博物馆提供了100万美元的贷款，用来组织洛杉矶选民投票，希望能以防震和防火设施改造为借口，为库哈斯的方案筹来9800万美元的社会捐款。他估计3名捐赠者、几个基金会和州政府赞助的资金加起来可达2.5亿美元。据他估计，这些钱足够搞定这个项目。但债券发行计划失败了，纳税人拒绝提供资金，布罗德只能和伦佐·皮亚诺商量是不是可以在艺术馆的院子里修建一座布罗德大厅。库哈斯的方案之所以流产，是因为它违背了博物馆建筑的基本原则。库哈斯想要拆除艺术馆现有的全部展厅，其中有些还不到20年，这些展厅都有各自的捐赠人，他们的名字就铭刻在展厅的门楣上。库哈斯的提议让每一位潜在的捐赠者意识到，一切都是无常的，即便是金钱和博物馆也不能永恒。

为了庆祝70岁生日，布罗德宣布自己将向洛杉矶现代艺术博物馆捐赠6000万美元，其中5000万用来修建一栋独立的大楼，设计师为伦佐·皮亚诺，剩下的1000万用来采购新作品。跟彼得·里维斯相比，布罗德更擅长应付顽固的博物馆馆长。古根海姆的钱怎么花，完全是托马斯·克伦斯说了算。而洛杉矶艺术馆的馆长安德烈娅·里奇（Andrea Rich）也被布罗德逼入了绝境，在她依靠个人声望废除库哈斯的方案之后，她的境地便越发艰难了。布罗德喜欢扭捏作态，不肯承诺将自己的藏品赠给艺术馆，他甚至没有承诺长期的财务支持。艺术馆里的新建筑将会命名为布罗德现代艺术博物馆（如此命名，大概是认为博物馆的生存概率会比单纯的艺术馆要大吧），但其运营成本却要由艺术馆来负责。在追求不朽声名的富豪眼中，伦佐·皮亚诺是最受欢迎的建筑师。在和布罗德合作之前，皮亚诺还曾为休斯敦的多米尼克·德梅尼（Dominique de Menil）、达拉斯的雷·纳什（Ray Nasher）设计过博物馆，更早之前，他还曾服务过吉安尼·阿涅利。

布罗德以一种似乎每隔几十年就会重复出现的方式，冷酷无情地揭示了富豪与博物馆之间权力较量的本质，他这是在效仿雷曼（Lehman）家族。当年雷曼家族将自己的藏品捐赠给纽约大都会艺术博物馆的条件之一，便是在博物馆内仿照家族客厅的样子打造一个展厅，这有点儿像效仿古埃及人的葬仪。他们还规定，经雷曼的受托管理委员会同意，博物馆不能用这些收藏品抵押贷款，未来这个展厅不得展示除雷曼藏品以外的任何展品。

尽管现代博物馆推崇自由主义价值观，但其根源于人类最基本的两种冲动：对抗死亡和彰显权力。博物馆是神殿和纪念碑的综合体，但从一开始，战利品就在其发展过程中扮演了关键角色。拿破仑一心想要把巴黎打造成欧洲的中心，他有体系地掠夺战败国的艺术瑰宝，把它们运到罗浮宫来展览。他还想把罗塞塔石碑从亚历山大运回法国，却功败垂成，石碑落到了英国手中。不过，他倒是成功地将威尼斯圣马可广场上的青铜马雕塑运了回来，在巴黎好一番游街示众，庆祝对意战争的胜利。拿破仑被流放后，这些青铜马雕塑最终回到了威尼斯，当然，威尼斯也从未考虑要将它们归还给其旧主人君士坦丁堡。13世纪时，“最尊贵的威尼斯共和国”像东征的十字军那般烧杀抢掠，从君士坦丁堡手中抢来了这些青铜马。但拜占庭帝国也不是它们最早的主人，有些学者提出它们可能是来自希俄斯岛，也有人认为它们来自罗马。那我们是不是要把这些青铜马，还有威尼斯那些古典时代的雕塑、“军械库”门外的狮子一起还给最初的主人？

这些战马雕塑至少回到了意大利，拿破仑抢走了那么多的艺术品，不是每一件都能翻过阿尔卑斯山回家的。拿破仑的鉴赏眼光非常简单，简单得让人震惊。凭借武力抢夺他国国家宝藏的行径，即便打造出了欧洲最伟大的博物馆，也是一种令人不舒服的野蛮回归。这种行为，让人不由想起古时候的战争，那时获胜方的将军会将战俘绑在战车后面拖行；这也让人想起当年墨索里尼征战阿比西尼亚时偷盗方尖碑的行径，以及希特勒在林茨打造巨型博物馆的计划。希特勒原本计划邀请视施佩尔为仇寇的建筑师赫尔曼·盖斯勒来设计这座博物馆，准备在里面装满来自欧洲各地的战利品。今天，我们把博物馆视为知识和文明的宝藏，但博物馆扮演的角色向来具有浓厚的政治色彩，它的面世，是个人虚荣心、金钱和国家政策共同作用的结果，帕特农神庙里埃尔金大理石雕塑的命运便是最好的例证。

希腊政府委派建筑师伯纳德·屈米[11]为雅典设计一座新的博物馆，用来存放埃尔金大理石雕塑，希腊是想向世界传递什么信息，无须费多大的力气你便能想明白。请大家暂时不要纠结伯纳德·屈米设计的卫城博物馆会是什么样子的。在执政的希腊社会党政府看来，屈米是打造这座博物馆的最理想人物。他不是希腊人，在争夺埃尔金大理石雕塑时更显得不偏不倚，更重要的是，他还比较赶得上潮流。跟广受欢迎的本土建筑师相比，出人意料地委派屈米进行设计，更能体现希腊政府自信、开放的文化成熟姿态。屈米在打造人生第一座重要工程，即前卫的巴黎拉·维莱特公园时，或许没能完全实现设计之初的动人承诺，但埃尔金大理石雕塑需要的不是激进的建筑宣言，而是足够尊重的待遇。

正是因为如此，当卫城博物馆的第一次设计竞标活动在混乱中流产后，政治和审美都没什么问题的屈米才能在10年后赢得第二次竞标。有了他，整个工程变得更为可信。这也难怪在筹备雅典奥运会期间，希腊文化部部长前往伦敦展开魅力攻势，想要讨回埃尔金大理石雕塑时，会邀请屈米与他同行。邀请瑞士裔美国籍的时尚建筑师屈米来打造玻璃幕墙博物馆，希腊不仅在声明它对埃尔金大理石雕塑的所有权，也在宣告它是一个经验丰富的现代化国家。一家雅典报社甚至把屈米灵巧的设计（它声称这是当代希腊的典范）与“冷酷、压抑的大英博物馆”相比较，但更有意思的是这一举措无意间传递出的信息：为那些或许永远都要不回来的雕塑打造一座半空的博物馆，这不是自信，而是愤怒和无助。

埃尔金大理石雕塑与它所属的历史遗迹分开了近两个世纪，屈米的方案向我们展示将这二者重新合为一体的可能性，但这并不是说真的要把它们放回古希腊建筑师伊克蒂诺[12]设计的楣柱上。真要那么做的话，现代雅典带腐蚀性的空气很快便能毁掉这些缺乏保护措施的文物。屈米的方案是在卫城脚下修建一座博物馆，并朝着马克利亚尼（Makriyanni）考古遗址的方向延伸下去，就像在俯瞰下方的遗址一般。游客穿过博物馆坚固的混凝土底层慢慢地往上走，旁边比寻常建筑高出一倍的画廊里陈列着博物馆的展品，它们按时间顺序摆放，向你诉说着从远古时代到罗马帝国的历史。当然，一路走来，游客也能看到一些商店和餐馆。最后，看过精心安排的展品之后，游客进入了展览最高潮的部分，他们眯着眼睛走进一个巨大的玻璃盒子，看到了埃尔金大理石雕塑。这些大理石安装在与帕特农神庙精准对齐的玻璃墙面上，玻璃墙外边的神庙就像背景一样衬托着埃尔金大理石雕塑。屈米认为，玻璃墙可以让雕塑和游客都免受天气之扰，但没有大量的空调、遮阳棚，不使用染色玻璃（这种玻璃倒是能遮光，但也会把风景和光线遮挡在外，这就违背了博物馆的设计初衷），要如何解决夏日雅典火炉一般的高温问题？

英国拒绝归还埃尔金大理石雕塑，不是因为建筑问题，而是因为大英博物馆不想失去它们。除了玻璃幕墙以外，屈米的设计还存在很严重的问题。就像当初指定屈米为设计师，既有文化原因，也有政治考量，同样地，这座博物馆也承载着文化和政治的双重意义。

希腊要求英国归还埃尔金大理石雕塑，其主要逻辑是要在视觉效果上将它们与神庙联系在一起。要做到这一点，屈米只能把博物馆建在历史遗迹之上，但希腊考古学家担心施工过程可能会给遗迹造成不可挽回的破坏。在动工初期，便有抗议者称其破坏了基督教遗迹和希腊遗址。社会党政府深恐民众以为政府软弱无能，便无视抗议者，依然坚持要在雅典奥运会时开放博物馆，至少是开放部分藏馆。实际上，直到2004年2月希腊展开大选，社会党政府被赶下台，这项工程才启动。新任文化部部长直接威胁要取消整个工程，还要将前任部长告上法庭，追究他违法修建工程、毁坏考古遗迹的责任。

修建这座博物馆，实际上是延续了希腊近两个世纪以来一直在做的事情，那便是把帕特农神庙遗址改造成符合“希腊文化身份”的纪念碑。在这个过程中，今日的卫城代表的是过去那个孤立、纯粹的古典年代，后来修建的建筑都将被清除殆尽，即便这些建筑也具有重要的历史价值。清真寺、威尼斯城堡以及罗马文艺复兴时期的遗迹都被拆除干净了，这一切都是为了将雅典打造成一个丰碑，让人觉得今天的雅典不坠盛名，处于“古典希腊”最为辉煌的年代。也正是出于同样的目的，屈米的帕特农博物馆为了展现某种政治姿态，不惮于破坏一层又一层无价的考古文物层。结果，在希腊举办盛大的奥运会时，这座博物馆也没什么值得一看的地方了。

很多国家都将其博物馆作为一种定义自己的工具，在屈米为希腊打造身份认同的同时，英国的泰特美术馆、维多利亚和阿尔伯特博物馆（V&A）也开始重塑，调整自己的形象和目标。自19世纪开馆以来，这两座博物馆一直致力于构建“不列颠化”的概念。但它们新设的目标都很模糊，这种模糊性既可以解读为对身份的解构，也可以解读为对身份的颂扬。泰特美术馆新开放的展厅与V&A的不列颠美术馆，规模都比规划中的帕特农博物馆大，但外界似乎都没有意识到它们的存在。比起打造醒目的新建筑，英国更喜欢通过改造旧建筑来表现自己。泰特不列颠美术馆成了这个国家重量级的美术馆。美术馆内的一面墙上挂着布莱克[13]的一系列画作以及诗人查特顿[14]临终前的画像，而特纳（Turner）古怪的画作就挂在对面，上面画的是战败后孤独的拿破仑。这里既是一座美术馆，也是存放这个国家最宝贵纪念品的仓库。在V&A的不列颠美术馆中，从梅尔维尔之家蒙着华丽的深红色热那亚天鹅绒的“御座”往前走，你会依次路过奇克桑德兹修道院的音乐室、几架镀金马车和一个房子般大小的橡木书架。在亚当兄弟风格的天花板下，设有华丽的大理石壁炉，这里还有托马斯·霍普（Thomas Hope）特立独行的家具，还有一个橱柜似乎是威廉·伯吉斯[15]抽完鸦片后打造出来的。这里有戈德温[16]和克里斯托弗·德莱赛[17]精致优雅的前现代主义作品，也有查尔斯·罗尼·马金托什为自己格拉斯哥公寓设计的椅子。它们诉说着不列颠在面对工业化带来的雪崩般的丰富物质时，既欣喜又抵触的矛盾反应。你可以看到约瑟夫·派克斯顿[18]在记事簿上匆匆勾勒出来的第一张水晶宫草图，旁边便是威廉·莫里斯[19]设计的壁纸。

这座博物馆也深受彼得·埃森曼设计的文化城的影响。文化城是一片大型建筑群，坐落在加利西亚的圣地亚哥·德·孔波斯特拉城外。它是一座集歌剧院、图书馆、博物馆和学术楼群为一体的建筑群，规模庞大，外观宛如一道山坡。昔日的加利西亚依靠自己得来的圣物吸引朝圣者前来朝拜，一跃成为繁荣的城市。从表面上看，修建这座文化城是为了给这座城市提供新的经济增长点，而实际上，这么做也是为了让人们永远铭记曼纽尔·弗拉伽（Manuel Fraga）。作为一名老政客，弗拉伽的政治生涯始于佛朗哥时代。在近杖朝之年时，他下令修建文化城，为了能在有生之年看到其落成，他一直手抓权力不放。圣地亚哥·德·孔波斯特拉主要依赖马德里和布鲁塞尔的巨额补贴过活，但它却始终不肯面对一个现实问题：如何在缺乏歌剧传统的城市里经营歌剧院。

库哈斯的洛杉矶现代艺术博物馆改造项目被取消后不久，一个以前名不见经传的机构英格兰东部经济发展署发起了一场可笑的“国际竞标”活动，征集“一个或多个富有远见的地标设计”。该机构称，它想要“一个能帮助整个英格兰东部地区建立身份认同感的标志”。它想把英格兰东部打造成“一个有思想的区域”，而这竞标活动便是整体战略的一部分。同时，这项活动也让我们看到人们对炫耀式建筑的追求可以疯狂到何种程度。发展署没有说明场地在哪儿，也没有承诺会提供资金（这当然没能激发起民众的信心），只有一名董事会成员说这个一厢情愿的念头能“让整个地区团结在一起，共同决定如何向外面的世界展示自己”。自15世纪羊毛贸易衰败以来，英格兰东部一直是外部世界冷落的对象，且不论这个地标计划能在多大程度上改变这一局面，但要猜到发展署的想法并不难。他们想让弗兰克·盖里用钛钢打造一座造型不拘一格、带有鱼鳞纹的歌剧院，或者是让圣地亚哥·卡拉特拉瓦[20]免费为东部地区设计一座外观奇特的人行天桥。这种竞标活动太多了，不可避免地带来了一种结果：这般设计出来的建筑要么像是汽车广告的背景建筑，要么像是雪暴（Snow Storm）公司生产的埃菲尔铁塔造型的镇纸，建造地标建筑已成为当代建筑设计领域最普遍的主题。而乡下贫民窟和开发区都想从一大片日益衰退的经济死水中脱颖而出，所以它们渴望打造出自己的标志，让自己成为全世界竞相追捧的对象。要想达到这个目的，就必须拿出真正有吸引力的作品。一个毕尔巴鄂馆能够冲上新闻头条，但若其他地方也纷纷效仿建造，建筑带来的收益只会越来越小，每一个试图引起轰动的新建筑，都必须超越先前的建筑。而这也引发了恶性通货膨胀，建筑会像魏玛共和国的货币那样变得越来越不值钱。

如今人人都希望拥有自己的地标，他们希望建筑师能让自己一举成名，就像盖里的古根海姆博物馆那样让毕尔巴鄂名噪一时，或像约恩·乌松的悉尼歌剧院那样让悉尼享誉全球。洛杉矶的华特·迪士尼音乐厅开幕时，开幕式上的致辞谈论的不是它的音响有多棒，而是这座新音乐厅会给城市形象带来什么样的影响。

这种做法，绝非打造有深度、有品位、高质量建筑的正途。这样造就的形象工程，即不利于建筑师本人，也会伤害到建设它的城市。而如果世界知名建筑全由著名建筑师打造，又几乎不可能。有时，世界上似乎只有30名建筑师，其中20人坐着飞机满世界飞，永远处于倒时差的状态。这些人相互尊重，偶尔还能在伦敦希思罗机场的头等舱休息室碰到。而剩下的10名建筑师则筋疲力尽地四处奔波，虽然也常常遭到同行抱怨，但凭借着过去的辉煌，他们暂时还吸引得到客户。这些人，一起为我们打造出了那些耳熟能详的建筑，但也有惨遭欺骗的城市，原以为费尽力气打造出的美术馆能够盖过毕尔巴鄂古根海姆博物馆的风头，而实际上，这些看着像火车残骸或飞碟的美术馆，这些20层楼高的陨石形的宾馆，并没什么用。在这群建筑师中，只有两位女性。不论是在纽约还是东京，不论是在飞往瓜达拉哈拉还是在飞往西雅图的航班上，不论是在阿姆斯特丹还是在巴塞罗那的哪个角落，似乎都能看到他们的身影。现在他们又在北京齐聚一堂。他们一次次不期而遇，一次次受邀参加同一个竞标活动，一次次出现在普利兹克建筑奖的颁奖舞台上。在不参与竞标时，他们又一次次担任竞标活动的评委，负责选出获胜者。为什么会这样？部分原因是建筑以一种前所未有的方式在更广泛的文化中留下了自己的印记：建筑开始受到关注。但问题是，稀奇古怪的现代建筑这么多，他们的客户如何相信这些“火车残骸”“陨石”或“飞碟”会成为他们想要的地标建筑，而不是变成一堆垃圾（他们心中想必也曾有过这样的怀疑吧）？

他们无法保证这一点，所以，他们只能依靠那30位设计过同类建筑的建筑师。这些人的作品都已经烙上了“古怪”的印记，选择其中一位，你便无须担心别人的嘲笑。这就像买衣服，如果你不懂时尚，那就挑个好牌子，但这么做其实是弄巧成拙。烙上他们名字的知名建筑越多，你下一次选择建筑师的范围就越小。这样带来的结果便是，建筑行业的两极分化越来越严重，撑死大名鼎鼎的，饿死无名小卒。建筑师手中的工作要么太多，根本无法集中精力好好设计工程，只能模仿自己先前的作品，最终毁掉自己的名声；要么就没什么活可干，甚至连扩建厨房这样的活都能成为毕生的工作，最后只能饿死。从表面上看，有些人能从中受益，但这对他们并没什么好处。对著名建筑师圈那些耳根子偏软的人来说，过度关注和大肆宣传都不是什么好事，因为他们会全盘相信这些话，会忍不住对“圈外”的设计师流露出一丝有趣的鄙视。但在“圈内”人面前，他们又时刻担心自己会被抢了风头，担心自己会不会转眼就失去了这“圈内”的身份。当人们普遍追求稀奇古怪的标志性建筑时，就必然会出现这样的结果。

圣地亚哥·卡拉特拉瓦自称建筑师，若说盖里的设计是有趣、奔放、充满创造性的，卡拉特拉瓦代表的便是黑暗、庸俗。他实际上已经放弃了设计，一心打造标志性建筑。他在世贸遗址上建了一座大型的交通枢纽，这座建筑看起来就像一只大鸟，玻璃翅膀直指蓝天，展翅欲翔，钢制鸟喙触底啄食，看起来就像是美国航空公司的徽标，让人觉得很不舒服。他为西班牙城市瓦伦西亚打造的歌剧院看起来就像是死去很久的海洋生物的骨骼，只是颜色更加惨白，体积也更为庞大。卡拉特拉瓦打造了数量庞大的人行天桥，在西班牙毕尔巴鄂和巴塞罗那、墨西哥梅里达、英国曼彻斯特和意大利威尼斯等各大城市里，都能见到它们的身影，而且数量还在持续增加中。有意思的是，卡拉特拉瓦惯以功能为托词。如果你能仔细看看他绘制的建筑图，就能发现图上的建筑是用钢筋混凝土打造而成，虽然看上去像是一只摩天大楼大小的龙虾，却也贴着一个“有用”的标签描述，如“歌剧院”。在他为美国密尔沃基市设计的“鲸鱼尾巴”上，也贴着“美术馆”几个大字，用同样超级简单的方式标注了建筑的用途。当然，在卡拉特拉瓦为美术馆修建的扩建工程里面，几乎没有什么展览空间，打造它只是为了吸引注意力，提醒世人留意这座美术馆的存在。这一工程拖后了七个月才完工，造价十分昂贵，美术馆只得更换馆长、裁减员工以应对超支。狂热追求标志性建筑的风潮突然兴起，卡拉特拉瓦既是其中最大的受益者，也是主要受害者。在职业生涯早期，卡拉特拉瓦喜欢设计简洁而又精致的建筑，但客户对标志性建筑的渴望越来越迫切，卡拉特拉瓦只能不断重复自己从前的设计，用越发炫目的视觉效果分散观众的注意力。西班牙的特内里费岛上有一座人口约25万的城市，名为圣克鲁斯，卡拉特拉瓦为它设计了一座所谓的音乐厅。据官方描述，该建筑白色的混凝土外壳模仿的是拍岸的浪花，不太喜欢这个设计的人则说它是修女的面纱，也有人说它的创意窃自遥远的悉尼歌剧院。不论这座音乐厅到底像什么，它都是一个典型“地标性”工程：为了让从前默默无闻的城市登上航空杂志，当地政府投入大量公共资金打造此文化建筑。卡拉特拉瓦与他人不同，他受过极好的建筑师和工程师教育。正是因为身拥两方面的知识，他打造出的作品才能让人觉得富有内部逻辑，若非如此，人们只会把这些建筑看成是庸俗的炫耀之作。卡拉特拉瓦身上带有一丝超凡脱俗的气息，这种气息在那些从草叶、雪花和水晶中寻找隐藏秩序的人身上也常常可以看到。依靠这种气息，卡拉特拉瓦炮制出一种改良版的哥特风格，这种风格如今已经变成了他的作品的主题。或者说他的作品是在学习一个世纪前的建筑师高迪，只不过与高迪不同的是，他是采用预制材料一点一点地打造自己的建筑的。那种视觉效果华丽得让客户无暇他顾，忘记了质疑他设计的密尔沃基美术馆扩建工程为什么那么像鲸鱼尾巴，也忘记了问他巴伦西亚歌剧院为什么会让人想起软体动物，忘记了从功能角度来评价这些建筑，也忘记了质问他雅典奥林匹克体育馆的屋顶为什么要如此复杂，以至于临近开幕才完工。

在追求标志性建筑的浪潮中，博物馆是最容易受到影响的建筑类型，因为它最容易操作。建筑师可以操纵博物馆，但如果人们在设计公共图书馆或住宅方案的时候，也一味追求标新立异，那就有问题了。要求建设标志性建筑的客户越多，新一代建筑师便越不愿意满足他们。浅薄、花哨、卖弄外观的建筑只能带来越来越差劲的效果。富有战略眼光的年轻设计师对此做出了明智的反应，那便是不去打造只剩“标签”功能的建筑，FOA事务所（Foreign Office Architects）设计的日本横滨国际客运中心便是其中的佼佼者。在美国新开放的博物馆中，最为成功的当数哈德逊河边一家用纸箱工厂改造而成的博物馆，它完全没有自以为是的纪念碑风格。或许，追求标志性建筑的浪潮也会像当年的新艺术运动那样，虽然盛极一时，但很快便由盛转衰。

1 马克·夏加尔(Marc Chagall, 1887—1985),白俄罗斯裔法国画家、版画家和设计师,在现代绘画史上占有重要地位。

2 阿美迪欧·莫蒂里安尼(Amedeo Modigliani, 1884—1920),犹太人,意大利艺术家、画家和雕塑家,为表现主义画派的代表艺术家之一,其代表作品有《庞毕度夫人》《围红围巾的珍妮》等。

3 安迪·沃霍尔(Andy Warhol, 1928—1987),美国波普艺术家,美国流行艺术领袖。

4 强盗资本家(Rober baron),指的是19世纪后期美国的工业或金融界巨头,依靠不道德的手段操纵股市、剥削劳工等大发横财。

5 希拉·瑞贝(Hilla Rebay, 1890—1967),德国女画家,古根海姆美术馆创建人之一。

6 杰瑞米·艾恩斯(Jeremy Irons, 1948—),英国著名演员。

7 保罗·艾伦(Paul Allen, 1962—),微软的创始人之一。

8 吉米·亨德里克斯(Jimi Hendrix, 1942—1970),美国人,摇滚史上最伟大的吉他手之一。

9 唐纳德·贾德(Donald Judd, 1928—),美国知名极简风格艺术家,战后艺术史上具有里程碑意义的人物。

10 弗兰克·斯特拉(Frank Stella, 1936—),美国画家、雕刻家和版画家,以其极简主义和后绘画抽象领域的作品而闻名,2009年荣获朱里奥·冈萨雷斯奖(终身艺术成就奖)。

11 伯纳德·屈米(Bernard Tschumi, 1944—),世界著名建筑评论家、设计师、教育家,拥有法国、瑞士及美国国籍。他认为能够定义建筑的不是形式,也不是简单的功能,而是发生在其中的事件。其代表作有东京歌剧院、纽约的未来公园、罗马的意大利航天局等。

12 伊克蒂诺(Ictinus,约生活在公元前5世纪),古希腊雅典著名建筑师,作品有雅典卫城的帕特农神庙和巴赛的阿波罗·伊壁鸠鲁神庙。

13 威廉·布莱克(Willam Blake, 1757—1827),英国浪漫主义诗人、画家,也是一位技艺精湛的版画家。

14 托马斯·查特顿(ThomasChatterton, 1752—1770),英国诗歌史上最短命的天才,英国浪漫主义诗歌的先驱之一。

15 威廉·伯吉斯(William Burges, 1827—1881),英国维多利亚时期最为著名的建筑家、设计师之一,爱尔兰科克市重要的宗教建筑圣芬巴大教堂是他的第一个建筑作品。

16 爱德华·威廉·戈德温(Edward William Godwin, 1833—1886),英国建筑师、设计师,“唯美主义运动”发起人。他也是“盎格鲁-日本风格”最具代表性的设计师之一,特别是在家具和室内设计方面。

17 克里斯托弗·德莱赛(Christopher Dresser, 1834—1904),19世纪后期英国著名设计师,被誉为世界上首位独立设计师,其设计涵盖了地毯、陶瓷、家具、玻璃、金属制品等多个领域。

18 约瑟夫·派克斯顿(Joseph Paxton, 1801—1865),英国著名的园艺师、作家和建筑工程师,是伦敦水晶宫的设计者,并因此受封为骑士。

19 威廉·莫里斯(William Morris, 1834—1896),英国设计师、诗人、早期社会主义活动家,主要从事织物、墙纸、瓷砖、地毯、彩色镶嵌玻璃等平面设计,另外,他在印刷、书籍装帧设计方面,也取得了十分突出的成就,被誉为现代设计的先驱、现代设计之父,是工艺美术运动的代表。

20 圣地亚哥·卡拉特拉瓦(Santiago Calatrava, 1951—),西班牙建筑师、工程师,20世纪少有的通才建筑师,以桥梁结构设计与艺术建筑闻名于世。他是世界上最著名的创新建筑师之一,但也是备受争议的建筑师,其作品有雅典奥运主场馆、里昂国际机场、里斯本车站等。

High-Rise Syndrome

高楼综合征

亚洲城市全力打造高楼大厦，想让自己成为现代化的城市，而同时期没有照做的欧洲城市却反倒显得有点古板和僵化。从好的方面看，高层建筑代表优雅、技术先进，代表着城市的未来。但它们也不过是人类在进行某种原始的、赤裸裸的自我抗争时的副产品。

建筑师山崎实[1]曾拍过一张奇怪而又伤感的照片，照片中，他双手捧着玩具大小的双子塔模型站在世贸中心前面，脆弱得好像一个孩子。山崎实拍下这张照片的时候，早已不再年轻，但看上去仍是那么的瘦弱、那么的伤感。身后这两座直插云霄的摩天大楼正是出自他之手，但如果不知道这一点，你大概会认为照片中的人是查理·卓别林（Charlie Chaplin），是电影《摩登时代》（*Modern Times*）里那个被机器厂房压抑得无比悲催的角色，或是电影《大独裁者》（*The Great Dictator*）中那个试图用水枪拦下希特勒军队的蠢笨小丑形象，你也可能会以为照片中的山崎实捧着魔法用具在进行什么神秘仪式。

最为奇怪的是，这张照片中的山崎实两眼低垂，让人看不到一点儿胜利感，就连成就感也没有。山崎实出身贫寒，父母是移民美国的日本人。在纽约这一世界上最富有的城市中，他的作品为城市浮夸的天际线又增添了一笔，但他似乎并不以此为豪。

或许，你会忍不住想要从照片中找到蛛丝马迹，找到隐藏的秘密，看看里面是不是有什线索预示着2001年的“9·11”事件。这当然是无稽之谈。山崎实看上去那么伤感，或许是因为拍照之时他正宿醉未醒，或许是因为他对摄影师有所不满，抑或是因为他在发愁自己的婚姻状态，这一切皆有可能。他心情沉重，也有可能是因为同行批评了双子塔的设计，他们将双子塔描述为“大得离奇的雕塑碎片”，说这个设计毫无人性，因为它们让个人显得如此渺小，他们还说双子塔的结构完全配不上人们在里面从事的活动，也有人说打造超高的大楼是一种原始的倒退。

照片上的山崎实满脸忧虑，看起来并没有因为设计出了世界第一高楼而志得意满，他的建筑自传也给人以同样的感觉。在自传中，他解释了为什么双子塔的窗户那么多，但除了少数几扇以外，其他的全都只有55厘米宽。他说："这些窗户比人的肩膀窄。我经常爬到高楼上面，将鼻子贴在玻璃上遥望下方的广场，感觉很舒服。但如果高楼的墙壁全是玻璃和相距1.5米的竖档，那我可不敢贴上去，即便我经常站在高楼之上，我还是有很严重的恐高症。"而这张照片似乎也解释了超高建筑持续控制世界想象力的一些原因。

20世纪30年代是纽约摩天大楼的黄金时代，而山崎实本人则是联系那个年代与现代世界的纽带，听他亲口承认自己恐高，就像是听罗马教皇承认自己怀疑原罪的存在一般令人不可思议。山崎实在设立密歇根工作室之前，曾在两个建筑事务所工作过，这两家事务所对20世纪30年代美国摩天大楼的影响比任何人都要大。他曾在帝国大厦的设计方SLH（Shreve, Lamb and Harmon）建筑公司工作过6年，后来，他又跳槽到了设计过洛克菲勒中心的哈里森和阿布拉莫维茨建筑事务所（HFA）。

世贸中心一直想要营造出一种宏伟、威严的感觉，但是山崎实却提议，可以把大片新建筑群换成世上最高的大楼，这一设计最终于1972年建造完成，盖过了帝国大厦的风光。该设计把所有的办公空间都设在了两栋一模一样的大楼里面，提出这一概念的正是山崎实，后来，他在设计洛杉矶世纪城的三角形双子塔时，再次重复了这一理念。但是，在1986年山崎实去世时，他几乎已经被遗忘了。美国全然忘记了他的功绩，他为圣路易设计的普鲁蒂 - 艾戈大型住宅区因为质量丑闻而被拆除，他的建筑信誉也因此受到质疑。这个住宅项目为山崎实赢得AIA建筑奖，但这个奖项并不能挽救普鲁蒂 - 艾戈的质量问题，也不能解决它缺乏维修资金、入住率极低的问题。这项工程悲惨的命运本是一起当地的建筑事故，但人们却认为它象征着更大范围的问题，认为它不仅说明美国的公共住宅政策存在瑕疵，就连文化生活也很有问题。照片记下了炸药爆开的一刻，庞大的建筑瞬间化为一团尘土，媒体竞相刊登了这一景象，认为它象征着一代建筑师逐渐消失的自信心，这些建筑师不再相信自己能打造出更为文明的世界。

很多建筑项目都没能兑现建筑师和建筑承包商的最初承诺，普鲁蒂－艾戈项目不是第一个问题工程，但对山崎实而言，这显然是一次痛苦的经历。这样的事情只要发生一次，便足以让建筑师的整个职业生涯都染上恶名。但这样的事在山崎实身上却发生了两次，其中第二次发生在他去世之后，其灾难后果更甚于普鲁蒂－艾戈。

山崎实不太好相处，他既不圆滑世故，也不懂得自我保护。和许多建筑师一样，他将建筑视为一切。他非常看重名声，并因此抹去了自传中所有有关普鲁蒂－艾戈项目的图片，但却也忍不住在自传中加入一张备受质疑的水彩风景画，这张画是在他开设工作室后不久创造的，他还颇为自豪地说，客户曾把这张画当作圣诞卡赠送给亲友。通过他的自传，我们能更深入地了解他的婚姻状况。他一共经历了四段婚姻，其中第一任和最后一任妻子是同一个人。作为一本常规的学术专著，这些描述显得有点儿多余。他出身极为贫寒，自小便决心逃离这种生活。但是，当他坐在密歇根的工作室里，打开港务局的来信，看到对方邀请他前往纽约讨论为曼哈顿修建大型综合办公楼的消息，再看到建筑预算为2.8亿美元时，他的第一反应是对方不小心多写了几个零。他说，要没写错的话，他的工作室可接不下造价如此高昂的工程。

自世贸中心落成，山崎实便因为其与城市格格不入而备受批评。

他曾乐观地把双子塔中心占地约30亩的公共空间比作是锡耶纳的田园广场和威尼斯的圣马可广场，但人们却说它只是个拙劣的替代品，它取代了这里14个满是无线电商店、裁缝店和酒吧的街区，那些街区虽然脏乱，却活力无限，但为了建造这个广场，它们都被拆了。山崎实的其他作品是那么精美，人们常将他与埃罗·沙里宁和菲利普·约翰逊相提并论，而体量庞大的双子塔则完全不同。他在世时，工作室的业务一直都很多，对那些想要建立起长远声誉的建筑师而言，在人生晚年为不太讲究时尚的地方打造商业建筑，这种做法可不太明智，可山崎实却这么做了。

正当人们对世贸双子塔的态度从批判转为正面时，双子塔被摧毁了，这一事件也改变了山崎实的职业生涯的意义。

山崎实不仅仅是这座摩天大楼的设计者，似乎世贸大楼的毁灭也与他有直接的联系。有一个流传甚广的传言说，山崎实为沙特阿拉伯设计了两个工程，分别是达兰市的机场航站楼和利雅得的沙特阿拉伯金融管理局大楼，前者的拱形游廊让人不由得想起世贸大楼，后者则算是山崎实的最后一件作品。这两处建筑的主人都是奥萨玛·本·拉登(Osama bin Laden)的父亲。早在20世纪70年代，沙特阿拉伯金融管理局局长安瓦尔·阿里(Anwar Ali)便邀请山崎实设计位于利雅德的新总部大厦。山崎实回答说，自己正忙着设计世贸双子塔，没时间接这个任务。听到这个回答，阿里立马说自己可以等。几年后，世贸中心大楼落成，阿里再次打电话给山崎实。阿里如此坚持，究竟是因为他特别欣赏达兰机场航站楼灵巧的混凝土穹顶，喜欢它融合了阿拉伯传统和现代建筑材料的巧思呢，还是因为他只想邀请世界第一高楼的建筑师来缔造自己的办公楼呢?

曾经有人含糊地暗示，世贸中心这么设计，是有意再现麦加城中心。山崎实在世贸中心的广场外围设计了一圈T形的裙楼，这实际上与他在自己老家西雅图设计的建筑，即1962年西雅图世博会的联邦科学馆一般无二。正是这个项目，为他引来了纽约州和新泽西州的港务局。山崎实设计的哥特风格展厅至今仍完好无损，它雄踞于西雅图最大的公园里面，就像是科幻电影《地球争霸战》（*The War of the Worlds*）中从火星逃出来的怪兽。它们与双子塔的底层是那么像，也是用混凝土浇筑而成，围绕在凝滞的水塘旁边。科学馆的旁边便是头顶飞盘的西雅图著名地标太空针塔，大楼的电梯在电梯井里面上上下下，发出嘈杂的喘息声，笼罩在科学馆之上。西雅图世博会上的展馆各领风骚，参观者如潮水般汹涌。联邦科学馆在人潮中打造出了一片绿洲。世贸中心则大不相同，这两座位于纽约的庞大高楼给下方的广场、设计平平无奇的圆形湖泊以及二流雕塑作品带来了视觉上和心理上的双重压迫感。

山崎实对这座城市有着他那个时代建筑师的传统态度。他认为幸运的是，世贸中心所在的14个不规则的街区中，没有一栋建筑值得保留。在他看来，这些原有建筑早已过时，住起来也很不方便，他说："交叉路口实在太多了，根本走不了路、开不了车。这个地区大概是为马车时代规划的吧。"山崎实是个很有远见的人，他知道迟早有一天会有新的建筑出现，成为新的世界第一高楼，所以他的设计不能只追求高度。他也曾想过面对这般庞大的双子塔，面对它们110层高、如悬崖般陡峭的外墙，别人会提出什么样的批评。他曾经在帝国大厦附近徘徊良久，思考自己的双子塔会是什么样子的，他确信它们会很美。"它不会让你觉得自己很渺小，"山崎实说，"面对如此庞大的事物，你不会觉得自己宛若蝼蚁。这是人类造就的事物，所以人类能够理解它。能够打造出规模与人类如此相配的作品，我真的很开心。它可以给人一种展翅欲翔的感觉，让人们对身边的环境油然而生一种自豪感、崇高感。”

世贸中心改变了曼哈顿的天际线，但从外观看，它最令人难忘的一面在于：当你穿过双子塔之间的广场时，会觉得高楼的重量直压而来。所以你需要一定的决心才能走过这个广场。站在世贸中心的广场上，你只觉得身体两侧的高楼直插云霄，身上压力顿生。走过这个广场，就像是穿过厚厚的巨石墙之间狭小的缝隙。双子塔是那么的庞大，似乎把广场上的空气也给压缩了一般，逼迫你用血肉之躯与之对抗。朝着北塔的入口渐渐走近，你的目光也转移到眼前贴满大楼外墙的亮闪闪的铝箔片上，眼前的建筑变得越来越透明，但你却觉得压力越来越大，压迫在你身上的重量也变得越来越沉重。要跨过入口门槛，你需要在心里做出极大的努力。这处大门仿佛承载着整座建筑的重量。你不由得在门口停下脚步，攒足了勇气才能继续前行。跨过大门，里面两层楼高的大堂让你松了一口气，甚至会让你在一时之间忘却头顶上110层的高楼。穿过大堂，便可以体验电梯了。电梯迅速升高，空气压强降低，你会觉得耳膜鼓胀、身体一沉。走出电梯，这里的空气更为稀薄。你来到了距离地面近400米的高空中，带着一丝不安和急切的心情，想要看看高楼是否会像人们说的那样在风中摇摆。是的，但也没有传言那么夸张。在减震装置（这座大楼上最重的材料也只是铝箔外墙，所以需要减震装置来固定住大楼）的作用之下，即便风速高达160千米/小时，大楼的摆幅也只有20厘米左右。

我们驯服了超高建筑，让它们变得更为寻常，把它们变成了日常生活中看不见的背景。超高大楼未修好时，它们是钢结构装配员的保留地，这些人表情冷漠地坐在悬于空中的工字梁上吃午餐。但只要贴好了外墙，大楼便成了一个平庸的蚕茧，里面有各种水冷散热器，有穿休闲装的星期五，也有告别派对，但山崎实却毫不掩饰他对自己所创造的摩天大楼的恐惧感。

旧金山金门大桥特别容易吸引有自杀倾向的人，据记录，有很多人带着绝望的心情驱车穿过奥克兰大桥，只是为了前往金门大桥，全然不顾金门大桥为他们结束生命提供了各种各样的可能。金门大桥就像是一根避雷针，看起来似乎毫无分量，走上去却让人头晕目眩。站在桥上，你只觉得脚下轻飘飘的，身体想要往上飞，这时候纵身一跃坠入深渊似乎是你唯一能做的事情。来这里自杀，这些人需要用尽全部的力气才能走完这么长的距离，才能爬到距离水面这么高的地方。他们也许是觉得大型桥梁可以把无处可去之地变成特殊之地，这也代表了人类渴望在地球上留下印记的野心。超高建筑也可以让人产生类似的感觉，它们给我们带来了巨大的身体冲击，也塑造了城市的天际线。

当我终于来到世贸中心顶楼的“世界之窗”酒吧时，世贸中心已不是世界第一高楼了。SOM建筑设计事务所负责的芝加哥西尔斯大厦在1975年便超过了它，不过这里依然是一个充满超凡力量的建筑群。双子塔在一片低矮的楼房中拔地而起，通过某种方式将秩序感和纪律感强加于后者之上。它们塑造出了独特的天际线，不论你从哪个角度看，你都能一眼认出这里是纽约，这道天际线跟其他城市千篇一律的轮廓线完全不同，大多数城市只会采用相同的垂直元素，所以创造不出自己城市的身份认同感。有多少人能从一张照片快速辨认出那是亚特兰大，还是洛杉矶，抑或是西雅图？世贸中心很有个性，它之所以给人以压迫感，既是因为高度，也是因为这种个性。那些想要挑战美国世界霸主地位的国家常常将双子塔视为权力的象征。这也就是说，他们将双子塔视为资本主义罪恶的化身。最早提出修建世贸中心的是大卫·洛克菲勒，这个项目是他城区改造计划的一部分，他希望能够通过此工程确保他在本地区投资的安全。其兄长纳尔逊当时正在纽约州担任州长一职，纳尔逊把世贸中心的部分空间预租给1000名公职人员，保证了该项目的资金来源。实际上，打造双子塔的是一群政府官员，他们的目的是重振当地的经济。自20世纪50年代以来，曼哈顿的航运业便逐渐衰退，这座城市也失去了传统的用人单位。双子塔建成后，里面的租客不是无情的"宇宙主宰"，大部分是办事员、清洁工和公务人员。

在人们眼中，当时的纽约已经迷失了自己的方向，面临着日益恶化的财政危机，而世贸中心则展现了纽约的自信心。它就像一台巨大的呼吸机，维持着城市的生命，或者说，它就像一个人造肺，帮助纽约重焕生机，它明明白白地向外界传递出一个非凡的信号，告诉世人纽约依然具有不能小觑的力量。当然，在美国以外的国家里，城市间的差别已没有那么明显了。世人开始将世贸中心视为美国的象征，而不是纽约在面对就业机会向郊区和沿海地区转移困境时的焦虑感。

世贸中心的设计遭到了建筑同行的大肆指责，其中以自诩为激进分子的年轻一代建筑师为甚，但当它毁于空袭后，抢着要重建世贸中心的也恰恰是这一群人。更年轻的建筑师则持有不同的看法，他们重新发现了摩天大楼所体现的宏伟感，也渐渐理解了双子塔在塑造纽约的身份认同方面发挥了多大的作用。

世贸中心当然也存在一些问题。架高设计的广场是规划师的眼中钉：它缺乏烟火气和城市风味，变成了一个孤立和令人生畏的飞地，购物区在它的挤压之下，被放到了地下迷宫般的购物中心。山崎实设计的一个亮点就是它的二元性，创建了双子塔的概念，自此之后，双子塔的设计便成了高层建筑的一个元素。

人们对高层建筑的怀疑一直持续了数十年，然后世界各国掀起了打造摩天大楼的狂潮，而就在这个时候，恐怖分子发动了对纽约的袭击。当时，英国建筑师诺曼·福斯特刚刚在纽约金丝雀码头建好汇丰银行的第二座大楼，正准备为瑞士再保险总部修建圆锥形大楼。意大利建筑师伦佐·皮亚诺也拿下了《纽约时报》大楼的设计委托，还参与了一项异想天开的项目，想要在伦敦桥火车站上方建起欧洲第一高楼。法国建筑师让·努维尔也准备在巴塞罗那修建一栋大楼，准备把它修得像瑞士再保险总部大楼那样阳刚。而在亚洲，欣欣向荣的大都市也纷纷想要打造出更高的建筑群，想要以此彰显自己的存在。除此之外，维也纳和米兰在紧锣密鼓地修建一片片高楼，墨尔本和悉尼也抢着打造世界第一高的公寓楼，迪拜想要建造世界最高的酒店，让自己成为一个度假胜地，不过上海的一个酒店似乎要更高，因为这家酒店设在50层高的办公楼顶部。

与几年前相比，这世界已是翻天覆地。在20世纪70年代，人们还很讨厌笨重的高层建筑，欧洲大多数城市都默认所有建筑都不能超过某个限高，这个限制虽然没有明文规定，却必须严格遵守。但仿佛一夜之间，人们的认知全变了。建筑师们沉醉在高楼的修建之中，亚洲如此，美国如此，欧洲亦如此。

亚洲城市全力打造高楼大厦，想让自己成为现代化的城市，而同时期没有照做的欧洲城市却反倒显得有点古板和僵化。从好的方面看，高层建筑代表优雅、技术先进，代表着城市的未来。但它们也不过是人类在进行某种原始的、赤裸裸的自我抗争时的副产品。政客痴迷于满是高楼大厦的城市景象，不论是森大厦株式会社对上海的改造，还是肯・利文斯通（Ken Livingstone）给伦敦带来的变化，都离不开这一点。作为伦敦市长，利文斯通一心想为伦敦打造新的高楼大厦。表面上看，这是因为跨国企业喜欢高楼，要想留住跨国企业，不让它们迁往法兰克福或纽约，就必须这么做。而实际上，真正的原因是利文斯通在毫不掩饰地追求最大、最高、最重要建筑的象征意义。

从世贸中心双子塔遭到袭击的时间看，我们会觉得恐怖分子似乎也在关注人们对高层建筑的争论，他们也明白高层建筑的象征意义。“9·11”事件的主导者穆罕默德・阿塔（Mohammed Atta）参与了劫机行动，他本人也是开罗建筑学院的毕业生，而且还是德国汉堡大学城市规划专业的硕士生。如果他是一名律师或软件工程师，我们大概会觉得他不过是个心怀不满的中产阶级激进分子。就因为他和建筑有着切不断的联系，我们才会认为“9·11”事件别有深意。在我们看来，阿塔似乎早已意识到：建立意志的对立面就是毁灭企图。

穆罕默德・阿塔出生于1968年，来自一个埃及中产家庭。他于1985年考入开罗大学的工程专业，4年的建筑课程学习让他有机会探索阿拉伯和欧洲的建筑史。这些课程让他学会了绘图，学会如何分析设计问题，学会思考建筑的作用、建筑为什么会存在以及如何打造建筑。

在这个日新月异的年代里，出现在传统社会中的现代建筑代表了一种尖锐的文化冲突。几十年来，中东地区一直在引进西方的现代建筑。这些建筑之所以吸引中东富有的统治阶级，是因为统治者想要把自己塑造成现代世界的一分子，这种做法和他们为国内航线或空军购买波音和空中客车飞机是一个道理。但是，通过新建筑来改造城市，这就像把另一个价值观完全不同的世界强行移植过来一般，它不仅仅是城市变革的标志，也是给城市带来改变的直接原因。这种做法，持续而又痛苦地提醒人们现代社会和传统文化之间存在的冲突。在阿拉伯世界里，学习建筑的人似乎很容易便会认为，学习这些外来的技术相当于屈辱地承认本国技术和文化的弱点。其实他们没必要这么想。阿塔就读的学校是阿拉伯世界最古老的建筑学院，埃及最杰出的建筑师哈桑·法赛[2]便是这所学校最有名的校友。在法赛的带领之下，人们重新发现了埃及传统的建筑技术，并且设计出了一种富有艺术感的建筑，它不仅非常适合本地气候和本土技术，而且能够体现埃及的传统文化根基，正是这种传统文化根基决定了埃及建筑的使用方式。法赛将注意力放在了埃及穷苦百姓的需求上，并不太关心国内西化的精英阶层的需求。如果当初阿塔能想着用自己的专业知识时来促进社会变革，那法赛也许会成为鼓舞他的榜样。可惜的是，阿塔选择离开埃及前往欧洲。

成立于1982年的德国汉堡工业大学是德国最年轻的大学之一，这所大学位于市郊，临近易北河，坐落在一片以新建筑为主的楼群中。楼群中间是一个露天广场，广场一侧是半圆形的楼梯，人们可以坐在这里，像当年的苏格拉底和学生那般讨论问题。这种设计，反映了城市规划系主任迪特马·马库勒（Dittmar Machule）追求传统城市格局的理念。德国活力城市基金会曾拨款给迪特马教授，让他研究城市中心保持活力的原因。但迪特马之所以能在1992年吸引阿塔前来汉堡学习，可能是因为迪特马当时德国活力城市基金会的资助下于叙利亚古城阿勒颇所进行的建筑保护与修复研究。在德国留学期间，本·拉登并不是阿塔的唯一赞助者，阿塔也曾在汉堡普兰孔托尔规划咨询公司(Plankontor)做过几年测绘工作。后来他考上了规划专业的研究生，在叙利亚待了一段时间后，他写了一篇论文，在文中探讨传统伊斯兰城市生活与现代主义的冲突。评审老师在论文的扉页上看到一句引自《古兰经》的话，上面写着“我的牺牲，我的生活，我的死亡，的确都是为真主——全世界的主”。迪特马给这篇论文评了最高分。

看着电视上世贸中心双子塔轰然倒塌的画面，很多建筑师想的不是为什么会发生这么可怕的事情，而是双子塔为什么会这样倒下去。紧接着，他们又开始问自己，这件事情对建筑专业人士来说意味着什么。出现这种反应，可以说他们是太过于关注本职工作。建筑师在面对惨不忍睹的悲剧时，他或她所能想到只是钢铁结构要怎么焊接，想着这悲剧会对城市规划带来什么样的影响。当你身陷无限的焦虑，把注意力放在技术问题上也是寻求心理安慰的办法之一。

世贸中心轰然倒塌，只留下了一个近百亩的大坑，这里很快便搭起了一个观景台，它悬在大坑之上，就像是架在地狱上方的跳板。平台开放之日，参观者排起了长长的队伍，需要等上3个小时才能走上去，而且还要像登伦敦眼摩天轮那样买完票才能上。距离观景台不远处，马克斯·波太奇(Max Protetch)画廊正在举办展览，展示的是建筑师对重建双子塔方案的“预测”(这里没有用“方案”一词，是因为这个词太大了)。唯有这次，建筑师不是在自言自语，整个纽约都在关注他们。但是，打造观景台到底是对公众需要的敏锐回应，还是一种灾难旅游？就连观景台的设计师利兹·迪勒(Liz Diller)也说不清楚：“早知道会有这么多人来这里，我们也许根本就不会建这个观景台。”对于建筑师而言，要决定是否参加波太奇展览真的也很难。扎哈·哈迪德和威尔·艾尔索普[3]欣然同意，但柏林犹太受害者纪念碑的设计者彼得·埃森曼却拒绝参加，同样选择拒绝的还有理查德·迈耶。这次展览太过仓促，看起来就像一场庸俗的自我营销，是在消费悲剧。不管怎么说，这次展览都没什么意义可言。只要你愿意花时间思考几分钟，就能明白，决定世贸遗址未来的不是这十来位参展建筑师的构想，而是满屋子的开发商、保险公司定损员和政客之间的角逐较量。但这并不意味着展览完全不值得一试，它逼迫建筑师去思考如何把日常生活和世贸中心的悲剧同时融入自己的设计。原建筑通过架高的人行广场，让自己单一的办公空间与周围街道完全孤立开来，这种规划方式早已不再流行。你又如何在处理这一过时遗址的同时，体现这个遗址实际上是一个大型的坟墓呢？

建筑师还面临着另一个难题，那便是时间尺度问题。世贸废墟又称为“归零地”，但这个称呼的意义已经开始变化了。总有一天，人们会在这里见会计师、配钥匙、取干洗的衣服，或是坐在公园的长椅上休息。这里依然会承载着人们悲痛的记忆（尤其是那些被恐袭夺取了孩子、伴侣的人），但它不会一直悲伤，它会重新变成城市日常生活的一部分。建筑师真正的问题不是打造一个或多或少带有权力烙印的纪念碑，而是要探索如何建设城市，而且还不是普通意义上的城市。纽约便是这么一座城市，它是网格化规划与地理、金钱相互较量的成果。我们不断给自己洗脑，让自己相信城市就像是空洞小村子，就和好莱坞著名导演弗兰克·卡普拉（Frank Capra）电影的背景一样，但世贸中心却强势地向我们展示清晰的逻辑可以有多美丽、多壮观。

邀请一家建筑师公司设计出至少六套世贸中心重建方案，然后从中选出三套比较好的，再将这三套方案中最受欢迎的特征融合在一起，形成一个总体规划，这种做法大概是直接源自白宫工作人员。他们曾经用这种方法向一位无法长时间保持注意力的总统解释颠覆巴格达政权的计划，把这种策略用于处理真正的国际关系，实在是荒谬。同样地，若把它视为城市规划的途径，用它来设计全世界最令人瞩目的工程，这无异于一场灾难。在曼哈顿下城开发集团举办设计竞标活动、寻找合适的建筑师时，世贸重建工作便已经误入了歧途，错的不是该集团的理念，而是设计方的资质问题。

该集团选中了BBB建筑设计与城市规划事务所(Beyer Blinder Belle)，这家公司最擅长的便是修复纽约19世纪的地标建筑，如大型中央车站，但它却没什么富有创新意义的作品。曼哈顿下城开发集团向该公司支付了300万美元，希望他们能在几周时间里拿出六套重建世贸遗址的方案。即便是勒·柯布西耶也完不成如此艰巨的任务，更别提这公司只不过是一个没有创新性的商业建筑公司了。但曼哈顿下城开发集团却说，也不一定要拿出像模像样的建筑方案，只要BBB的图纸能体现新大楼要建在哪里，哪些空间要对外开放便可以了。即使此路可行，BBB的设计宣讲会也说服不了人，他们的图纸无比沉闷，人人都觉得该公司无法胜任重建世贸遗址的工作。他们拿出来的方案看起来就像是平庸的外地城市，而不是全球最具活力的都市的天际线。

BBB公司就像是一个油嘴滑舌的推销员，在向行人兜售自己的设计样品，不管行人想要什么样的纪念碑，他们都拿得出来。在他们准备好的方案中，有纪念“购物广场”，也有纪念“露天广场”，还有三角形的纪念广场、纪念花园、纪念公园，甚至还有一个纪念步道。让人觉得好像做完这道庸俗的多选题，你便不会再有失落感似的。人们对这些方案的态度分为两个阵营，彼此针锋相对，各不相让。一方认为不管是哪一个方案，都配不上山崎实让人印象深刻的作品，要想让城市摆脱恐袭带来的创伤，新建筑应当和被毁建筑具有同样的影响力；另一方则认为既然世贸遗址是个巨大的坟墓，那就要把它当作坟墓来对待。BBB公司的六套方案出炉后仅仅四周时间，项目便再一次回到了原点。曼哈顿下城开发集团也承认六个方案没有一个合格，他们宣布要通过“全球范围的竞标活动”另寻建筑师，并要求投标方拿出更为“激动人心、富有创造力和活力”的设计方案。但是这次活动却一直没有解决一个疑难问题：重建工程到底由谁说了算。世贸遗址的土地归纽约和新泽西港务局所有，纽约市长有一定的话语权，但州长的权力比他还大。西尔弗斯坦地产公司在双子塔被毁前不久，刚刚租下了里面的办公室，也有权索取保险赔偿金，所以该公司很快就成了手握决定权的一方。

拉里·西尔弗斯坦(Larry Silverstein)准备完全放弃竞标活动，但奇怪的是，SOM建筑设计事务所也曾提交方案，但在做完设计宣讲后却退出了竞标。虽然刚开始的时候，有人认为世贸中心遭遇恐袭一事标志着摩天大楼这种形式的建筑走向了末路，但这种疑虑竟出人意料地消失了。世贸中心惨遭毁灭的余波尚未消散，戴维·蔡尔兹便已着手设计一座高楼，这座高楼和世贸双子塔一样高，但只有下面的六十层空间才能用。在他看来，超过六十层，纽约人就会觉得别扭。蔡尔兹和自己的雇主西尔弗斯坦为什么觉得六十层的高度会让人比较放心，而不是五十八层或六十七层，这一点他从未解释过。但这便是他设计的模型，而且在曼哈顿下城开发集团混乱的世贸重建设计竞标活动发起之前六个月，他便已完成了。蔡尔兹和西尔弗斯坦相信，即便只是为了象征意义，新建筑也不能低于被毁的双子塔。丹尼尔·里伯斯金刚公开自己重建世贸中心的方案时，人们都认为他是建筑界一名严谨的学者，只不过他的设计受困于晦涩难懂的专业术语，所以只有设计者自己才看得懂。但后来，他开始在CNN节目上谈论自己的设计，人们很快便看出他准备要走一条完全不一样的设计路子。

“和许多人一样，我在青少年时期乘船来到纽约港，”节目一开始，里伯斯金便这么说道，那表情、语气和美国著名的电影导演、演员伍迪·艾伦(Woody Allen)很是相像，只不过更为深情罢了，“作为一名移民，自由女神像和曼哈顿的天际线给我留下了深刻的印象，这个设计方案展现的便是当时的画面。”从一名建筑师口中说出这样的话，不管是在什么时间、场合说的，都显得太过空洞。后来，当看到里伯斯金运用各种手段谋求地位，还在竞争中以惨重的代价获胜后被人告上法庭，你更觉得他说的那些话确实很空洞。里伯斯金当然很清楚自己这些话会给人带来什么影响，当你站在世界金融中心用玻璃搭就的冬季花园里，清楚地看到昔日的双子塔只剩下一堆岩石和泥土，面对这个巨大的伤疤，你便会被里伯斯金的话打动。里伯斯金最后铿锵有力地说道，面对悲剧，重建世贸遗址便是拥抱生命，人们对此报以热烈的掌声。

那一时刻，里伯斯金不再是建筑师。他用充满感情的态度回应“9·11”事件的集体悲剧。他变成了充满魅力的公众人物，让人觉得仅凭建筑是不足以承受这一场悲剧的。在里伯斯金的设计逐渐成形时，愤世嫉俗的人变得越来越多。在这些人眼中，里伯斯金不仅仅是建筑师，也是他们的心理治疗师。但对里伯斯金本人而言，那些话只不过是自己一时激动之下做出的反应。他全身心地投入世贸重建工程，丝毫不理会其他建筑师对竞标过程的质疑。弗兰克·盖瑞便曾拒绝参加竞标，他说让竞标者交4万美元的参与费实在是有损人格，但这一举动也没帮他赢来几个朋友。

“有人说这场竞标只不过是走过场，真正做决定的不是竞标会。但我觉得这并不讽刺，”里伯斯金说，“从某种程度上说，每个人都要承担自己的公民责任，建筑师不仅仅是建筑师，还是社会的一分子。”到了2004年夏季，里伯斯金的辩护律师要求向拉里·西尔弗斯坦支付100万美元的律师费，不过后来他们又退而求其次少要了一些。

在参加竞标活动的建筑师中，只有里伯斯金敢于使用“我”这个字眼。奇怪的是，建筑行业如此自尊自大，但建筑师极少使用“我”这个字眼。建筑师想要表示“我”的时候，也总是用“我们”这个词来代替。里伯斯金却是个例外。“我去看过世贸遗址的现场，”他说，“亲自看一看，感受一下站在那里的感觉，体会一下它的力量，倾听一下它的声音。这便是我的所见、所闻、所感。”他的竞争对手的言论却是另外一种语气，采用的是一种更为疏离和中正的语气，让人觉得他们很专业、很客观。就连某团队的著名成员斯蒂芬·霍尔[4]虽然也曾透过办公室的窗户目睹了世贸中心的毁灭，但谈论起这场悲剧，他也是一副淡漠的语气。同样如此的还有诺曼·福斯特，悲剧发生当天，他正住在纽约的一家酒店里。

里伯斯金设计的建筑造型大胆，它们围成了一个圆圈，足能容纳下100万平方米的办公空间，见过柏林犹太博物馆的人若看到这个设计，会发现该设计的建筑风格正是里伯斯金所独有的，但真正值得一提的是他为这个项目注入的多层象征意义。双子塔的地基建在地下21米深处的岩床之上，里伯斯金把这处岩床视为最感人的世贸中心纪念碑，“庞大的泥浆防渗墙是工程建设中的奇迹，当初设计它是旨在阻挡哈德逊河渗水。它们经受住难以想象的灾难，像宪法那般巍然挺立，宣告着民主的永恒不朽和个人生命的价值。”里伯斯金的第一稿设计将这堵防渗墙原样保留了下来，把它当成一座无声的纪念碑。可结果呢，里伯斯金固然赢得了竞标比赛，但组织这场活动的公共机构既没有钱重建双子塔，也没有权力控制双子塔所在的土地。

设计竞标活动最终的结果便是，丹尼尔·里伯斯金名义上赢得了比赛，但主体建筑却是由SOM来设计，这让同行对里伯斯金的印象大打折扣。里伯斯金这个人似乎存在截然不同的两面，从某些角度看，他是非常严谨的建筑学者。他绘制出来的图纸就像是迸发出来的墨水和铅笔痕迹，看起来不像是传统的建筑图，更像是音乐符号，只是比起乐谱更为难懂罢了。设计图中点缀着一首首混凝土铸成的诗篇、一篇篇达达主义风格的文章。作为一名设计师，如果不让他凭着自己的想法设计建筑，那他宁可不去设计。但里伯斯金也有机会主义的一面，他愿意不惜一切手段来换取建筑机会，这些手段包括同时雇用两家纽约公关公司，只是为了能到《拉里·金现场》(*Larry King Live*)这个脱口秀节目上讨论自己的牛仔靴有哪些优点，到《纽约时报》时尚版讨论自己的眼镜多么好看。作为哥伦比亚大学建筑学院院长的候选人，他是第一个登上《奥普拉脱口秀》的人。让一些纽约人更不能接受的是，为了争得世贸中心重建项目的设计权，他居然兴致勃勃地打起了爱国牌。他的西装领上每天都别着一个星条旗的领针，不断地诉说当年乘船来到这片自由的国土时，第一眼看到自由女神的那一幕。虽然他早在20年前便离开了纽约，他还是对每一个记者说“我是纽约人，是一个美国人”。

里伯斯金既是理智可信的民粹主义者，又是擅长自我营销的推销员，或许正是因为这两种精神分裂性的结合，市长布隆伯格(Bloomberg)和州长帕塔基(Pataki)才会指派他担任世贸中心重建工程的建筑师。当然，其妻尼娜(Nina)的政治技巧也在其中发挥了重要作用。尼娜是个加拿大人，据她所说，《没有标识：颠覆品牌全球统治》(*No Logo*)一书的作者娜奥米·克莱恩(Naomi Klein)便是她的侄女。这也难怪有些观察员十分困惑里伯斯金为什么会完全变了一个人，他们从未见过他这副模样。当时《纽约时报》的建筑评论家赫伯特·马斯卡姆(Herbert Muschamp)更是百思不得其解。刚开始的时候，他高兴地说里伯斯金能够进入候选人名单，实在是太鼓舞人心了，他说里伯斯金提交的第一稿设计“精妙绝伦”，可突然间，马斯卡姆便开始批评它是“做作的庸俗设计”。在竞标的最后阶段，只剩下里伯斯金和阿根廷建筑师拉菲尔·维诺里[5]两人进入决赛。这时候马斯卡姆又写道：里伯斯金设计的新楼高约1776英尺(540米)，这明显是为了呼应自由女神像上的火炬；他精心设计的“光之楔”也不能像他所保证的那样，让阳光在每年9月11日上午8:46至10:28之间照满整片场地，让这里不留一丝阴影；他还设计了一个英雄公园，重现纽约消防员奔向双子塔的路线；在里伯斯金的构思中，最具亮点的便是让巨大的岩石防渗墙直接裸露在深坑里面。马斯卡姆写道，里伯斯金的设计方案以及里面种种情绪化的象征意义，都体现了冷战时期的宣传方式。

不出意料，里伯斯金的阵营对此很是气愤。里伯斯金的执行助手大面积散发电子邮件，呼吁支持者写信给《纽约时报》，要求其解雇马斯卡姆。这个倒霉的助手很快便为自己的行为做出了羞愧的道歉，说此举“未得到里伯斯金夫妇的许可，也未曾告知二人”。其实更有效的应对来自《华尔街日报》，它在决赛前夕发表了一则报道，沉重地打击了马斯卡姆最喜欢的拉菲尔·维诺里。报道称，维诺里声称是为了躲避军事独裁者的迫害而逃离阿根廷，流亡美国，而实际上他的事业并未遭到军政府和高级将领的干扰。里伯斯金十分热爱建筑，但如果发现事情不对，他也不怕与对手真刀实枪地较量一番。听到维诺里把自己的设计描述成“哭墙”，里伯斯金也反过来骂维诺里的设计是“天空中的两具骷髅”，还说维诺里把设计命名为“世界文化中心”，颇有华沙斯大林文化宫的感觉。

现在，人们都搞不懂里伯斯金到底是一位寻常意义上的建筑师，还是一个一心要用某种方式来纪念悲剧的人。柏林的犹太博物馆落成之后，又有人询问他能否再设计一座犹太博物馆，他拒绝了，“我可不是专门设计犹太博物馆的建筑师”。但后来，他又接受了改造旧金山大屠杀博物馆的委托，还为英国设计了帝国战争博物馆北方馆。我们不该问哪个里伯斯金才是真正的他，而是要问他设计的项目适合纽约吗？

设计竞标结束后几个月，里伯斯金与戴维·蔡尔兹二人的争论变得越来越尖锐，最后蔡尔兹拿下了所谓世贸中心“自由塔”的设计权，包括诺曼·福斯特、让·努维尔在内的一些建筑师也受命设计该工程的部分建筑。主建筑依然高约540米，它将成为世界第一高楼，只不过它的设计完全由SOM建筑设计事务所来完成，也有一名耶鲁大学的学生声称该楼的创意窃自他设计的扭曲式摩天大楼。

1996年2月发生了一件非比寻常的事情，全球文化力量的平衡发生了显著变化。来自韩国和日本的两家承包商互不甘心被对手比下去，他们不顾热带地区闷热的天气，夜以继日地奋斗了三年，终于在吉隆坡建好了马来西亚国家石油公司总部大楼的双子塔。这两家承包商雇用的孟加拉籍工人每天只有几美元的工钱。这些工人工作两班倒，一天劳作之后，累得立马睡倒在另一班工人刚刚腾出的工棚里。管理他们的则是来自澳大利亚的工头和来自德国的工程师，石油中心大楼正是在这些人手中变为了现实。

这处建筑看上去就像是一座哥特风格的教堂，自它落成之日起，西方便失去了世界第一高楼的名头。吉隆坡曾是一座发展缓慢的殖民城市，但如今，它的市中心却竖起了高耸入云的石油双塔，它们就像两朵烟花，在空中留下85层高的痕迹。在这座城市里，每当暴雨来临，道路便变得泥泞不堪，连汽车都会陷入脚踝深的红泥坑里。但不论你是在吉隆坡的高架公路上，还是走在市区曲曲折折的小道上，都能看到双塔醒目地出现在地平线上。这座双塔秉承伊斯兰建筑对称几何的形式，就像是两颗大菠萝高高矗立在那里，让人很是不适。一座细细廊桥将两座楼的41层连接起来，让人觉得它是来自奇幻世界的建筑。

这座建筑的设计者为西萨·佩里[6]，他是出生于阿根廷的美国建筑师，曾设计过金丝雀码头上的不列颠第一高楼、曼哈顿的世界金融中心，不久之前，他还设计了香港第一高楼。但从根本上说，为吉隆坡设计石油双塔并非建筑举动，而是用钢筋、大理石和玻璃来展现政治意愿的行为。石油双塔的高度超过了昔日的世界第一高楼，即芝加哥西尔斯大厦，这么做实则是为了展现时任马来西亚总理穆罕默德·马哈蒂尔（Mohammed Mahathir）的决心，他想成为世界舞台上举足轻重的人物。

吉隆坡急于把自己打造成一个大都市，在修建双塔时，甚至不惜拆除市中心一个殖民时代的赛马场。石油双塔项目也让世界各地的银行家深感忧虑，担心马哈蒂尔修建大楼，会终结马来西亚持续近10年的繁荣。双塔里面设有数十万平方米的办公空间，使用它们的人又有多少呢？在摩天大楼的发明者美国看来，如此傲慢自负，并不能挽救这个拥有2300万人口的暴发户国家走向没落。

这世上只有美国人才掌握建造摩天大楼的秘诀。他们对自己充满信心，所以不会设计出就像大型冰箱那般呆板的大楼。而欧洲打造的高楼大厦却大都不能让人信服，就像是东德山寨的美国消费品一样。

石油双塔项目启动之初，马来西亚政府各种故弄玄虚。在公布计划时，为了不引起世界各大城市的警觉，佩里只说双塔的规模会很大，却不肯说它到底有多大。早在20世纪30年代，纽约也做过类似的事情。当时克莱斯勒大厦的设计者威廉·凡艾伦[7]也不肯透露设计的全部细节，直到最有实力和克莱斯大厦竞争“纽约第一高楼”头衔的建筑落成之后，他才连夜把尖顶装到楼顶上去，就连这个尖顶也是把配件拿到楼里悄悄组装起来的，靠着这个戏法，他不费吹灰之力地击败了对手。

不理智地追求高楼大厦，只是为了拥有世界第一高楼，这种做法幼稚得可笑。但是，世人打造超高建筑的念头却依然没有消散。那些人自诩是冷静、理性、谨慎的商人，却一头扎进高楼大厦里，想要造出一座更比一座高的大楼。马来西亚的石油双塔赤裸裸地展现着幼稚的野心，但人们确实一眼就辨认出了它们，吉隆坡也不再是个默默无闻的亚洲城市。

面对如此严峻的竞争，人们制定出一整套的细则来规定如何测量和比较摩天大楼的高度，以解决作弊问题。测量时，最高住人楼层、最高封闭空间、最高的投影记录等信息都要如实记录在案，以便和其他建筑的同类数据进行对比，那热情就像男孩子搜集飞机注册号那般狂热。但是，负责记录这些数据的高层建筑委员几乎不可能到现场进行测量，也无法独立验证建筑对外宣布的信息是否属实。除了高度问题以外，这些建筑的经济意义也很是可疑。楼层太高必然会影响成本，也会导致建筑的使用率不高。大楼需要全部建好，才能投入使用，所以在建造过程中，大量空间都处于闲置状态，不能换取收益。而且楼层太高还意味着跟中等高度的建筑相比，需要预留出更大的面积修建电梯和承重结构。但就算如此，也挡不住人们修建高楼大厦的热情。罗伯特·麦克斯韦尔的诈骗行径暴露之前，曾声称自己会认真考虑收购芝加哥西尔斯大厦一事，但前提是购买后他要获得将之改名为麦克斯韦尔大厦的权利。威尔士亲王也曾问西萨·佩里金丝雀码头为什么设计得这么高，佩里礼貌地说：码头开发区项目需要一座摩天大楼作为核心，以此打动那些怀疑论者。这听起来一点儿都不理性，但却是真实原因。正是因为这座大楼，金丝雀码头从默默无闻之处变成了众人皆知的地方。

曾经竞相修建世界最高楼的那些城市，没有几个西方人能在地图上指出它们的位置，如韩国的釜山、中国的天津和广州等。石油双塔建成还不到7年，便被其他城市的高楼纷纷赶超。2004年建成的台北101大厦高91层，比吉隆坡石油双塔高了足足30余米。美国KPF建筑事务所等公司为上海设计的环球金融中心头顶巨型环状风洞开口，规划楼层为94层，建成后高度将超过101大厦。森大厦株式会社和

KPF设计所为东京设计的六本木新城森大厦造型虽然难看，但却打破了传统高层建筑商住混用的形式，他们将大楼顶部两层设计成森美术馆，该馆首次展览便吸引了7.5万名参观者，这一举措成功地将新元素引进高楼大厦里。

摩天大楼面临的困境是，我们不知道自己到底是怎么看待它们的。我们曾一度称赞它们是经济蓬勃发展的最直观信号，现在却又谴责它们野蛮地破坏了历史城市脆弱的天际线。伦敦金融城中，在1992年惨遭爱尔兰共和军炸弹袭击的波罗的海航运交易所原址上，诺曼·福斯特建起了引人注目的新大楼，这座大楼很好地体现了人们面对摩天大楼时进退两难的心态。它规模庞大，却像是潜入伦敦的外来客。这家保险公司的主人很是小心谨慎，他甚至不愿意别人称之为瑞士再保险总部大楼，这太像个人崇拜了。

福斯特设计的圣玛利艾克斯30号被人戏称为“小黄瓜”，它的代理商竭力要把这座40层大楼闲置的上半部分租出去。在代理商眼中，这座楼的大名温柔而又优雅，用在任何一座建筑上都很适合，如佐治亚风格的教区长住宅，或者庄严的大理石外观的银行大楼等，但用在它自己身上却显得格外突兀，在过去的25年间，它是伦敦天际线中最抢眼的新建筑。这座单体建筑的规模堪比一座小城镇，面积超4.6万平方米，能轻松容纳4000人。且不论人们是怎么称呼它的，正是这座大楼点燃了今天伦敦修建摩天大楼的热情。理查德·塞弗特（Richard Seifert）设计的42塔原本是国民西敏寺银行集团的总部，它高约183米，造型刚硬，就像是衬着钢筋的巨型擀面杖。自1979年以来，“小黄瓜”是金融城地区第一座超过42塔的摩天大楼，它的出现也拉开了该区域竞相修建高层建筑的帷幕。

多数高层建筑都不甚美观，就像是竖起来放的切片白面包，设计师大概是觉得我们只要看到它们的高度，便会感到兴奋无比，便会忽略大楼在其他方面的平庸和无趣吧。光亮的外壳（这还算好的呢！）、大理石装饰的电梯厅里有几把黑色鞣皮椅子，上面是一堆千篇一律叠在一起的楼层，这便是所谓的摩天大楼。它们的建筑风格，即便存在，也只存在于外墙的表皮上。诺曼·福斯特设计的大楼则不然。尽管其外观带有明显的生殖器崇拜，但它绝对超过了你所想象的“小黄瓜”形象。

福斯特一直想要打破传统办公楼千篇一律的造型，在设计香港的汇丰银行总部大楼时，他采用了外骨骼结构和镂空内部中庭的做法，让公众可以在地下自由活动。这个设计获得了前所未有的成功，但它却是独一无二的，就像纯手工打造的布加迪汽车那样稀罕。相比之下，瑞士再保险总部大楼则更像是工厂里批量生产的精致宝马车。它的主体结构由粗壮的钢件编织而成，外面覆盖着光滑的菱形玻璃面板。大楼底层没有覆盖玻璃，而是设置成骑楼模样的临街店铺。质疑这座大楼的人认为它太过抢眼，不仅仅是因为它比别的建筑高出太多，也因为圆形的结构和造型让它更加突出。实际上，虽然从很远的地方便能看到“小黄瓜”，但也不是每个地方都看得到。穿梭于金融城之中，它会时不时出现在你的视野中，时不时又藏匿起来。这种效果显然不是建筑师所能控制的。但福斯特已经很注意平衡它与附近建筑的关系了。其解决办法就是在内部修建一个新的购物广场。阳光照射之下，“小黄瓜”反射出的菱形图案投在旁边的建筑上，就像是文身或路易·威登（Louis Vuitton）旅行包上的标识性花纹。从近处看，胖乎乎的楼身向外凸出，根本看不到大楼的顶部。从远处看，特别是从东边看过来，大楼就像巨人、金刚那般矗立在金融城的边缘，那些菱形的窗户就像是给它穿上了巨大的网格纹袜子。这种纹理甚至暗示着它和都铎时代带菱形花纹的平开窗有着密不可分的联系。

这座大楼外面覆盖着双层玻璃和可开启的窗户，这么设计是为了降低能耗。大楼的外观十分别致，内部结构也颇为特别。大楼并非浑然一体，而是把众多楼层分割成了几部分，建筑师们把它们称为“村子”，这个名字实在是令人倒胃口。每个“村子”包括6个楼层，“村子”之间通过开放式的螺旋纵向的中庭联系在一起，让建筑显得更为敞亮，大楼的用户也不会觉得自己只属于所在的楼层，而是属于整座大楼。这样一来，这里不再有充满压抑感的天花板——大开间、大进深办公楼层最常见的败笔。

曾几何时，摩天大楼是如此稀少，登上那些巍然耸立的高楼，你会感觉自己宛若置身云端。而现在，爬上30层的高楼，你只会和街对面30层的住户看个对眼。城市空间不断地向上挤压，向空中发展。瑞士再保险总部大楼最有亮点的设计便是大楼顶部两层楼高的头锥，福斯特称之为“山巅”，亲临其境你便明白他的意思了。大楼顶部是个玻璃球体，在这里你可以一览无余地享受四周的景色，这种内部设计方不负它“山巅”的美名，壮丽的景色在你面前展开，视野之内毫无阻挡。离开金融城坚实的地面，爬上大楼的顶层，你可以像登山员一样俯视伦敦。在走出电梯的那一刻，你只觉得自己突然来到了电影中“邪恶博士”(Doctor Evil)的巢穴。从温莎到泰晤士河口，景色是那般壮丽，让你觉得自己仿佛是宇宙之主，仿佛下方蚂蚁般大小的行人都处于你的掌控之中。瑞士再保险公司致力于平等主义，它甚至不肯给公司保留几个地下停车位，还鼓励高管们乘坐公共交通系统(出租车也算)来上班。对这样的公司而言，这处“山巅”实在是太高了，公司的董事长不可能把自己的办公室设在这里。最后，这里成了一个公共餐厅，大楼的租户可以带客户来这里享受工作午餐，欣赏一番欧洲金融中心的美景，看看30多公里外喷气飞机从希思罗机场起飞的情景，看那泛着波光的泰晤士河盘绕在泰特美术馆、伦敦塔和金丝雀码头周围的景色。在这里，你可以深刻地体会到大楼的矛盾之处，站在大街上看，它是那么的平凡，但来到高处，它又是那么不同凡响。

1 山崎实(Minoru Yamasaki, 1912—1986)，日裔美籍建筑师，毁于“9·11”的纽约世界贸易中心大厦就是他的作品。他主张建筑设计要借鉴和吸收传统建筑中的优秀成分，在建筑细部处理上做到精致、巧妙、美观，所以当时他的建筑被视为“典雅主义”风格的典范。

2 哈桑·法赛(Hassan Fathy, 1900—1989)，被称为自法老伊姆霍特普以来埃及最著名的建筑师。法赛最著名的是土造建筑，即以传统的营造方式挖掘，以最经济的材料构筑。他曾于1980年获阿卡汗建筑奖，1984年获国际建筑协会金奖。

3 威尔·艾尔索普(Will Alsop, 1947—)，英国建筑大师、皇家美术学院院士，被称为建筑界的“色彩大师”、建筑界最伟大的“异见者”之一，其作品有佩卡姆图书馆、安大略艺术与设计学院、菲伍德儿童中心等。

4 斯蒂芬·霍尔(Stephen Holl, 1947—)，2001年被美国《时代周刊》评为美国最好的建筑师。他被公认能将空间与光线细腻巧妙地融入所处场所和意境中，运用每个项目的独特性质来创造以概念为驱动的建筑设计，此外他还擅长通过设计使现代建筑项目与其特定的历史文化环境浑然成一体。斯蒂芬·霍尔获得了多项建筑界最高的荣誉与奖项，南京四方当代美术馆、深圳万科中心就出自其手。

5 拉菲尔·维诺里(Rafael Vinoly, 1944—)，美籍乌拉圭裔建筑师，被称为“现代主义者的古典建筑师”，其作品有曼哈顿“多米诺”高端住宅大厦、日本的东京国际会议中心、费城的金慕演艺中心和纽约的林肯中心爵士乐厅等。

6 西萨·佩里(Cesar Pelli, 1926—)，美籍阿根廷裔建筑师，被认为是20世纪最为杰出的建筑师之一，他以设计世界上最高的建筑物和城市标志性景观而闻名。吉隆坡标志性城市景观双子星塔就是他的作品。在他看来，建筑物不仅是构造技术的外在轮廓，更是城市生活的助推器。

7 威廉·凡艾伦(William Van Alen, 1883—1954)，美国建筑师，在设计纽约曼哈顿的克莱斯勒大厦时，他将装饰艺术的视觉词汇运用于现代高层建筑，这是一种强调流线型主题并经常采用非传统材料的国际装饰风格。

An Incurable Condition 无情的现实

理解我们打造建筑的动机，明白建筑和权力之间复杂关系的本质，这是了解我们的存在，帮助我们摆脱建筑最邪恶一面的关键所在。

帝国修建奢华的都城，表面上是为了国家利益，实际上则是为了彰显和颂扬自己的政权。但都城建好后不久，很多帝国便分崩离析了，这也说明建筑作为政治工具，并非一直有效。1870年拿破仑三世在耻辱中退位，那时候奥斯曼新建的大街并没有阻止巴黎暴民将杜伊勒里宫烧为平地，也没能阻止巴黎公社发动的流血斗争以及随之而来的骇人听闻的暴力镇压。光彩夺目的巴黎或许曾经打动过普鲁士人，但是高等城市文明的华丽雕饰还不足以阻止他们侵略法国的脚步。但若没有奥斯曼，法国也许是另外一副模样，一个更为贫穷和弱小的国家。1944年，希特勒不惜一切摧毁巴黎，这种举动也说明建筑的象征主义的确是大国冲突的必要组成部分。

英国人本指望由勒琴斯和贝克为殖民地印度打造的首都新德里能延续数百年，但新德里落成仅仅20年，英国便离开了。这座城市看起来是那么的威严，但它并没有充分展现欧洲文明的优越之处，所以也无法阻止印度人脱离它掌控、谋求独立的行动。

伊朗国王想要将德黑兰打造成现代化的西式城市，但失败了；费迪南德·马科斯夫妇一意孤行地在马尼拉四处兴建混凝土纪念碑，最终把自己赶下了台。这两个例子说明有时候建筑也会加快政权的更迭。这种工程不像是理性的城市开发，更像是偏执症晚期患者的行径。建筑有时候并不能发挥有效的作用，但这并不意味着打造建筑的意愿与治国方略无关。军事行动虽然也很少能达成其目的，但没有一个历史学家会说，军事部署与国家命运无关，或者可以在不探究其用途的性质的情况下充分理解历史。

建筑可以屹立很长时间，但它们的政治角色也许只在最初创建时才有意义。当然，这种功能也有可能在完全不同的背景下再次出现。英国下议院刚建好时，它象征的是一种意义，当它在二战中毁于敌人之手时，它又有了另外一种象征意义，而在今天日复一日的政治生活中，它象征的又是其他东西。德国的国会大厦对希特勒政权而言毫无意义，但在1945年苏联红军占领柏林时，它却成了纳粹德国倒台的标志。半个世纪之后，西德首都波恩的议会决定在德国重归统一后，把首都设在柏林，并委派英国建筑师诺曼·福斯特重建国会大厦以实现其新的目的。这明显是从另一个角度利用建筑来实现政治目，这时的国会大厦代表的是新的国家认同感。同样地，选择诺曼·福斯特是一种和解的姿态，代表二战之后德国的国家认同感一直在变，是对狭隘民族主义的回击。福斯特为它设计了玻璃穹顶和开放的螺旋形坡道，这样德国选民便能自由地在他们代表的头顶上徜徉，这也是为体现政权意图而刻意设计的信号，它和福斯特的另一处设计一样，即议会不使用化石燃料驱动的空调系统，也在委婉地对外宣告德国政府进步的价值观。

打造建筑不只是为人提供庇护之所，也不只是为国家建设现代化的基础设施。表面上看，建筑的根本在于其实用价值，而实际上，它是人类心理的一种强有力、极具启发性的表达。下至个人，上至全人类，建筑都具有重要意义。通过建筑，个人的自我意识可以膨胀成一处风景、一座城市乃至一个国家。

建筑反映了建造者的野心、危机感和动机，也正因为如此，建筑忠实地反映了权力的本质、战略、慰藉作用以及对权力行使者的影响。

建筑的作用在于颂扬和吹捧强者，压制个体，致使个人“泯然众人矣”，其他文化形式是做不到这一点的。它是人类发明的第一种大众传播形式，而且时至今日，它依然是最为有力的传播形式之一。正因为如此，它才会在众多专制政治制度下蓬勃发展。也正因为如此，它才能吸引那些想给世界留下印记的掌权者。它既影响精神世界，亦会影响物质世界。

从希特勒到墨索里尼，再到萨达姆，几乎每一位20世纪的独裁者都曾掀起过建筑狂潮。也有人说，对希特勒而言，建筑不仅仅是打造纳粹政权的工具，也是他看待事物的另一种方式。对希特勒来说，建立纳粹政权是实现他建筑野心的一种手段。

建筑和极权主义有着密切的联系，正因为如此，纪念碑式的建筑充满邪恶的色彩。这也是英国作家乔治·奥威尔(George Orwell)在去世前不久写的一篇有关政治和文化的文章里思考的问题。奥威尔说，虽然诗歌能够在极权年代存活下来，虽然“某些艺术或类艺术形式(如建筑)”甚至还可能在暴政中生存得如鱼得水，但作家“除了保持缄默或直面死亡之外，别无选择”。这便是英国史上最敏锐的文学智者的讽刺性观察。奥威尔从一开始便看清了极权主义的本质，看清了它利用文化生活维持其权力的策略，也看清了它所到之处腐蚀一切的威力。如果文化精英愿意为国家机构贡献力量，他们便能获得荣誉和特权。即便持不同政见者不是被忽视，就是惨遭迫害，西方的知识分子还是对此羡慕不已。

奥威尔曾见过斯大林建筑的图片，也理解希特勒德国修建的纪念碑到底代表什么。尽管奥威尔傲慢地鄙视缔造者，但他的观点却辛辣而敏锐，对建筑的理解也是在实践中形成的，他不是那些政治墙头草、反动分子以及容易被蛊惑的人，也不是“高层建筑缔造者”。勒·柯布西耶、密斯·凡德罗、雷姆·库哈斯、伦佐·皮亚诺、华莱士·哈里逊或者弗兰克·盖里等建筑师都不是可以随心所欲的人，他们的作品取决于他们对世界政治环境的参与度。而这个世界里的极权主义者、自我中心者以及偏执狂分子都曾证实：比起自由民主的国家，他们能为建筑师（不论是持何种政治观点的建筑师）提供更多的机会。比起偏爱“善意忽略”政策的自由政体，更为典型的建筑赞助商往往是高度集权化的国家，如密特朗当政时的法国，或巴列维王朝统治下的独裁政体。佛朗哥下台后的巴塞罗那和20世纪90年代的荷兰算是两个例外，这两个国家遵循的是小国的传统做法，借助现代主义的建筑语言展示自己的存在，或者与不光彩的过去划清界限。

从某种角度看，建筑从未改变过。虽然今天的建筑披上了现代的外衣，它依然和我们面临的主要问题密切相关，我们试图理解我们是谁，我们在哪儿，生命是什么。建筑诉说的永远都是同样的东西：权力、荣耀、盛景、记忆和身份。同时，建筑也一直在变化。塑造建筑的进程、材料和时间尺度都已改变。没有人可以一直坚持某种建筑语言不变。

建筑师早已不再试图说服我们，建筑有能力让我们的生活变得更好或更糟。屋顶漏雨，我们便会被淋湿；坚墙厚壁，能帮我们遮挡寒风。从这个角度看，建筑确实有影响生活的力量，但大部分建筑师对此并不关心。或许正是因为如此，如今的建筑师才会那么喜欢把自己看成是艺术家。因为这样，他们就不用纠结如何为建筑的功能找托词了。建筑不仅可以唤起个人的情感，也能激发整个社会的情感。它折射了我们的虚荣和期望，反映了我们的弱点和野心，也体现了我们的情结。

理解我们打造建筑的动机，明白建筑和权力之间复杂关系的本质，这是了解我们的存在，帮助我们摆脱建筑最邪恶一面的关键所在。

建筑对那些极端自我的人具有永恒的魅力，他们不顾一切地想用建筑来荣耀自己，如腰缠万贯的博物馆受托人、摩天大楼建造者和豪宅的主人。同样地，那些想要让自己的城市变得更好的市长们，也能利用建筑来改造城市。不论建筑师怀有何种意图，但最后决定他们的建筑的，并不是他们自己的风格，而是驱使权贵雇用他们、塑造世界的人性冲动。

版贸核渝字（2018）第197号

图书在版编目（CIP）数据

权力与建筑 / (英) 迪耶·萨迪奇著 ; 吴真贞译. — 重庆 : 重庆出版社, 2022.4
书名原文: The Edifice Complex：The Architecture of Power
ISBN 978-7-229-16620-5

Ⅰ. ①权… Ⅱ. ①迪… ②吴… Ⅲ. ①建筑史－西方国家 Ⅳ. ①TU-091

中国版本图书馆CIP数据核字（2022）第018785号

权力与建筑

[英]迪耶·萨迪奇　著　吴真贞　译

策　　划：华章同人
出版监制：徐宪江　秦　琥
责任编辑：何彦彦
责任印制：杨　宁
营销编辑：史青苗　刘晓艳
装帧设计：人马艺术设计·储平

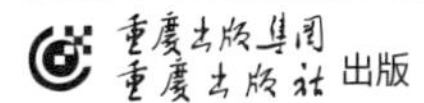

出版

（重庆市南岸区南滨路162号1幢）
投稿邮箱：bjhztr@vip.163.com
北京华联印刷有限公司　印刷
重庆出版集团图书发行有限公司　发行
邮购电话：010-85869375/76/78转810
重庆出版社天猫旗舰店
cqcbs.tmall.com
全国新华书店经销

开本：880mm×1230mm　1/32　印张：11.5　字数：256千
2022年5月第1版　2022年5月第1次印刷
定价：68.00元

如有印装质量问题，请致电023-61520678